校企双元合作开发教材

分析检验技术

Analytical Testing Techniques

主　编　张守花　张新海

副主编　杨永韬　李　博

东南大学出版社
SOUTHEAST UNIVERSITY PRESS
·南京·

内 容 提 要

分析检验技术是利用分析化学的理论和方法研究工业生产的原料、辅助材料、中间产品、最终成品、副产品及各种废物组成和含量的分析检验方法,它不仅是分析化学在工业生产上的具体应用,而且是一门融化学、物理学及数理统计等知识为一体的综合性应用学科。本书根据企业真实分析检验任务,梳理岗位职能和工作流程,以项目为导向,以任务为载体,以任务、知识、技能、拓展为框架结构,以水质分析检验为主要内容,将理论知识体系与职业实践技能体系有机地结合起来,突出分析检验的基础性和实用性。

图书在版编目(CIP)数据

分析检验技术 / 张守花,张新海主编. -- 南京：
东南大学出版社,2024. 10. -- ISBN 978-7-5766-1664
-4

Ⅰ. O652
中国国家版本馆 CIP 数据核字第 202471JY36 号

责任编辑:刘　坚(635353748@qq. com)　　　　责任校对:韩小亮
封面设计:王　玥　　　　　　　　　　　　　　责任印制:周荣虎

分析检验技术　Fenxi Jianyan Jishu

主　　编	张守花　张新海
出版发行	东南大学出版社
出 版 人	白云飞
社　　址	南京市四牌楼 2 号(邮编:210096　电话:025-83793330)
经　　销	全国各地新华书店
印　　刷	广东虎彩云印刷有限公司
开　　本	787 mm×1092 mm　1/16
印　　张	18
字　　数	410 千字
版　　次	2024 年 10 月第 1 版
印　　次	2024 年 10 月第 1 次印刷
书　　号	ISBN 978-7-5766-1664-4
定　　价	68.00 元

本社图书若有印装质量问题,请直接与营销部调换。电话(传真):025 - 83791830

前　言

　　分析检验技术是利用分析化学的理论和方法研究工业生产的原料、辅助材料、中间产品、最终成品、副产品及各种废物组成和含量的分析检验方法，它不仅是分析化学在工业生产上的具体应用，而且是一门融化学、物理学及数理统计等知识为一体的综合性应用学科。本书编写过程中联合企业技术人员，根据企业真实分析检验任务，梳理岗位职能和工作流程，以项目为导向，以任务为载体，以任务、知识、技能、拓展为框架结构，以水质分析检验为主要内容，将理论知识体系与职业实践技能体系有机地结合起来，突出分析检验的基础性和实用性。

　　本书共包括 12 个项目 30 个任务，主要内容有分析检验玻璃容量仪器基本操作、水质悬浮物的测定、酸度的测定、钙和镁总量的测定、耗氧量的测定、氯化物的测定、硫酸根含量的测定、pH 的测定、总磷的测定、金属离子的测定、苯系物的测定和多环芳烃的测定。每个项目后面附有拓展阅读和同步测试，以扩大学习者的专业知识面和检测学习者对所学内容的掌握情况。每个项目均配有课件、动画、视频等数字资源。教材编写过程中采用活页式教材编写理念，项目内容自成体系，学习者可根据需要有选择性地使用相关内容。

　　本书由鹤壁职业技术学院张守花、张新海担任主编，河南恒信环保检测有限公司杨永韬、鹤壁职业技术学院李博担任副主编，并负责编写组织工作、内容编排及最后的统稿和复核工作。参编人员有鹤壁职业技术学院孔侠歆、王晓源、洪全全，日照职业技术学院刘丹赤，江苏食品药品职业技术学院鲍会梅，河南恒信环保检测有限公司司马泽坤。全书编写分工为：绪论、项目二由张守花编写；项目一、项目三由张新海编写；项目四、项目五任务二由李博编写；项目五任务一由刘丹赤编写；项目八由鲍会梅编写；项目六、项目七由王晓源编写；项目九由洪全全编写；项目十由孔侠歆编写；项目十一由杨永韬编写；项目十二由司马泽坤编写。

　　本书是 2021 年度河南省高等教育教学改革研究与实践项目（2021SJGLX677）、鹤壁职业技术学院 2021 年度校企双元合作开发教材资助项目，编写过程中得到了河南恒信环保检测有限公司分析检测技术人员、鹤壁职业技术学院教务处的大力支持和帮助。同时，我们还参阅了许多国内外分析检验方面的教材和文献资料，部分资料来自网络，在此我们一并表示感谢。由于编者水平有限，书中疏漏之处在所难免，敬请各位专家和师生批评指正，在此致以最真诚的感谢。

目　录

绪　论

>>> 【知识目标】

1. 了解分析检验的任务和作用。
2. 熟悉分析检验方法和步骤。
3. 掌握分析检验试样制备及预处理方法。

>>> 【能力目标】

1. 能够正确采集与制备分析检验试样。
2. 能够对采集的试样进行预处理。

>>> 【素质目标】

1. 培养学生的社会责任感和担当意识。
2. 培养学生严谨务实的科学精神。
3. 培养学生职业道德，增强行业规范意识。

一、分析检验的任务与作用

1. 分析检验的任务

分析检验技术是利用分析化学的理论和方法，研究工业生产的原料、辅助材料、中间产品、最终成品、副产品及各种废物组成和含量的分析检验方法，它不仅是分析化学在工业生产上的具体应用，而且是一门融化学、物理学及数理统计等知识为一体的综合性应用学科。

通过分析检验能评定原料和产品的质量，检查工艺过程是否正常，从而能够及时地、正确地指导生产，并能够经济合理地使用原料、燃料，及时发现、消除生产中的缺陷，减少废品，提高产品质量。分析检验技术是国民经济的许多生产部门（如化学、化工、冶金、煤炭、石油、环保、建材等等）中不可缺少的生产检验手段。

2. 分析检验技术的作用

分析检验技术有极高的实用价值，对人类的物质文明做出了重要贡献。分析检验技术在国民经济建设中具有特殊的地位和作用，素有工农业生产的"眼睛"和科学研究的"参谋"之称，不仅对化学各学科的发展起着重要作用，而且在工业、农业、医药、突发公共卫生事件、国防建设、资源开发等许多领域中都有广泛的应用。

（1）分析检验技术在科学研究中的重要性

目前，世界范围内的大气、江河、海洋和土壤等环境污染正在破坏着正常的生态平衡，甚至危及人类的发展与生存，在追踪污染源，弄清污染物种类、数量，研究其转化规律及危害程度等方面，分析检验技术起着极其重要的作用；在表征新材料和测定其中痕量杂质的含量、形态及空间分布等方面，分析检验技术已成为发展高新技术和微电子工业的关键；在资源及能源科学中，分析检验技术是获取地质矿物组分、结构和性能信息及揭示地质环境变化过程的主要手段，煤炭、石油、天然气及核材料资源的探测、开采与炼制，更是离不开分析检验工作；在空间科学研究中，星际物质分析已成为了解和考察宇宙物质成分及其转化的重要手段之一。

（2）分析检验技术在工业和农业生产中的重要性

只要是涉及物质及其变化的研究都需要使用分析检验技术，如有机合成、溶液理论等的确证。工业生产中，分析检验技术的重要性主要表现在产品质量检查、工艺流程控制和商品检验方面。农业生产中，分析检验技术在水、土成分调查，农药、化肥、残留物及农产品质量检验中占据重要的地位。在以资源为基础的传统农业向以生物科学技术和生物工程为基础的"绿色革命"转变的过程中，分析检验技术在细胞工程、基因工程、发酵工程和蛋白质工程等的研究中也将发挥重要作用。

（3）分析检验技术在医药卫生中的重要性

在医学科学中，医药分析在药物成分含量、药物作用机制、药物代谢与分解、药物动力学、新药的药物分析以及滥用药物等的研究中是不可缺少的手段。在研究生命过程化学、生物工程、生物医学中，分析检验技术对于揭示生命起源、生命过程、疾病及遗传奥秘等方面具有重要意义。在临床医学中，分析检验技术用于诊断和治疗的临床检验。在预防医学中，分析检验技术用于环境检测、职业中毒检验、营养成分分析、法医学的法医检验等。

（4）分析检验技术在国防建设中的重要性

国防建设中，分析检验技术在化学战剂、核武器的燃料、武器结构材料、航天航海材料、动力材料及环境气氛的研究中都有广泛的应用。

随着科学技术的发展，分析检验技术已发展成为能获取物质尽可能全面的信息，进一步认识自然，改造自然，为人类服务的科学。分析检验技术的工作者已不仅仅是分析数据的提供者，而正逐步成为生产和科研中实际问题的解决者。

二、分析检验的方法与步骤

1. 分析检验的方法

分析检验的方法是分析检验技术的基本组成部分。依据不同的分析任务、分析对象、测定原理、试样用量和任务性质等，通常可以对分析方法进行较为系统的分类。这些分析方法各具特点，在实际工作中，经常需要几种方法相互配合，才能完成某样品的各项分析任务。所以，分析检验技术要根据分析对象的特点及分析结果准确度的要求等来选择合适的方法。

（1）按分析检验的目的分类

根据需要解决的实际问题的测量要求，分为定性分析、定量分析和结构分析。

定性分析的任务为鉴定试样的组成，即试样由哪些元素、离子、基团或者化合物组成。定量分析的任务为测定试样中某些组分的含量，例如，大气污染中 SO_2 等物质的分析，继而给出空气污染的信息。结构分析的任务为研究物质内部的分子结构或晶体结构等。

定量分析是最常用的分析方式。通常应先对试样进行定性分析，了解试样的组成，而后根据试样组成和分析要求选择适当的方法进行定量分析。在试样成分已知的情况下，则可直接进行定量分析。对于结构未知的化合物，则需要进行结构分析，从而确定化合物的分子结构。由于现代分析检验技术的发展，往往可以同时进行定性、定量和结构分析。

（2）按分析原理分类

按分析原理可分为化学分析和仪器分析。以物质的化学反应为基础的分析方法称为化学分析。化学分析是最早采用的分析方法，是分析检验技术的基础，故又称为经典分析法。化学分析包括重量分析法和滴定分析法等分析方法。以物质的物理和物理化学性质为基础，借助光电仪器测量试样的电学性质等的分析方法称为仪器分析。这类分析方法都需要用到较特殊的仪器。最主要的仪器分析方法有光学分析法、电化学分析法、色谱分析法、质谱分析法等。仪器分析法具有操作简便、快速、灵敏度高、准确度高等优点，适用于微量或痕量及生产过程中的控制分析等。

（3）按分析物的物质属性分类

根据分析对象的不同，将分析方法分为无机分析和有机分析。无机分析对象是无机化合物。在无机分析中，由于无机化合物所含的元素种类繁多，通常要求鉴定试样是由哪些元素、离子、原子团或化合物组成的，各组分的含量是多少。有机分析对象是有机化合物。在有机分析中，虽然组成有机物的元素种类不多，但是除了要进行元素分析，还要进行官能团分析和结构分析。

（4）按分析试样的用量及操作规模分类

按分析试样的用量可分为常量分析、半微量分析、微量分析和超微量分析，分类情况见表0-1。无机定性分析一般为半微量分析；化学定量分析一般为常量分析；进行微量分析和超微量分析时，往往采用仪器分析法。

表0-1 不同分析方法的试样用量

方法	试样质量/g	试液体积/mL
常量分析	＞0.1	＞10
半微量分析	0.01～0.1	1～10
微量分析	0.000 1～0.01	0.01～1
超微量分析	＜0.000 1	＜0.01

（5）按具体要求的不同分类

根据具体要求的不同，可以分为例行分析和仲裁分析。例行分析是一般实验室日常生产中的分析。仲裁分析是指在不同单位对分析结果有争议时，请权威机构用公认的标准方法进行准确的分析，以裁定原分析结果的可靠性。

2. 分析检验的步骤

分析检验过程一般包括下列步骤：试样的采集和制备、试样的分解、干扰组分的掩蔽和分离、试样的测定和数据处理等。

（1）试样的采集和制备

在分析检验中，要分析的对象往往是大量的、不均匀的，而分析检验时所取的试样量是很少的。这样少的试样的分析结果应能代表全部物料的平均组成，否则无论分析结果如何准确，也是毫无意义的。有时由于提供了无代表性的试样，给实际工作带来了难以估计的损失。因此，在进行分析检验前，首先要保证所取试样具有代表性。通常情况下，分析试样从形态上可分为气体、液体和固体三类，对于不同的形态和不同的物料，应采取不同的取样和制备方法。

（2）试样的分解

在一般分析检验技术工作中，先要将试样分解制成溶液，而后测定。试样的分解是分析工作的重要步骤之一。在分解试样时应注意下列几点：

① 试样分解必须完全；

② 试样分解过程中，待测组分不应损失；

③ 不应引入待测组分和干扰物质；

④ 分解试样最好与分离干扰元素相结合。

试样性质不同，分解方法也不同。常用的分解试样的方法有两类：用水、酸、碱等溶剂处理或用适当的熔剂与试样在高温下熔融（有碱熔法和酸熔法）。

（3）干扰组分的掩蔽和分离

实际工作中试样组成往往比较复杂，测定时互相干扰，因此测定前需设法消除干扰。

测定方法不同，干扰情况也不同。消除干扰常用的方法有掩蔽法和分离法。掩蔽法在操作上比较简单，可优先使用。但当掩蔽法不能完全消除干扰时，分析工作者应能根据分析任务，采用恰当的分离法消除干扰。

（4）试样的测定和数据处理

根据待测组分的性质、含量及对分析结果准确度的要求，分析检验应选择合适的分析方法进行分析测定。根据所得分析数据进行计算，并对计算结果运用统计学方法进行分析评价，判断分析结果的可靠程度。

三、分析检验的试样与处理

1. 试样的采集

在分析检验实践中，常需从大批物料中采取少量样本作为原始试样，所采试样应具有高度的代表性，采取的试样的组成能代表全部物料的平均组成。所以，要根据具体测定需要，遵循代表性原则随机采样。对比较均匀的物料如气体、液体和固体试剂等，可直接取少量分析试样，不需要再进行制备。实际工作中试样多样化、不均匀，应选取不同部位和深度进行采样，以保证所采试样的代表性。对于不同的形态和不同的物料，应采取不同的取样方法。

（1）气体试样的采集

实际分析检验技术中常见气体试样有汽车尾气、工业废气、大气、压缩气体以及气溶物等。需按具体情况，采用相应的方法。最简单的气体试样采集方法为用泵将气体充入取样容器中，一定时间后将其封好即可。但由于气体储存困难，大多数气体试样采用装有固体吸附剂或过滤器的装置收集。固体吸附剂用于挥发性气体和半挥发性气体采样，过滤法用于收集气溶胶中的非挥发性组分。工业气体物料存在状态有正压、负压、高温等，且许多气体有刺激性和腐蚀性，所以，采样时一定要按照技术要求进行，并且注意安全。

① 常压下取样。用吸筒、抽气泵等一般吸气装置，将盛气瓶抽成真空，自由吸入气体试样。

② 气体压力高于常压取样。用球胆、盛气瓶直接盛取试样。

③ 气体压力低于常压取样。将取样器抽成真空后，再用取样管接通进行取样。

（2）液态物料样品的采集

常见液体试样包括水、饮料、体液、工业溶剂等，一般比较均匀，采样单元数可以较少。

① 大容器中的液体试样的采集。取样前将液体混合均匀。先采用搅拌器搅拌或用无油污、水等杂质的空气深入容器底部充分搅拌，然后用内径约 1 cm、长 80～100 cm 的玻璃管在容器的不同深度和不同部位取样，混匀后供分析。

② 密封式容器的采样。先放出前面的一部分液体，弃去，再接取供分析的试样。

③ 一批中分几个小容器分装的液体试样的采样。先分别将各容器中的试样混匀，然后按产品规定的取样量取样，从各容器中取等量试样于一个试样瓶中，混匀供分析。

④ 炉水按密封式取样。

⑤ 水管中样品的采集。先将管内静水放尽，再用一根橡皮管，其一端套在水管上，另一端插入取样瓶底部，在瓶中装满水后，让其溢出瓶口少许时间即可。

⑥ 河、池等水源的采样在尽可能背阴的地方，在离水面以下 0.5 m 深度、离岸 1～2 m 处采集样品。

液体试样采样器多为塑料或玻璃瓶，一般情况下两者均可使用。但当要检测试样中的有机物时，宜选用玻璃器皿，而要测定试样中微量的金属元素时，则宜选用塑料取样器，以减少容器吸附和产生微量待测组分等影响。液体试样的化学组成容易发生变化，应立即对其进行测试或采取适当保存措施，以防止或减少存放期间试样的变化。保存措施有控制溶液的 pH、加入化学稳定试剂、冷藏和冷冻、避光和密封等。采取这些措施旨在减缓生物作用、化合物或配合物的水解、氧化还原作用及组分的挥发。保存期长短与待测物的稳定性及保存方法有关。

（3）固态物料样品的采集

固体物料种类繁多，性质和均匀程度差别较大。组成不均匀的物料有矿石、煤炭、废渣和土壤等，组成相对均匀的物料有谷物、金属材料、化肥、水泥等。

① 粉状或松散样品的采集。精矿、石英砂、化工产品等成分较均匀，可用取样钻插入包内钻取。

② 金属锭块或制件样品的采集。一般可用钻、刨、切削、击碎等方法，按锭块或制件的采样规定采取试样。如果没有明确规定，则从锭块或制件的纵横各部位采样。送检单位有特殊要求的，通过协商采集。

③ 大块物料样品的采集。矿石、焦炭、块煤等大块物料，不但成分不均匀，而且其大小相差很大。因此，采样时应以适当的间距从不同部位采取小样，样品量一般按全部物料的万分之三至千分之一采集。对极不均匀的物料，有时取五百分之一，取样深度在 0.3～0.5 m 处。

固体取样常用四分法，将样品置于干净白纸面上、玻璃板上或托盘中，用分样板将样品摊成正方形。从样品左右两边铲起样品，对准中心同时倒落，再换一个方向同样操作（中心点不动），如此反复混合四五次，将样品摊成等厚的正方形。用分样板在样品上划两条对角线，分成四个三角形，取出其中两个对顶三角形的样品。剩下的样品再按上述方法反复分取，直至最后剩下的两个对顶三角形的样品接近所需试样质量为止。

2. 试样的制备

从实验室样品到分析试样的这一处理过程称为试样的制备。试样的制备一般需要经过破碎、过筛、混合、缩分等步骤。大块矿样先用压碎机（如颚式碎样机、球磨机等）破碎成小的颗粒，再过筛。分析试样一般要求过 100～200 目筛，然后再进行粉碎、缩分，最后制成 100～300 g 左右的分析试样，装入瓶中，贴上标签供分析用。

3. 试样的分解

为了使试样中的待测组分处于适当的状态，以适应分析测定方法的需求，必须对试样进行预处理。在一般分析工作中，通常先要将固体试样处理成溶液，或将组成复杂的试样处理成简单、便于分离和测定的形式，为各组分的分析操作创造最佳条件。

具体可根据试样的组成和特性、待测组分性质和分析目的选择合适的分解方法。无机试样常用的分解方法有溶解法（水溶解、碱溶解、酸溶解）、熔融法和半熔法。有机试样分解方法有干式灰化法和湿式消化法。

半熔法又称为烧结法，它是在低于熔点的温度下，使试样与熔剂发生反应。通常在瓷坩埚中进行。常用 MgO 或 ZnO 与一定比例的 Na_2CO_3 混合物作为熔剂，用来分解铁矿及煤中的硫。

干式灰化法适用于分解有机物或生物试样，以便测定其中的金属元素、硫及卤素元素的含量。将试样置于马弗炉中加热燃烧（一般为 400～700 ℃）分解，大气中的氧起氧化剂的作用，燃烧后留下无机残余物。残余物通常用少量浓盐酸或热的浓硝酸浸取，然后定量转移到玻璃容器中。

湿式消化法是将试样与硝酸和硫酸混合物一起置于克氏烧瓶内，煮解，硝酸能破坏大部分有机物和被蒸发，最后剩余硫酸冒浓厚的 SO_3 白烟时，在烧瓶内进行回流，溶液变为透明。用体积比为 3∶1∶1 的硝酸、高氯酸和硫酸的混合物进行消化，能收到更好的效果。

微波（0.75～3.75 mm）辅助消解法是利用试样和适当的溶（熔）剂吸收微波能产生热量加热试样，微波产生的交变磁场使介质分子极化，极化分子在高频磁场交替排列导致分子高速振荡，使分子获得高的能量。这样试样表层不断被搅动破裂，促使试样迅速溶（熔）解。

四、分析检验的现状与发展趋势

分析检验技术是近年来发展最为迅速的学科之一，这同现代科学技术总的发展密切相关。分析检验技术的发展经历了三次巨大的变革。第一次在 20 世纪初，物理化学溶液理论的发展，为分析检验技术提供了理论基础，使分析检验技术由一门技术发展为一门科学。第二次是在 20 世纪中叶，物理学和电子学的发展，促进了各种仪器方法的发展，改变了经典分析检验技术以分析为主的局面。20 世纪 70 年代以来，计算机科学、生命科学、环境科学、新材料科学等发展的需要，基础理论及测试手段的完善，促使分析检验技术进入第三次变革。生命科学、环境科学、新材料科学发展的要求，生物学、信息科学、计算技术的引入，使分析检验技术进入了一个崭新的境界。

现代科学技术的飞速发展对分析检验技术提出了越来越高的要求。同时，各门学科向分析检验技术渗透，也为分析检验技术提供了新的理论、方法和手段，使分析检验技术不断丰富和发展。现代分析检验技术的任务是要对物质的形态（氧化-还原态、结晶态）、结构（空间分布）、微区、薄层及化学和生物活性等作出瞬时追踪、无损和在线监测等分析及过程控制。今后，分析检验技术将在生命、环境、材料和能源等前沿领域继续朝着高灵敏、高选择性、准确、快速、简便、智能的方向发展，以解决更多、更深和更复杂的问题。现代分析检验技术吸取了当代化学、物理学、电子信息学、生物学等学科的新技术、新成就，在此基础上建立本领域的新技术、新方法，并不断开拓新领域。

项目一　分析检验玻璃容量仪器基本操作

【知识目标】

1. 了解分析检验常用玻璃容量仪器的结构和特点。
2. 熟悉分析检验常用玻璃容量仪器的使用方法和注意事项。
3. 掌握分析检验常用玻璃容量仪器的校准方法。

【能力目标】

1. 能够熟练使用常用玻璃容量仪器进行分析检验操作。
2. 能够对分析检验常用玻璃容量仪器进行校准操作。
3. 能够准确、简明地记录实验原始数据。

【素质目标】

1. 培养学生严谨务实的工作作风。
2. 培养学生实事求是的科学态度。

【企业案例】

检测机构收到某企业新购的一批分析检验常用玻璃容量仪器，企业为确保分析检验准确度，提高分析检验水平，委托检测机构对该批次玻璃容量仪器进行校准。校准方法依据常用玻璃量器检定规程，检测机构分析检验人员根据检测要求完成该批次的校准任务。

任务一　分析检验玻璃容量仪器

分析检验过程中，常用的玻璃容量仪器有容量瓶、移液管和吸量管、滴定管等几种。

一、容量瓶

容量瓶是用于配制和稀释溶液的容器，它是一种细长颈、梨形的平底玻璃瓶，带有磨口塞或塑料塞，如图 1-1 所示。瓶颈上刻有环形标线（标线不能太接近瓶口），表示在所指温度下，当液体至标线时，液体体积恰好与瓶上注明的体积相等。常用的容量瓶有

25 mL、50 mL、100 mL、250 mL、500 mL、1 000 mL 等多种规格。此外还有 1 mL、2 mL、5 mL、10 mL 等小容量瓶，但用得较少。容量瓶有无色和棕色两种类型，见光易分解或发生反应的试剂应在棕色容量瓶中配制。

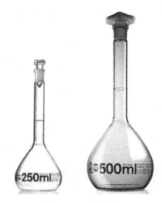

图 1-1　容量瓶

1. 容量瓶配制溶液的操作

容量瓶常和分析天平、移液管配合使用。为了正确地使用容量瓶，应注意以下几点：

（1）试漏

使用容量瓶之前先要检查其是否漏水。方法是将容量瓶装水到标线附近，盖紧瓶塞，用右手食指按住瓶塞，左手指尖拿住瓶底边缘，将瓶倒置 1～2 min，观察瓶口是否有水渗出，如不漏水，把瓶直立后将瓶塞转动 180°，再次倒立 2 min，检查是否漏水，若两次操作容量瓶瓶塞周围皆无水漏出，即表明容量瓶不漏水，如图 1-2 所示。经检查不漏水的容量瓶才能使用。如果容量瓶瓶塞漏水，该容量瓶不能使用。

使用容量瓶时，不得将其玻璃磨口塞随便取下放在桌面上，以免沾污或弄混，可用橡皮筋或细绳将瓶塞系在瓶颈上。如果使用的是平顶塑料塞子，操作时也可将塞子倒置在桌面上放置。

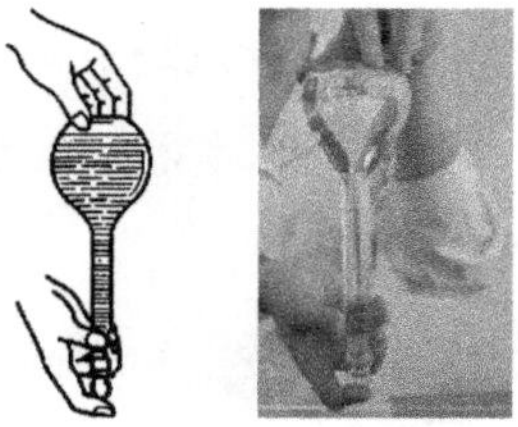

（a）　　　　　（b）

图 1-2　容量瓶试漏

（2）洗涤

配制溶液前须先将容量瓶洗净。容量瓶洗涤时可先用自来水刷洗 2～3 次，如内壁有油污，则应倒尽残水，加入适量的铬酸洗液，倾斜转动，使洗液充分润洗内壁，再倒回原洗液瓶中，用自来水冲洗干净后再用蒸馏水（或纯水、去离子水等）润洗 2～3 次备用，洗涤干净的容量瓶内壁不挂水珠。

（3）试样的溶解与转移

如以固体为溶质配制溶液时，先将准确称量好的固体物质放在烧杯中，用少量溶剂溶解（如果放热，要放置使其降温到室温）。如使用非水溶剂，则小烧杯及容量瓶都应事先用该溶剂润洗 2～3 次，然后把溶液转移到容量瓶里，转移时要用玻璃棒引流，如图 1－3 所示。方法是将玻璃棒一端靠在容量瓶颈内壁上，注意不要让玻璃棒其他部位触及容量瓶口，防止液体流到容量瓶外壁上。转移时烧杯嘴要紧靠玻璃棒，使溶液沿玻璃棒和内壁流入，溶液全部转移后，将玻璃棒稍向上提起，同时使烧杯直立，将玻璃棒放回烧杯。

图 1－3　转移溶液至容量瓶

（4）淋洗

为保证试样能全部转移到容量瓶中，要用蒸馏水淋洗玻璃棒和烧杯内壁，将洗涤液也转移至容量瓶中，转移时要用玻璃棒引流，如此重复洗涤多次（至少 3 次）。完成定量转移后，加水至容量瓶容积的 2/3 左右时，将容量瓶摇动几周（勿倒转，溶液上沿勿超过标线），使溶液混匀。

（5）定容

继续向容量瓶内加入溶剂直到液体液面离标线大约 1 cm 时，等待 1～2 min，使黏附在瓶颈内壁上的溶液流下，改用胶头滴管小心滴加溶剂，最后使液体的弯月面底部与标线正好相切，如图 1－4 所示。若加水超过标线，则需重新配制。

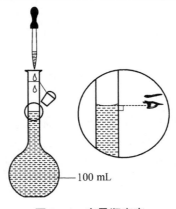

100 mL

图 1－4　容量瓶定容

（6）摇匀

盖紧瓶塞，左手食指按住瓶塞，右手指尖顶住瓶底边缘，将容量瓶倒转并振荡，再倒转过来，仍使气泡上升到顶，如图1-5所示。如此反复15～20次，使容量瓶内溶液充分混合均匀。静置后如果发现液面低于标线，这是因为容量瓶内极少量溶液在瓶颈处润湿损耗，所以并不影响所配制溶液的浓度，故不要在瓶内添水，否则将使所配制的溶液浓度降低。若配制的溶液需长期存放，应将溶液转移至试剂瓶中。

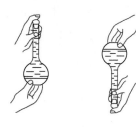

图 1-5　容量瓶摇匀

2. 容量瓶使用注意事项

① 容量瓶的容积是特定的，瓶身上只有一个标线，所以一种型号的容量瓶只能配制同一体积的溶液。在配制溶液前，先要弄清楚需要配制的溶液的体积，然后再选用相同规格或大于所需溶液体积的容量瓶。若配制见光易分解物质的溶液，应选择棕色容量瓶。

② 易溶解且不发热的液体可直接加入容量瓶中溶解或稀释，其他物质不能在容量瓶里进行试样的溶解或稀释，应将试样在烧杯中溶解或稀释后转移到容量瓶中。

③ 用于洗涤烧杯的溶剂总量不能超过容量瓶的标线。

④ 容量瓶不能进行加热。如果试样在溶解过程中放热，要待溶液冷却后再进行转移，因为一般的容量瓶是在 20 ℃的温度下标定的，若将温度较高或较低的溶液注入容量瓶，容量瓶则会热胀冷缩，所量体积就会不准确，导致所配制的溶液浓度不准确。

⑤ 容量瓶只能用于配制溶液，不能储存溶液，因为溶液可能会对瓶体进行腐蚀，从而使容量瓶的精度受到影响。配好的溶液如果需要长期存放，应该转移到干净的试剂瓶中。

⑥ 容量瓶用毕应及时洗涤干净，塞上瓶塞，并在塞子与瓶口之间夹一条纸条，防止瓶塞与瓶口粘连。

⑦ 必须保持瓶塞与瓶子的配套，标以记号或用细绳、橡皮筋等把瓶塞系在瓶颈上，以防跌碎或与其他瓶塞弄混。

⑧ 不能用手掌紧握瓶身，以免体温造成液体膨胀，影响容积的准确性。

⑨ 容量瓶不得在烘箱中烘干，也不能用任何方法加热。

⑩ 容量瓶购入后都要清洗后进行校准，校准合格后才能使用。

二、移液管和吸量管

1. 概述

分析检验测定时使用的吸量管分单标线吸量管和分度吸量管两类。中部膨大、下端为细长尖嘴的玻璃吸管称为单标线移液管（通常称为移液管）或腹式吸管，常用的有 10 mL、20 mL、25 mL、50 mL 等规格，这种吸管用来移取一定体积的溶液。另一种玻璃吸管是管上有许多刻度的直形管，称为吸量管或刻度吸管，用于准确移取所需不同体积的液体，常用的有 1 mL、2 mL、5 mL、10 mL 等多种规格，这种吸管可用来移取所需体积的溶液。（如图 1-6 所示）

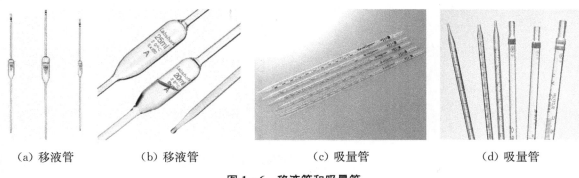

(a) 移液管　　　　　　(b) 移液管　　　　　　　(c) 吸量管　　　　　　　(d) 吸量管

图 1-6　移液管和吸量管

移液管标线部分管直径较小，准确度较高；吸量管读数的刻度部分管直径较大，准确度稍差。因此量取整数体积的溶液时，常用相应大小的移液管而不用吸量管，吸量管在仪器分析中配制系列溶液时应用较多。

2. 移液管和吸量管的操作

移液管和吸量管的操作完全相同，下面以移液管为例，介绍移液管和吸量管的操作。

（1）检查

使用前要检查移液管的上口和排液嘴，必须完整无损，要看一下移液管标记、准确度等级、刻度标线位置等。

（2）洗涤

移液管一般用自来水洗后再用蒸馏水淋洗 2～3 次。如有污迹，可用肥皂水或洗涤剂刷洗（不能用硬毛刷和去污粉），再用自来水冲洗。如仍有油污，则可用铬酸洗液浸泡后再用自来水冲洗，最后用蒸馏水淋洗 2～3 次。洗净的移液管内壁不挂水珠。干净的移液管应放置在移液管架上。

（3）润洗

移液管使用时，先将已洗净的移液管用少量待吸溶液润洗 2～3 次，以除去残留在管内的水分。吸取溶液前先用吸水纸将尖端内外的水除去，然后左手拿洗耳球，右手将移液管插入溶液中吸取。插入不要太浅或太深，太浅会产生吸空，把溶液吸到洗耳球内弄脏溶液，太深又会使管外壁沾附溶液过多。左手拿洗耳球，接在管的上口把溶液慢慢吸入，先吸入移液管容量的 1/3 左右，取出，横持，并转动管子使溶液接触到标线以上部位，以置换内壁的水分，然后将溶液从管的下口放出并弃去，如此用欲吸取溶液润洗 2～3 次。

（4）吸取溶液

移液管润洗后即可吸取溶液，当管中液面至标线以上 5 mm 左右时，立即用右手的食指按住管口（右手的食指应稍带潮湿，便于调节液面），如图 1-7 所示。

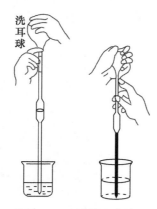

图 1-7　移液管吸取溶液

将移液管向上提升离开液面，用吸水纸轻拭管外壁和管尖液体，另取一个烧杯调节液面，管的末端靠在烧杯的内壁上，管身保持直立，轻轻放松食指（有时可微微转动移液管），使管内溶液慢慢从下口流出，直至溶液的弯月面底部与标线相切为止，立即用食指压紧管口（如图 1-8 所示）。

图 1-8　移液管调节液面

（5）放出溶液

承接溶液的器皿如为锥形瓶，应使锥形瓶倾斜，移液管直立，管下端紧靠锥形瓶内壁，放开食指，让溶液沿瓶壁流下。流完后管尖端接触瓶内壁约 15 s 后，再将移液管移去。残留在管末端的少量溶液不可用外力强使其流出，因校准移液管时已考虑了末端保留溶液的体积（如图 1-9 所示）。

图 1-9　移液管放出溶液

容量小的吸量管上常标有"吹"字，特别是 1 mL 以下的吸量管尤其如此。要特别注意，如果管口上刻有"吹"字的，使用时必须使管内的溶液全部流出，末端的溶液也需吹出，不允许保留。如图 1-10 所示。

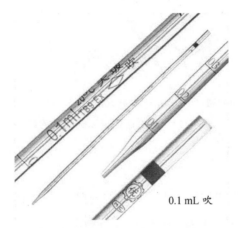

0.1 mL 吹

图 1-10　带"吹"字的吸量管

使用吸量管放出一定量溶液时，通常是液面由某一刻度下降到另一刻度，两刻度之差就是放出的溶液的体积。实验中应尽可能使用同一吸量管的同一区段的体积。移液管用完后应立即用自来水冲洗，再用蒸馏水冲洗干净，放在移液管架上备用。

3. 移液管和吸量管的使用注意事项

① 移液管或吸量管都不允许在烘箱中烘干。

② 移液管或吸量管常与容量瓶配合使用，因此使用前常做两者相对容积的校准。

③ 为了减少测量误差，吸量管每次都应以最上面刻度为起始点，往下放出所需体积，而不是需要多少体积就吸取多少体积。

④ 移液管或吸量管使用后，应洗净放在移液管架上。

⑤ 移液管或吸量管在实验中应与溶液一一对应，不应串用，以避免交叉污染。

三、滴定管

1. 概述

滴定管是滴定用的量器，用于准确测量滴定中所用标准溶液的体积。它是细长、具有精密刻度的玻璃管，一般常用的滴定管容积为 25 mL 或 50 mL，最小刻度为 0.1 mL，读数可估读到 0.01 mL。滴定管分为两种，带有玻璃活塞的称为酸式滴定管，它只能用来盛放酸性、中性或氧化性溶液，不能盛放碱或碱性溶液，因其腐蚀玻璃，使活塞腐蚀难以转动。碱式滴定管的下端连接一段乳胶管，管内放一小玻璃珠，用来控制滴定。碱式滴定管用来盛放碱或碱性溶液，不能盛酸或氧化性溶液，以免腐蚀乳胶管。另外还有聚四氟乙烯酸碱通用滴定管，其旋塞是用聚四氟乙烯材料做成的，耐腐蚀，不用涂油，密封性好，可以盛放酸、碱和氧化性溶液（如图 1 - 11 所示）。

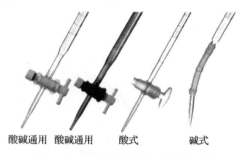

酸碱通用　酸碱通用　　酸式　　　　碱式

图 1 - 11　酸式滴定管和碱式滴定管

2. 滴定管使用前的准备

（1）洗涤

洁净的滴定管应是将管内的水倒出后，管的内壁不挂水珠，否则应清洗。如果无明显油污、不太脏，可以用自来水冲洗，或用滴定管刷蘸肥皂水或洗涤剂刷洗（不能用去污粉）。若用上述方法仍不能洗干净，则需用铬酸洗液浸泡，然后再用自来水反复冲洗，最后用少量蒸馏水淋洗 2～3 次。注意使用铬酸洗液洗涤碱式滴定管时，需将胶管和尖嘴部分取下单独洗涤，胶管不能接触铬酸洗液，以免胶管被腐蚀。

（2）活塞涂油和检漏

酸式滴定管使用前，应检查活塞转动是否灵活、是否漏液。如不符合要求，则取下活塞，用滤纸擦干净活塞及塞座。将酸式滴定管平放在桌子上，把活塞拔出，用滤纸将活塞及活塞套吸干，用手指在活塞两头沿圈周各薄涂一层凡士林，或在活塞大头涂一圈油，用火柴棒在塞套小头内部涂一圈（切勿将活塞小孔堵住）。将活塞直插入活塞套内，向同一方向转动活塞，直到活塞部分全部透明为止。如果是滴定管的出口管尖堵塞，可先用水充满全管，将出口管尖浸入热水中，温热片刻后，打开活塞，使管内的水流快速冲下，将溶化的油脂带出。最后用小孔胶圈套在玻璃旋塞小头槽内，防止塞子滑出而损坏（如图 1 - 12 所示）。

(1) 活塞涂油 　　　　　 (2) 活塞安装 　　　　　 (3) 转动活塞

图 1-12　酸式滴定管活塞涂油

滴定管使用之前必须严格检查，确保不漏。检查时，将酸式滴定管装满蒸馏水，把滴定管垂直夹在滴定管架上，放置 2 min。观察管尖是否有水滴滴下，活塞缝隙处是否有水渗出。若不漏，将活塞旋转 180°，静置 2 min，再观察一次，如不漏水即可使用。碱式滴定管使用前应检查乳胶管长度是否合适，是否老化变质，乳胶管内玻璃珠的大小是否合适。如发现不符合要求，应重新装玻璃珠和乳胶管。碱式滴定管只需装满蒸馏水直立 2 min，若管尖处无水滴滴下即可使用。

（3）装入溶液和赶气泡

为避免滴定管中残留的水分改变标准溶液的浓度，在装溶液前先用少量该溶液润洗 2~3 次，每次用量不超过滴定管体积的 1/5。润洗时将滴定管倾斜，并不断转动，使溶液流遍全管，然后打开活塞将溶液自下端流出少许，其余溶液全部从上口放出。装溶液时标准溶液要直接从试剂瓶倒入管内，不得再经过其他容器，以免污染或影响溶液的浓度。滴定管装满溶液后，应检查管下端是否有气泡。如有气泡，在使用酸式滴定管时，右手捏住滴定管上部无刻度处，滴定管倾斜约 30°，左手迅速打开活塞使溶液冲出，从而可使溶液充满全部出口管。如出口管中仍留有气泡，可重复操作几次。如仍不能使溶液充满，可能是出口管部分未洗涤干净，必须重新洗涤。对于碱式滴定管应注意玻璃珠下方的洗涤。用试剂洗涤完后，将其装满溶液垂直地夹在滴定管架上，左手拇指和食指放在稍高于玻璃珠所在的部位，并使管向上弯曲，出口管斜向上，往一旁轻轻提高挤捏乳胶管，使溶液从管口喷出，再一边捏乳胶管，一边将其放直，这样可排除出口管的气泡，并使溶液充满出口管（如图 1-13 所示）。注意，乳胶管放直再松开拇指和食指，否则出口管仍会有气泡。排尽气泡后，加入试剂使之在"0"刻度以上 5 mm 左右，再调节液面在 0.00 mL 刻度处，备用。如液面不在 0.00 mL 时，则应记下初读数。

图 1-13　碱式滴定管排气泡

3. 滴定操作

滴定是将标准溶液由滴定管滴加到锥形瓶或烧杯溶液中的操作过程。

使用酸式滴定管时左手拇指在活塞前面，食指与中指在活塞后面，灵活握住活塞柄。转动活塞时，手指微微弯曲，轻轻向里扣住，手心不要顶住活塞小头，以免顶出活塞，使溶液漏出。也不要过分往里拉，以免造成活塞转动困难，不能自如操作。使用碱式滴定管时，左手指挤捏玻璃珠外乳胶管，使形成一狭缝，溶液即可流出。滴定时注意不要移动玻璃珠，也不要摆动尖嘴，以防空气进入尖嘴，也不要用力捏玻璃珠，或使玻璃珠上下移动，如图 1 - 14 所示。

图 1 - 14　滴定管的放液操作（左：酸式滴定管，右：碱式滴定管）

滴定操作时要能熟练自如地控制三种滴定管溶液的流速：使溶液逐滴连续滴出，只放出一滴溶液，使液滴悬而未落（滴定管的管尖在瓶内靠下时即为半滴操作）。

滴定时，滴定管下端应伸入锥形瓶口少许，左手控制滴定管的流速，右手前三指拿住瓶颈，其余两指做辅助，向同一方向作圆周运动，边滴边摇，以使瓶内的溶液反应完全，注意不要使瓶内溶液溅出，如图 1 - 15 所示。开始滴定时，滴定速度以每秒 3～4 滴为宜。近终点时，须用少量蒸馏水绕圈冲洗锥形瓶内壁，将残留在瓶壁的溶液冲下，使反应完全。同时，滴定速度要放慢，以防滴定过量，每次滴加 1 滴或半滴，不断旋摇，直至终点。仅需半滴时，微微转动活塞使溶液悬在出口管尖嘴形成半滴，并使其与锥形瓶内壁接触，再用洗瓶冲洗下来与溶液反应。使用碘量瓶时，玻璃塞应夹在右手中指与无名指间。若滴定在烧杯中进行，右手用玻璃棒或磁力搅拌器不断搅拌烧杯中的溶液，左手控制滴定管。通常情况下，尽量不在烧杯中进行滴定操作。

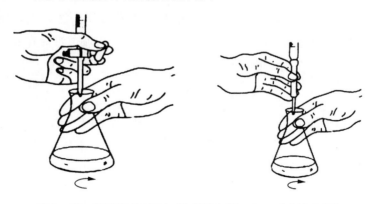

图 1 - 15　滴定操作（左：酸式滴定管，右：碱式滴定管）

每次滴定最好都从读数 0.00 开始，也可以从 0.00 附近的某一读数开始，这样在重复测定时，使用同一段滴定管，可减小误差，提高精密度。

滴定完毕后，滴定管内剩余的溶液倒入废液回收容器，不得倒回原瓶。用自来水、蒸馏水冲洗滴定管，将滴定管倒置夹在滴定管架上。

4. 滴定管读数

滴定开始前和滴定结束都要读取数值。读数前应注意出口尖嘴处有无气泡或挂有水珠。若在滴定后管出口嘴尖处有气泡或挂有水珠读数，这时是无法读准确的。读数时将滴定管从管夹上取下，用右手大拇指和食指捏住滴定管上部无刻度处，使滴定管自然下垂，滴定管保持垂直。在滴定管中的溶液形成一个弯月面，无色或浅色溶液的弯月面底部比较清晰，易于读数。读数时，使弯月面的最低点与分度线上边缘的水平面相切，视线与分度线上边缘在同一水平面上，以减小误差。因为液面是球面，改变眼睛的位置会得到不同的读数（如图 1-16 所示）。

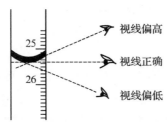

图 1-16　滴定管的读数

当溶液颜色太深而无法观察到弯月面时，也可以读取弯月面上边缘与分度线上边缘水平相切的位置。如 $KMnO_4$、I_2 溶液等，弯月面很难看清楚，可读取液面两侧的最高点，此时视线应与该点成水平，如图 1-17 所示。但要注意，读数时一定要确保初读数和终读数采用相同的标准。

图 1-17　深颜色溶液的滴定管读数

为了便于读数，可在滴定管后衬读数卡。读数卡可用黑纸或涂有黑长方形（约 3 cm×1.5 cm）的白纸制成。读数时，手持读数卡在滴定管背后，使黑色部分在弯月面下约 1 mm 处，此时即可看到弯月面的反射层成为黑色，然后读此黑色弯月面底部的最低点，如图 1-18 所示。

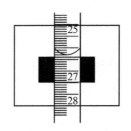

图 1-18　滴定管的读数（衬读数卡）

　　在使用带有蓝色衬背的滴定管时，液面呈现三角交叉点，应读取交叉点与刻度相交之点的读数。

　　必须注意的是，无论采用哪种读数方法，初读数与终点读数均应采用同一读数方法。刚刚添加完溶液或刚刚滴定完毕，不要立即调整零点或读数，而应等 0.5～1 min，以使管壁附着的溶液流下来，使读数准确可靠。读数须准确至 0.01 mL。读取初读数前，若滴定管管尖悬挂液滴时，应该用小烧杯将液滴沾去。在读取终读数前，如果滴定管管尖悬有溶液，此次读数不能取用。

　　5. 滴定管使用的注意事项

　　① 必须注意，滴定管下端不能有气泡。快速放液，可赶走酸式滴定管中的气泡；轻轻抬起尖嘴玻璃管，并用手指挤捏玻璃珠，可赶走碱式滴定管中气泡。

　　② 酸式滴定管不得用于装碱性溶液，因为玻璃的磨口部分易被碱性溶液腐蚀，使塞子无法转动。

　　③ 碱式滴定管不宜装对乳胶管有腐蚀性（强氧化性或酸性）的溶液，如高锰酸钾、硝酸银和盐酸等。

　　④ 使用碱式滴定管时用力方向要平，以避免玻璃珠上下移动。不要捏到玻璃珠下侧部分，否则有可能使空气进入管尖形成气泡。挤捏胶管过程中不可过分用力，以避免溶液流出过快。

　　⑤ 滴定时目光应集中在锥形瓶内的颜色变化上，不要因注视刻度变化而忽略反应的进行。

　　⑥ 使用酸式滴定管滴定时，不允许手离开活塞而放任溶液自行流下。

　　⑦ 每次滴定最好从零刻度开始，以使每次测定结果能抵消滴定管的刻度误差。

　　⑧ 滴定管有无色、棕色两种，一般需避光的滴定液（如硝酸银标准溶液、硫代硫酸钠标准溶液等）需用棕色滴定管。

　　⑨ 滴定管的读数自上而下由小变大。

　　⑩ 滴定如果在烧杯中进行，要用玻璃棒或电磁搅拌器搅拌。

　　⑪ 滴定管用后应立即洗净，倒置夹在滴定管架上备用。

　　⑫ 长期不用的酸式滴定管，活塞和塞座中间应夹一小条纸条，以防活塞粘连无法打开。

任务二 ▶ 分析检验玻璃容量仪器的校准

一、校准的目的

滴定管、移液管和容量瓶等是分析检验中常用的玻璃量器，都具有刻度和标称容量。刻度与标称容量往往和量器的实际体积有一定的误差，在滴定分析仪器的生产检验中，已将这一误差控制在一定的允许范围内。在分析检验中，A级品常用于准确度要求较高的分析，如原材料分析、成品分析及标准溶液的制备等，B级品一般用于生产控制分析。对准确度要求更高的仲裁分析、科研实验以及长期使用的仪器，则必须经过校准方可使用。

二、校准的方法

检定前须对量器进行清洗，清洗的方法为：用重铬酸钾的饱和溶液和浓硫酸的混合液（调配体积比例为1：1）或20％发烟硫酸进行清洗，然后用水冲净。器壁上不应有挂水等沾污现象，使液面与器壁接触处形成正常弯月面。清洗干净的被检量器须在检定前4小时放入实验室内。

依据常用玻璃量器检定规程，校正方法采用衡量法（称量法、绝对校准法）和容量比较法（相对校准法）两种。

1. 衡量法

衡量法是取一只容量大于被检玻璃量器的洁净有盖称量杯，称得空杯质量，然后将被检玻璃量器内的纯水放入称量杯，称得纯水质量 m（杯加水的质量与空杯质量之差），将温度计插入被检量器中，测量纯水的温度，读数应准确到 0.1 ℃。玻璃量器在标准温度 20 ℃时的实际容量按下式计算：

$$V_{20} = \frac{m\ (\rho_B - \rho_A)}{\rho_B\ (\rho_W - \rho_A)}\ [1 + \beta\ (20 - t)]$$

式中：V_{20}——标准温度 20 ℃时被检玻璃量器的实际容量，mL；

ρ_B——砝码的密度，取 8.00 g·cm^{-3}；

ρ_A——测定时实验室内的空气密度，取 0.001 2 g·cm^{-3}；

ρ_W——纯水在 t ℃时的密度，g·cm^{-3}；

β——被检玻璃量器的体胀系数，℃$^{-1}$；

t——检定时纯水的温度，℃；

m——被检玻璃量器内所能容纳纯水的表观质量，g。

在实际校准工作中，容器中水的质量是在室温下和空气中称量的。因此必须考虑如下三方面的影响：

① 水的密度随温度的变化而改变。水在 3.98 ℃的真空中密度为 1，高于或低于此温度，其密度均小于 1。

② 温度对玻璃仪器热胀冷缩的影响。温度改变时，因玻璃的膨胀和收缩，量器的容积也随之而改变。因此，在不同的温度校准时，必须以标准温度为基础加以校准。

③ 在空气中称量时，空气浮力对纯水质量的影响。校准时，在空气中称量，由于空气浮力的影响，水在空气中称得的质量必小于在真空中称得的质量，这个减轻的质量应该加以校准。

在一定的温度下，上述三个因素的校准值是一定的，所以可将其合并为一个总校准值 K （t）。因此上式可简化为

$$V_{20}=m\times K（t）$$

其中

$$K（t）=\frac{(\rho_B-\rho_A)}{\rho_B(\rho_W-\rho_A)}\left[1+\beta（20-t）\right]$$

根据测定的质量值 m 和测定水温所对应的 K （t）值，即可求出被检玻璃量器在 20 ℃ 的实际容量。常用玻璃量器衡量法的 K （t）值见表 1-1。

表 1-1　常用玻璃量器衡量法 K （t） 值

表 1-1A　（钠钙玻璃体胀系数为 25×10^{-6} ℃$^{-1}$，空气密度为 $0.001\,2\,g\cdot cm^{-3}$）

水温 t/℃	0	0.1	0.2	0.3	0.4	0.5	0.6	0.7	0.8	0.9
15	1.002 08	1.002 09	1.002 10	1.002 11	1.002 13	1.002 14	1.002 15	1.002 17	1.002 18	1.002 19
16	1.002 21	1.002 22	1.002 23	1.002 25	1.002 26	1.002 28	1.002 29	1.002 30	1.002 32	1.002 33
17	1.002 35	1.002 36	1.002 38	1.002 39	1.002 41	1.002 42	1.002 44	1.002 46	1.002 47	1.002 49
18	1.002 51	1.002 52	1.002 54	1.002 55	1.002 57	1.002 58	1.002 60	1.002 62	1.002 63	1.002 65
19	1.002 67	1.002 68	1.002 70	1.002 72	1.002 74	1.002 76	1.002 77	1.002 79	1.002 81	1.002 83
20	1.002 85	1.002 87	1.002 89	1.002 91	1.002 92	1.002 94	1.002 96	1.002 98	1.003 00	1.003 02
21	1.003 04	1.003 06	1.003 08	1.003 10	1.003 12	1.003 14	1.003 15	1.003 17	1.003 19	1.003 21
22	1.003 23	1.003 25	1.003 27	1.003 29	1.003 31	1.003 33	1.003 35	1.003 37	1.003 39	1.003 41
23	1.003 44	1.003 46	1.003 48	1.003 50	1.003 52	1.003 54	1.003 56	1.003 59	1.003 61	1.003 63
24	1.003 66	1.003 68	1.003 70	1.003 72	1.003 74	1.003 76	1.003 79	1.003 81	1.003 83	1.003 86
25	1.003 89	1.003 91	1.003 93	1.003 95	1.003 97	1.004 00	1.004 02	1.004 04	1.004 07	1.004 09

表 1-1B　（硼硅玻璃体胀系数为 10×10^{-6} ℃$^{-1}$，空气密度为 $0.001\,2\,g\cdot cm^{-3}$）

水温 t/℃	0	0.1	0.2	0.3	0.4	0.5	0.6	0.7	0.8	0.9
15	1.002 00	1.002 01	1.002 04	1.002 11	1.002 06	1.002 07	1.002 09	1.002 10	1.002 12	1.002 13
16	1.002 15	1.002 16	1.002 18	1.002 19	1.002 21	1.002 22	1.002 24	1.002 25	1.002 27	1.002 29

续表

水温 t/℃	0	0.1	0.2	0.3	0.4	0.5	0.6	0.7	0.8	0.9
17	1.002 30	1.002 32	1.002 34	1.002 35	1.002 37	1.002 39	1.002 40	1.002 42	1.002 44	1.002 46
18	1.002 47	1.002 49	1.002 51	1.002 53	1.002 54	1.002 56	1.002 58	1.002 60	1.002 62	1.002 64
19	1.002 66	1.002 67	1.002 69	1.002 71	1.002 73	1.002 75	1.002 77	1.002 79	1.002 81	1.002 83
20	1.002 85	1.002 86	1.002 88	1.002 90	1.002 92	1.002 94	1.002 96	1.002 98	1.003 00	1.003 03
21	1.003 05	1.003 07	1.003 09	1.003 11	1.003 13	1.003 15	1.003 17	1.003 19	1.003 22	1.003 24
22	1.003 27	1.003 29	1.003 31	1.003 33	1.003 35	1.003 37	1.003 39	1.003 41	1.003 43	1.003 46
23	1.003 49	1.003 51	1.003 53	1.003 55	1.003 57	1.003 59	1.003 62	1.003 64	1.003 66	1.003 69
24	1.003 72	1.003 74	1.003 76	1.003 78	1.003 81	1.003 83	1.003 85	1.003 88	1.003 91	1.003 94
25	1.003 97	1.003 99	1.004 01	1.004 03	1.004 05	1.004 08	1.004 10	1.004 13	1.004 16	1.004 19

需要特别指出的是，校准不当和使用不当都是产生容积误差的主要原因，其误差甚至可能超过允许误差或量器本身的误差。因而在校准时务必正确、仔细地进行操作，尽量减小校准误差。凡是使用校准值的，其检定次数不应少于两次，且两次校准数据的偏差应不超过该量器允许误差的 1/4，并取其平均值作为校准值。实验室常用的玻璃量器为钠钙玻璃，校准时 $K(t)$ 值可查表 1-1A 得到，不需要单独计算。

2. 容量比较法

容量比较法是比较两容器所盛液体体积的比例关系。在实际的分析检验工作中，容量瓶和移液管常常配套使用，如经常将一定量的物质溶解后在容量瓶中定容，用移液管取出一部分进行定量分析。因此，重要的不是要知道所用容量瓶和移液管的绝对体积，而是容量瓶与移液管的容积比是否正确。经常配套使用的移液管和容量瓶，采用容量比较法更为重要。例如，用 25 mL 移液管取蒸馏水于干燥洁净的 100 mL 容量瓶中，第 4 次重复操作后，观察瓶颈处水的弯月面底部是否刚好与标线相切，若不相切，应重新作一记号为标线，以后此移液管和容量瓶配套使用时就用校准的标线。经容量比较法校准的移液管和容量瓶在实验过程中应配套使用。

在分析工作中，滴定管一般采用衡量法。对于配套使用的移液管和容量瓶，可采用容量比较法。用于取样的移液管，则必须采用衡量法。衡量法准确，但操作比较麻烦。容量比较法操作简单，但必须配套使用。

3. 溶液体积的校准

玻璃容量仪器校准时都是以 20 ℃ 为标准温度来标定和校准的，如果溶液使用时的温度不是 20 ℃，则需要校准。不同温度下标准滴定溶液体积的补正值见表 1-2。

表1-2　不同温度下标准滴定溶液体积的补正值　　　　　单位：mL·L⁻¹ 的表示 单位：$mL \cdot L^{-1}$

温度/ ℃	水及 0.05 mol·L⁻¹ 以下的各种水溶液	0.1 mol·L⁻¹ 及 0.2 mol·L⁻¹ 各种水溶液	盐酸溶液 [c(HCl)= 0.5 mol·L⁻¹]	盐酸溶液 [c(HCl)= 1 mol·L⁻¹]	硫酸溶液 [c(H₂SO₄)= 0.25 mol·L⁻¹], 氢氧化钠溶液 [c(NaOH)= 0.5 mol·L⁻¹]	硫酸溶液 [c(H₂SO₄)= 0.5 mol·L⁻¹], 氢氧化钠溶液 [c(NaOH)= 1 mol·L⁻¹]	碳酸钠溶液 [c(Na₂CO₃)= 0.5 mol·L⁻¹]	氢氧化钾-乙醇 溶液 [c(KOH)= 0.1 mol·L⁻¹]
5	+1.38	+1.7	+1.9	+2.3	+2.4	+3.6	+3.3	
6	+1.38	+1.7	+1.9	+2.2	+2.3	+3.4	+3.2	
7	+1.36	+1.6	+1.8	+2.2	+2.2	+3.2	+3.0	
8	+1.33	+1.6	+1.8	+2.1	+2.2	+3.0	+2.8	
9	+1.29	+1.5	+1.7	+2.0	+2.1	+2.7	+2.6	
10	+1.23	+1.5	+16	+1.9	+2.0	+2.5	+2.4	+10.8
11	+1.17	+1.4	+1.5	+1.8	+1.8	+2.3	+2.2	+9.6
12	+1.10	+1.3	+1.4	+1.6	+1.7	+2.0	+2.0	+8.5
13	+0.99	+1.1	+1.2	+1.4	+1.5	+1.8	+1.8	+7.4
14	+0.88	+1.0	+1.1	+1.2	+1.3	+1.6	+1.5	+6.5
15	+0.77	+0.9	+0.9	+1.0	+1.1	+1.3	+1.3	+5.2
16	+0.64	+0.7	+0.8	+0.8	+0.9	+1.1	+1.1	+4.2
17	+0.50	+0.6	+0.6	+0.6	+0.7	+0.8	+0.8	+3.1
18	+0.34	+0.4	+0.4	+0.4	+0.5	+0.6	+0.6	+2.1
19	+0.18	+0.2	+0.2	+0.2	+0.2	+0.3	+0.3	+1.0
20	0.00	0.00	0.00	0.0	0.0	0.0	0.0	0.0
21	−0.18	−0.2	−0.2	−0.2	−0.2	−0.3	−0.3	−1.1
22	−0.38	−0.4	−0.4	−0.5	−0.5	−0.6	−0.6	−2.2
23	−0.58	−0.6	−0.7	−0.7	−0.8	−0.9	−0.9	−3.3
24	−0.80	−0.9	−0.9	−1.0	−1.0	−1.2	−1.2	−4.2
25	−1.03	−1.1	−1.1	−1.2	−1.3	−1.5	−1.5	−5.3
26	−1.26	−1.4	−1.4	−1.4	−1.5	−1.8	−1.8	−6.4
27	−1.51	−1.7	−1.7	−1.7	−1.8	−2.1	−2.1	−7.5
28	−1.76	−2.0	−2.0	−2.0	−2.1	−2.4	−2.4	−8.5
29	−2.01	−2.3	−2.3	−2.3	−2.4	−2.8	−2.8	−9.6
30	−2.30	−2.5	−2.5	−2.6	−2.8	−3.2	−3.1	−10.6
31	−2.58	−2.7	−2.7	−2.9	−3.1	−3.5		−11.6
32	−2.86	−3.0	−3.0	−3.2	−3.4	−3.9		−12.6
33	−3.04	−3.2	−3.3	−3.5	−3.7	−4.2		−13.7
34	−3.47	−3.7	−3.6	−3.8	−4.1	−4.6		−14.8
35	−3.78	−4.0	−4.0	−4.1	−4.4	−5.0		−16.0
36	−4.10	−4.3	−4.3	−4.4	−4.7	−5.3		−17.0

注：本表数值是以 20 ℃ 为标准温度以实测法测出；表中带有"＋" "－"号的数值是以 20 ℃ 为分界。室温低于 20 ℃ 的补正值为"＋"，高于 20 ℃ 的补正值为"－"。

例如 1 L 硫酸溶液 $[c(H_2SO_4)=0.5 \text{ mol} \cdot L^{-1}]$ 由 25 ℃换算为 20 ℃时，其体积补正值为 $-1.5 \text{ mL} \cdot L^{-1}$，故 40.00 mL 换算为 20 ℃时的体积为 $40.00-40.00 \times 1.5/1\,000=39.94$（mL）。

三、校准的操作

1. 容量瓶的校准操作

（1）衡量法

将洗净、干燥、带塞的容量瓶准确称量（空瓶质量）。注入蒸馏水至标线，记录水温（读数应准确至 0.1 ℃），用滤纸条吸干瓶颈内壁水滴，盖上瓶塞称量，两次称量之差即为容量瓶容纳的水的质量，求出校正值，标注到瓶身上。

【例 1-1】 25 ℃时，某 25 mL 容量瓶放出的纯水质量为 24.932 g，则该容量瓶在 20 ℃时的实际容积为多少？

解：查表可知，25 ℃时的 $K(t)$ 值为 1.003 89。

则 $V_{20}=24.932 \times 1.003\,89=25.03$（mL）

因此该容量瓶的校正值为 25.03 mL－25.00 mL＝＋0.03 mL。

（2）容量比较法

在很多情况下，容量瓶与移液管或吸量管是配合使用的，因此，重要的不是要知道所用容量瓶的绝对容积，而是容量瓶与移液管或吸量管的容积比是否正确。例如 250 mL 容量瓶的容积是否为 25 mL 移液管所放出的液体体积的 10 倍。一般只需要做容量瓶与移液管的相对校准即可。

2. 移液管的校准操作

移液管用衡量法校准时，将待校准的移液管充分洗净，用洗耳球吸取 20～24 ℃蒸馏水至移液管标线之上 2～3 cm 处，将移液管提离液面，擦去移液管流液口外壁的水，缓慢放出多余的纯水至液面底部与标线相切为止。除去移液管管尖外面的水珠，再将水移入已准确称重（准确至 0.01 g 即可）的 50 mL 具塞锥形瓶中，使管尖与锥形瓶内壁接触，收集管尖余滴，停放 15 s 左右取出移液管，记录水温（准确至 0.1 ℃），盖上锥形瓶玻璃塞，准确称出瓶与水的总质量，并记录两次称重之差，即为待校正移液管放出的水重，求出校正值，标注到移液管上。

移液管和容量瓶相对校准可以参考容量瓶的容量比较法校准。

3. 滴定管的校准操作

将待校准的滴定管充分洗净，取洁净烧杯盛放校准用水。取洁净干燥的 50 mL 具塞锥形瓶，与待校准滴定管同放置在天平室 1 小时以上，测量水的温度（准确到 0.1 ℃）。精密称得洁净干燥的 50 mL 空具塞锥形瓶的质量（准确至 0.01 g）。将要校准的洁净滴定管装入水至最高标线以上，垂直夹在滴定管架上。缓慢地将液面调到零位，同时排除流液口中的空气，移去流液口的最后一滴水珠。完全开启活塞，使水充分地从流液口流出，当液面降至 10 mL 分度线以上约 5 mm 处时，等待 30 s，然后 10 s 内将液面调至 10 mL 分度线上，随即将滴定管尖与锥形瓶内壁接触，收集管尖余滴，读数（准确至 0.01 mL）并记录。将锥形瓶玻璃塞盖上，再称得质量，两次质量之差即为放出水的质量，计算出滴定管在 20 ℃时的实际容量（mL）和校正值（即实际容量与滴定管放出水的体积之差）。

【例 1 - 2】 在 21 ℃时由滴定管中放出 10.03 mL 水，其质量为 10.04 g。则 20 ℃时的实际容积为多少？

解：查表可知，21 ℃时的 $K(t)$ 值为 1.003 04。

则 $V_{20} = 10.04 \times 1.003\ 04 = 10.07$（mL）

此时滴定管的校正值为 10.07 mL－10.03 mL＝＋0.04 mL。

分别求出不同滴定管段的校正值，以滴定管校正值为纵坐标，滴定管读数的体积（mL）为横坐标，画出校准曲线，滴定时依据校准曲线查出校正值，加上观察值即为实际滴定值。

通常情况下，滴定管的检定点根据滴定管容量确定，若分析检验结果要求比较高，也可适当增加检定点数。不同容量滴定管常用检定点如下：

容量为 10 mL 的滴定管检定点：半容量和总容量两点，即 0～5 mL、0～10 mL 两点。

容量为 25 mL 的滴定管检定点：0～5 mL、0～10 mL、0～15 mL、0～20 mL、0～25 mL 五点。

容量为 50 mL 的滴定管检定点：0～10 mL、0～20 mL、0～30 mL、0～40 mL、0～50 mL 五点。

任务三 分析检验玻璃容量仪器校准实训

容量仪器的容积与它的标示值并不完全符合，尤其对于准确度要求较高的分析检验工作，必须加以校准。校准的目的是确定示值的误差，确定是否在预期的允差范围内，得出标示值偏差的校正值。

一、主要内容与适用范围

分析检验常用玻璃容量仪器，适用于分析检验要求较高的检测项目。

二、测定原理

参考国家计量检定规程中常用玻璃量器校准方法。

三、测定试剂与仪器

1. 试剂

纯水等。

2. 仪器

分析天平、酸式滴定管（50 mL）、移液管（25 mL）、容量瓶（100 mL）、带磨口玻璃塞的锥形瓶（100 mL）、温度计（0～50 ℃）、滴定台（带滴定管夹）、洗耳球、乳胶手套、吸水纸等。

四、测定步骤

1. 滴定管的绝对校准

将已洗净且外表干燥的带磨口玻璃塞的锥形瓶放在分析天平上称量，记录空瓶质量 $m_瓶$，准确至 0.01 g。

再将已洗净的酸式滴定管盛满纯水，调至 0.00 mL 刻度处，从滴定管中放出一定体积（记为 V_0，如放出 5 mL）的纯水于已称量的锥形瓶中，塞紧塞子，称出"瓶＋水"的质量，两次质量之差即为放出水的质量 $m_水$。用同样方法称量滴定管从 0～10 mL、0～15 mL、0～20 mL、0～25 mL 等刻度间放出水的质量 $m_水$，查表找到相应 $K(t)$ 值，通过计算即可得到滴定管各部分的实际容量 V_{20}。重复校准一次，两次相应区间的水质量相差应小于 0.02 g，求出平均值，并计算校准值 ΔV（$V_{20} - V_0$）。以 V_0 为横坐标，ΔV 为纵坐标，绘制滴定管校准曲线。移液管、吸量管和容量瓶也可用称量法进行校准。

2. 移液管和容量瓶的相对校准

用洁净的 25 mL 移液管移取纯水于干燥洁净的 100 mL 容量瓶中，重复操作 4 次，观察液面的弯月面底部是否恰好与标线相切。如不相切则用胶布在瓶颈上另作标记，随后实验中，此移液管和容量瓶配套使用时，应以新标记为准。

五、数据记录与处理

记录并处理数据，如表 1-3 所示。

表 1-3 滴定管的校准原始数据记录表

V_0/mL	$m_{水＋瓶}$/g	$m_瓶$/g	$m_水$/g	V_{20}/mL	ΔV/mL
0.00～5.00					
0.00～10.00					
0.00～15.00					
0.00～20.00					
0.00～25.00					
0.00～30.00					
0.00～35.00					
0.00～40.00					
0.00～45.00					
0.00～50.00					

六、注意事项

① 拿取锥形瓶时，应用纸条套取或戴上乳胶手套。

② 测量实验水温时，须将温度计插入水中稳定后再读数。读数时温度计玻璃泡部位

应仍浸在水中。

③ 校准容量仪器所用蒸馏水应预先放在天平室，使其与天平室的温度达到平衡。

④ 待校准的仪器，应仔细洗涤至内壁完全不挂水珠。

⑤ 容量瓶校准时，注意刻度上方的瓶内壁不得挂水珠；校准时所用锥形瓶必须干净，瓶外须干燥。

⑥ 一般每个仪器应校准两次，即做平行实验两次。

【拓展阅读】 玻璃仪器的管理

对于实验室中常用玻璃仪器，应本着方便、实用、安全的原则进行管理和使用。

① 建立购进、借出、破损登记制度。

② 仪器用完后要及时洗涤干净，放回原处。

③ 仪器应按种类、规格顺序存放，并尽可能倒置，既可自然控干，又能防尘。如烧杯等可直接倒扣在实验柜内，锥形瓶、烧瓶、量筒等可在柜子的隔板上钻孔，将仪器倒置于孔中。

④ 滴定管用完洗净后，可装满蒸馏水，管口盖一个塑料帽，夹在滴定夹上；也可倒置夹在滴定管夹上。

⑤ 移液管（吸量管）可在洗净后，用滤纸包住两端，置于移液管架上（横式）；如为竖式管架，可将整个架子加罩防尘。

⑥ 磨口仪器，如容量瓶、碘（量）瓶、分液漏斗等，使用前应用小绳将塞子拴好，以免打破塞子或互相弄混。暂时不用的磨口仪器，磨口处要垫一纸条，用橡皮圈或皮筋拴好塞子保存。

⑦ 成套的专用仪器，用完后要及时洗涤干净，存放于专用的包装盒中。

⑧ 小件仪器可放在带盖的托盘中，盘内要垫层洁净滤纸。

【同步测试】

一、选择题

1. 下列关于容量瓶的说法正确的是 （ ）

    A. 一种测定液体容积的仪器
    B. 不宜长期存放溶液
    C. 可以用作反应容器
    D. 可用来溶解所有固体溶质

2. 下列关于容量瓶的操作正确的是 （ ）

    A. 将试剂直接放入容量瓶中加热溶解后稀释至刻度
    B. 热溶液应冷却至室温后再移入容量瓶
    C. 长久贮存溶液需要贴上标签
    D. 闲置不用时要盖紧瓶塞

3. 下列操作哪个不是容量瓶具备的功能　　　　　　　　　　　　　（　　）

　　A. 直接法配制一定体积准确浓度的标准溶液

　　B. 利用容量瓶配制分析实验溶液

　　C. 测量容量瓶规格以下的任意体积的液体

　　D. 准确稀释某一浓度的溶液

4. 将固体溶质在小烧杯中溶解后转移到容量瓶中时，下列操作错误的是　（　　）

　　A. 趁热转移溶液至容量瓶

　　B. 玻璃棒引流时下端不能和瓶口接触

　　C. 定容时需用胶头滴管

　　D. 冲洗玻璃棒和烧杯内壁的洗涤液应移至容量瓶内

5. 下列哪个不是容量瓶配制溶液的操作　　　　　　　　　　　　　（　　）

　　A. 检漏　　　　　　B. 洗涤　　　　　　C. 密封　　　　　　D. 定容

6. 下列哪个不是移液管的使用操作步骤　　　　　　　　　　　　　（　　）

　　A. 涂抹凡士林　　　B. 吸取溶液　　　　C. 调节液面　　　　D. 放出溶液

7. 下列哪个仪器不宜加热　　　　　　　　　　　　　　　　　　　（　　）

　　A. 试管　　　　　　B. 坩埚　　　　　　C. 蒸发皿　　　　　D. 移液管

8. 在 24 ℃时（水的密度为 0.996 38 g·mL^{-1}）称得 25 mL 移液管中至刻度线时放出的纯水的质量为 24.902 g，则下列哪个是其在 20 ℃时的真实体积　　　（　　）

　　A. 25.00 mL　　　B. 24.99 mL　　　C. 25.01 mL　　　D. 24.97 mL

9. 下列哪个是液体试剂的定量取用玻璃仪器　　　　　　　　　　　（　　）

　　A. 移液管　　　　　B. 量筒　　　　　　C. 量杯　　　　　　D. 前面三种都可以

10. 下列哪种溶液不能使用酸式滴定管盛放　　　　　　　　　　　　（　　）

　　A. 酸性溶液　　　　B. 碱性溶液　　　　C. 中性溶液　　　　D. 氧化性溶液

11. 下列哪种物质可以用碱式滴定管盛放　　　　　　　　　　　　　（　　）

　　A. 氢氧化钠溶液　　B. 硝酸银溶液　　　C. 高锰酸钾溶液　　D. 碘溶液

12. 下列哪个不是聚四氟乙烯酸碱通用滴定管的优点　　　　　　　　（　　）

　　A. 耐腐蚀　　　　　B. 不用涂油　　　　C. 价格便宜　　　　D. 密封性好

13. 下列哪个不是控制滴定管溶液流速的技术　　　　　　　　　　　（　　）

　　A. 使溶液逐滴连续滴出　　　　　　　　B. 使溶液成股流出

　　C. 只放出一滴溶液　　　　　　　　　　D. 使液滴悬而未落

14. 下列哪个不是滴定管的使用注意事项　　　　　　　　　　　　　（　　）

　　A. 滴定管装入溶液前必须干燥

　　B. 滴定前要将滴定管尖端的气泡赶出

　　C. 根据试样性质正确选用滴定管类型

    D. 滴定时目光应集中在锥形瓶内溶液颜色的变化上

15. 下列哪种试剂滴定时需要使用棕色滴定管　　　　　　　　　　　　　（　　）

    A. 氢氧化钠　　　　　B. 盐酸　　　　　C. 高锰酸钾　　　　D. 硫酸

16. 碱式滴定管量取溶液开始时俯视液面读数为 5.25 mL，放出部分液体后仰视液面
    读数为 17.75 mL，则下列哪个是实际取出的液体体积　　　　　　　（　　）

    A. 大于 12.50 mL　　　　　　　　　　B. 小于 12.50 mL

    C. 等于 12.50 mL　　　　　　　　　　D. 不确定

17. 25 mL 酸式滴定管中盛盐酸，液面恰好在 a mL 刻度处，下列说法正确的是

    　　　　　　　　　　　　　　　　　　　　　　　　　　　　　　（　　）

    A. 滴定管内盐酸体积为 a mL

    B. 该滴定管最多可装液体 50 mL

    C. 若放出 b mL 盐酸，则液面在（$b+a$）刻度处

    D. 若把盐酸全部放出，所得盐酸体积为（$25-a$）mL

18. 一只 25.00 mL 的移液管在 15 ℃放出纯水的质量为 24.92 g，15 ℃时 1 mL 纯水
    的质量为 0.997 93 g，则下列哪个是该移液管的校正值　　　　　　（　　）

    A. ＋0.03 mL　　　　B. －0.03 mL　　　C. 0.08 mL　　　D. －0.08 mL

19. 下列哪个是移液管和容量瓶相对校正的正确操作　　　　　　　　　（　　）

    A. 移液管和容量瓶的内壁都必须绝对干燥

    B. 移液管和容量瓶的内壁都不必干燥

    C. 容量瓶的内壁必须绝对干燥，移液管内壁可以不干燥

    D. 容量瓶的内壁可以不干燥，移液管内壁必须绝对干燥

20. 下列哪个不是绝对校准法要考虑的影响　　　　　　　　　　　　　（　　）

    A. 空气浮力　　　　　　　　　　　　B. 水的密度

    C. 玻璃容器本身容积随温度的变化　　D. 玻璃仪器的形状

二、判断题

1. 见光易分解或发生反应的试剂应用棕色容量瓶配制。　　　　　　　（　　）

2. 将溶液从烧杯中转移到容量瓶时要用玻璃棒引流。　　　　　　　　（　　）

3. 向容量瓶内加入溶剂直到液体液面离标线大约 1 cm 时应改用胶头滴管小心滴加溶
    剂。　　　　　　　　　　　　　　　　　　　　　　　　　　　（　　）

4. 容量瓶瓶塞处漏水则需要在瓶口处涂抹凡士林。　　　　　　　　　（　　）

5. 容量瓶定容时加水超过标线，可小心将多余的水吸出后使用。　　　（　　）

6. 容量瓶不能长期储存溶液。　　　　　　　　　　　　　　　　　　（　　）

7. 高温的溶液需冷却到室温后再转移至容量瓶。　　　　　　　　　　（　　）

8. 移液管吸取溶液时插入液面不能太浅或太深。　　　　　　　　　　（　　）

9. 实验中应尽可能使用同一吸量管的同一区段来保证实验的准确性。　　　　（　　）

10. 移液管放液时残留在管末端的少量溶液要用外力使其全部流出。　　　　（　　）

11. 移液管在实验中应与移取溶液对应，避免交叉污染。　　　　（　　）

12. 当量取整数体积的溶液时，常用相应大小的吸量管而不用移液管。　　　　（　　）

13. 如果移液管口上刻有"吹"字，使用时必须使管内的液体全部流出。　　　　（　　）

14. 在滴定过程初期手可以离开酸式滴定管的活塞使溶液自行流下。　　　　（　　）

15. 滴定管读数时应将滴定管从管夹上取下读数。　　　　（　　）

16. 滴定管读数时一定要确保初读数和终读数采用相同的读数方法。　　　　（　　）

17. 滴定管使用颜色太深的溶液读数时可读取液面两侧的最低点。　　　　（　　）

18. 滴定管是滴定时用来准确测量流出滴定剂体积的玻璃仪器。　　　　（　　）

19. 见光易分解或发生反应的试剂应选用无色滴定管。　　　　（　　）

20. 洗净的滴定管内壁应完全被水均匀润湿而不挂水珠。　　　　（　　）

21. 滴定管使用之前必须严格检查是否漏水。　　　　（　　）

22. 滴定管用蒸馏水洗净后盛装标准溶液前必须用盛放试液润洗 2～3 次。　　　　（　　）

23. 新买的干净滴定管使用时可以不用盛放试液润洗。　　　　（　　）

24. 滴定管应先调节好零刻度再将滴定管前端的气泡赶出。　　　　（　　）

25. 在准确度要求较高的分析测试中使用的量器必须进行校准。　　　　（　　）

26. 经常配套使用的移液管和容量瓶可采用容量比较法校准。　　　　（　　）

27. 已知 25 mL 移液管在 20 ℃的体积校准值为－0.01 mL，则 20 ℃该移液管的真实体积是 25.01 mL。　　　　（　　）

▶▶▶【知识目标】

1. 了解分析天平的基本结构和特点。
2. 熟悉分析天平常用称量方法。
3. 熟悉定量分析中误差的概念、分类及计算。
4. 掌握分析检验结果处理方法。
5. 掌握水质悬浮物的测定方法。

▶▶▶【能力目标】

1. 能够正确计算分析检验结果的误差、偏差。
2. 能够分析定量过程中产生误差的原因并提出减免方法。
3. 能够针对不同称量对象采用合适的称量方法进行规范准确称量。
4. 能够利用重量法对水质悬浮物进行准确测定。
5. 能够准确、简明记录实验原始数据。

▶▶▶【素质目标】

1. 培养学生严肃认真的工作作风。
2. 培养学生正确的科学观和价值观。

▶▶▶【企业案例】

由于近期雨水较多，出现地表水中存在悬浮物使水体浑浊的现象，导致水质透明度降低，可能引起地表水水质变坏。环保部门委托检测部门对一批地表水样进行悬浮物的测定，检测该水样中的悬浮物含量。检测标准需采用水质悬浮物的测定（重量法）。分析检验人员根据检测要求完成水质悬浮物的分析检验任务。

任务一　▶　分析天平的操作

分析天平是精确测定物质质量的重要计量仪器。在定量分析中，经常要准确称量一些物质的质量，称量的准确度直接影响测定的准确度。分析天平以操作简单、称量准确可靠等优点在工业生产、科研、贸易等方面得到广泛应用。因此，熟悉分析天平的构造和性能，掌握它的使用方法和维护知识是分析检验人员必须具备的基本功。

一、分析天平的分类及特点

分析天平从其构造原理来分类，可分为机械天平、电子天平两类，如图 2-1、图 2-2 所示。随着科学技术的发展，电子天平被广泛应用，目前分析检验实验室基本均采用电子分析天平作为实验准确称量设备，通常简称为分析天平。

图 2-1　机械天平　　　　　　　图 2-2　电子天平

电子天平利用电子装置完成电磁力补偿的调节，使物体在重力场中实现力的平衡，或通过电磁力矩的调节，使物体在重力场中实现力矩的平衡。自动调零、自动校准、自动扣皮和自动显示称量结果是电子天平最基本的功能。分析化学中常用的电子分析天平精度为 0.1 mg（又称为万分之一天平）。

二、称量方法

根据不同的称量对象，必须采用相应的称量方法，分析天平的称量方法一般有直接称量法、固定质量称量法和递减称量法三种。

1. 直接称量法

直接称量法又称直接法。一般用于称量不吸水、在空气中性质稳定的固体（如坩埚、金属、矿石等）的准确质量。天平零点调好后，将称量物直接放在天平称量盘上称量物体的质量，如图 2-3 所示。例如，称量小烧杯的质量，容量器皿校正中称量某容量瓶的质量，重量分析实验中称量某坩埚的质量等，都使用这种称量法。称量时，不能用手直接取放被称物，可采用垫纸条、戴手套、用镊子或钳子等适宜的取放办法。

图 2 - 3　直接称量法

2. 固定质量称量法

固定质量称量法又称增量法或指定质量称量法。一般用于称量不易吸潮、在空气中性质稳定的粉末或小颗粒样品。称量时先在称量盘中央放上干净且干燥的器皿（烧杯、坩埚或表面皿等），记录显示数值（或按清零键清零），再轻轻振动药匙使试样慢慢落入器皿中，直至其达到应称质量为止（如图 2 - 4 所示）。如直接用基准物质配制标准溶液时，称量基准物质。操作时不能将试剂散落于天平盘等容器以外的地方，称好的试剂必须定量地由烧杯、表面皿等容器直接转入接收容器。

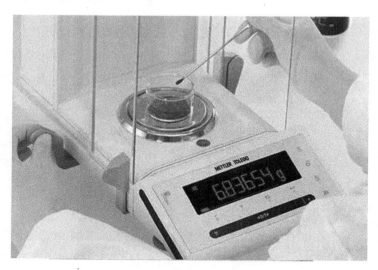

图 2 - 4　固定质量称量法

3. 递减称量法

递减称量法又称差减法、减量法，多用于称量一定质量范围的样品或试剂。由于称取试样的质量是由两次称量之差求得，故也称为差减法，常用于称取易吸水、易氧化或易与CO_2反应的物质。此法是在带盖的称量瓶中进行称量，减少了被称物质与空气接触的机会。递减称量时常用称量瓶盛装试样，称量瓶有高型称量瓶和矮型称量瓶，如图 2 - 5

所示。

图 2-5　高型称量瓶和矮型称量瓶

递减称量前，要将称量瓶干燥，称量时不可用手直接拿称量瓶，可用纸条套住瓶身中部，或戴细纱手套进行操作。

称量时，从干燥器中用纸条夹住称量瓶后取出，用纸条夹住称量瓶盖柄，打开瓶盖，将适量的试样装入称量瓶中，盖上瓶盖，然后放入分析天平中称出其准确质量，记下读数 m_1。取出称量瓶，移至小烧杯或锥形瓶上方，将称量瓶倾斜，用称量瓶盖轻敲瓶口上部，使试样慢慢落入容器中。倾出的试样已接近所需要的质量后，慢慢地将瓶竖起，再用称量瓶盖轻敲瓶口上部，使试样慢慢落入称量瓶中，然后盖好瓶盖将称量瓶放回分析天平中，称出其质量。如果这时倾出的试样质量不足，则继续按上法倾出，直至合适为止，称得其质量 m_2，两次质量之差（m_1-m_2）即为倾出的试样质量。按上述方法连续递减，可称量多份试样，如图 2-6 所示。

图 2-6　递减称量法操作

三、称量操作

1. 称量前的检查与准备

拿下防尘罩，叠平后放在天平箱上方，并做如下检查：

① 天平底板和天平盘是否洁净。如不干净，用软毛刷小心清扫。

② 检查天平是否处于水平位置（由水平仪指示）。如水平仪水泡偏移，需调节天平前边左、右两个水平调节脚，直至水平仪中的气泡位于圆圈中心为止。使用时不得随意挪动天平的位置。

2. 预热

接通电源，预热至规定时间（一般至少 20 min）后，开启显示器进行操作。

3. 开启显示器

轻按开/关键（ON/OFF 键），显示器全亮，约 2 s 后，显示天平的型号，然后显示称量模式 0.000 0 g。如果显示不是正好为 0.000 0 g，按清零键（或去皮键，许多天平上标注为 TAR 键），显示为 0.000 0 g 后准备称量。

4. 校准

天平安装后，第一次使用前，应对天平进行校准。因存放时间较长、位置移动、环境变化或为获得精确测量，天平在使用前一般也应进行校准操作（有的电子天平具有内校准功能），由 TAR 键清零及 CAL 和 100 g 校验砝码完成。

5. 称量

将被称物轻轻放在称量盘上，待数字稳定并出现质量单位"g"后，即可读出称量物的质量值并记录称量结果。读数时应关上天平门。

6. 去皮称量

按清零键（TAR 键）清零，置容器于秤盘上，天平显示容器质量，再按清零键，显示 0.000 0 g，即去除皮重。再置称量物于容器中，或将称量物（固体或液体）逐步加入容器中直至达到所需质量，待显示器稳定后，这时显示的是称量物的净质量。将秤盘上的所有物品拿开后，天平显示负值，按清零键，天平显示 0.000 0 g。若称量过程中秤盘上的总质量超过最大载荷，天平会提示错误或报警。

7. 称量结束

称量完毕，取下被称物。若较短时间内还使用天平（或其他人还使用天平），一般不用关机，再用时可省去预热时间。或按一下关机键，保持天平通电状态，让天平处于待命状态，即显示屏上数字消失，左下角出现一个"0"，再来称样时按一下开/关键即可使用。实验全部结束后，关闭显示器，切断电源，盖上天平罩，填好天平使用登记表。

四、分析天平的使用注意事项

① 将分析天平置于稳定的工作台上，避免振动、气流及阳光照射。天平安放好后，不准随便移动，应保持天平处于水平位置。分析天平应按计量部门规定定期校正，并有专人保管，负责维护保养。

② 使用前调整水平仪气泡至中间位置。搬动过的电子天平必须重新校正，并对天平的计量性能作全面检查，无误后才可使用。

③ 电子天平应按说明书的要求进行预热，天平内应放置干燥剂（常用变色硅胶），并定期更换。

④ 电子天平不能直接称量过热的物品，称量时如果物品过热，需要将该物品放置于

干燥器中，待冷却至室温后再进行称量。

⑤ 称取吸湿性、挥发性或腐蚀性物品时，应将称量瓶盖紧后称量，且尽量快速，注意不要将被称物（特别是腐蚀性物品）洒落在秤盘或底板上。称量完毕，被称物应及时移出天平。

⑥ 称量过程中应关好天平门，不得超过天平的最大载荷，以免影响天平称量精度或损坏天平。

⑦ 同一个实验应使用同一台天平进行称量，以免因称量而产生误差。

⑧ 不管是用哪一种称量方法，都不许用手直接拿称量瓶或试样，可用一干净纸条等套住称量瓶拿取，取放称量瓶瓶盖也要用小纸条垫着。或者戴上乳胶手套，再拿取称量瓶。

⑨ 称量完毕，卸下载物，用软毛刷做好清洁工作，关闭天平，盖好防尘罩，做好天平使用记录。

任务二 分析检验结果的处理

定量分析的目的是准确测定试样中某组分的含量。但实际上，即使采用最可靠的分析方法，使用最精密的仪器，精细地进行操作，测得的数值也不可能和真实数值完全一致。这是因为在分析过程中，误差是客观存在的。但是，如果我们掌握了产生误差的一些基本规律，检查产生误差的原因，采取有效措施，减小误差，就能使所测结果尽可能地反映试样中待测组分的真实含量。

一、定量分析误差

根据误差产生的原因及其性质可将误差分为系统误差和随机误差两类。

1. 系统误差

系统误差又称可测误差，是由某种固定的原因引起的误差。它是由分析过程中某些经常性的原因造成的，对分析结果的影响比较固定。在同一条件下，重复测定时，它会重复出现，而且会使测定结果系统偏高或者偏低。因此，误差的大小往往可以估计，并可以用对照试验、空白试验、校准仪器等办法加以校正。它的突出特点是：

① 单向性：系统误差对分析结果的影响比较固定，可使测定结果系统性地偏低或偏高。

② 重现性：当重复测定时，系统误差会重复出现。增加测定次数不能使系统误差减小。

③ 可测性：一般来说，产生系统误差的具体原因都是可以找到的，因此也就能够测定它的大小、正负，至少在理论上是可以测定的，所以又称为可测误差。

根据系统误差产生的具体原因，又可把系统误差分为以下几种：

① 方法误差：这种误差是由于分析方法本身不够完善或有缺陷而造成的，如滴定分析中所选用的指示剂指示的终点与计量点不相符，分析中干扰离子的影响未清除等。

② 仪器误差：这种误差是由于仪器、量器不够精确造成的误差，如分析天平的砝码未经过校正引起的称量误差，容量器皿未经过校正引起的读数误差，滴定管刻度不准等引起的误差。

③ 试剂误差：这种误差是由于试剂和蒸馏水不纯，含有被测物质和干扰物质等杂质而产生的误差，如分析检验中所用的水质量不合格等。

④ 主观误差（操作误差）：由操作人员一些生理上或习惯上的主观原因造成的，如由于个体对终点颜色的敏感程度有差异，在终点的判断上有人偏深有人偏浅，滴定管读数时有人偏高有人偏低等。

从理论上讲，若能找出原因并设法加以测定，系统误差是可以消除的，但实际工作中，有时测定系统误差也是十分困难的。

2. 随机误差

随机误差又称不可测误差或偶然误差，是由测量过程中某些难以预料、无法避免的偶然因素造成的。如测定时环境的温度、湿度和气压的微小波动，仪器性能的微小变化，分析人员操作技术的微小差异等。其影响有时大有时小，有时为正，有时为负。随机误差难以察觉，也难以控制。但是，在同样条件下进行多次测定，则可发现随机误差的分布服从一般的统计规律。

随机误差具有以下特点：

① 对称性：经过多次重复测定，随机误差大小相等的正负误差出现的概率相等。

② 单峰性：小误差出现的机会多，大误差出现的机会少。

③ 有界性：超出一定界限的误差出现的机会很少，应属于过失。

随机误差服从正态分布统计规律，分析测定中测量值大多服从或近似服从正态分布。在消除系统误差的情况下，平行测定的次数越多，则测得值的算术平均值越接近真实值。因此，适当增加平行测定次数，取其平均值，可以减小随机误差。

由于分析人员工作上粗枝大叶、不遵守操作规程等造成的过失，不属于误差的范畴。如器皿不洁净、丢损试液、加错试剂、看错砝码、记录或计算错误等。一旦出现过失，只能重做实验，这种结果绝不能纳入计算过程中。

二、定量分析结果的数据处理

1. 准确度和误差

准确度指测定值 x_i 和真实值 x_t 之间接近的程度，两者越接近，准确度越高。通常用误差表示分析结果的准确度。误差是指测定结果与真实值的差。差值愈小，误差愈小，表示分析结果与真实值愈接近，即准确度愈高。其表示方法有绝对误差和相对误差两种。

① 绝对误差：测定值与真实值之差。

$$E_a = x_i - x_t$$

当测定结果大于真实值时，误差为正值，表示测定结果偏高；反之，误差为负值，表示测定结果偏低。例如，用分析天平称量两物体的质量分别为 2.175 0 g 和 0.217 5 g，而两物体的真实质量为 2.175 1 g 和 0.217 6 g，则两者称量的绝对误差分别为

$$2.175\ 0\ g - 2.175\ 1\ g = -0.000\ 1\ g$$

$$0.217\ 5\ g - 0.217\ 6\ g = -0.000\ 1\ g$$

两物体的质量相差 10 倍，但测定的绝对误差都为 -0.000 1 g，故只显示出误差绝对值的大小，未完全反映出测定结果的准确度。

② 相对误差：绝对误差在真实值中所占百分数。

$$E_r = \frac{E_a}{x_t} \times 100\%$$

例如上面两物体称量的相对误差分别为

$$\frac{-0.000\ 1}{2.175\ 1} \times 100\% = -0.005\%$$

$$\frac{-0.000\ 1}{0.217\ 6} \times 100\% = -0.05\%$$

由上可以看出，两物体的相对误差相差 10 倍。显然，当被测定的量较大时，相对误差就比较小，测定的准确度也就比较高。所以，一般用相对误差来表示测定结果的准确度。

绝对误差只反映误差的大小，而不能反映误差在真实值中所占的百分率，所以相对误差更便于比较各种情况下测定结果的准确度。准确度的高低体现了分析过程中系统误差和随机误差对测定结果综合影响的大小，它决定了测定值的正确性。在实际工作中，真实值常常是不知道的，无法求出分析结果的准确度，因此常采用精密度来判断分析结果的好坏。

2. 精密度和偏差

精密度指各次分析结果相互接近的程度，它反映了测定值的再现性。由于在实际工作中，真实值常常是未知的，因此精密度就成为人们衡量测定结果的重要因素。一组数据越接近，精密度越高；一组数据越分散，精密度越低，说明随机误差的影响较大。通常用偏差表示分析结果的精密度。偏差是指多次平行测定结果相互接近的程度。偏差越小，表示测定结果的重现性越好，即各测定值之间比较接近，精密度高。偏差分为绝对偏差和相对偏差。

（1）偏差

① 绝对偏差：单次测定值与平均值之差。

$$d_i = x_i - \bar{x}$$

式中：$\bar{x} = \frac{1}{n} \sum_{i=1}^{n} x_i$。

② 相对偏差：绝对偏差在平均值中所占百分数。

$$d_r = \frac{x_i - \bar{x}}{\bar{x}} \times 100\% = \frac{d_i}{\bar{x}} \times 100\%$$

绝对偏差和相对偏差可衡量单次测定值与平均值的偏离程度，其数值有正负之分。

③ 平均偏差：各次测定偏差的绝对值的平均值。平均偏差无正负之分。

$$\bar{d} = \frac{|d_1| + |d_2| + \cdots + |d_n|}{n} = \frac{1}{n} \sum_{i=1}^{n} |x_i - \bar{x}|$$

④ 相对平均偏差：平均偏差在平均值中所占百分数。

$$\overline{d_r} = \frac{\bar{d}}{\bar{x}} \times 100\%$$

平均值虽然不是真实值，但比单次测定结果更接近真实值。而且平均值反映了测定数据的集中趋势，测定值与平均值之差体现了精密度的高低，因此通常以测定结果的相对平均偏差来衡量测定结果的精密度。

【例 2 - 1】 测定某水样中 SiO_2 的含量（mg · L^{-1}），五次测定结果分别是 37.40，37.20，37.30，37.50 和 37.30。求平均偏差和相对平均偏差。

解：

平均值：

$$\bar{x} = \frac{\sum x_i}{n} = \frac{37.40 + 37.20 + 37.30 + 37.50 + 37.30}{5} = \frac{186.70}{5} = 37.34$$

各次测定的绝对偏差 d_i：

$$d_1 = 37.40 - 37.34 = +0.06$$
$$d_2 = 37.20 - 37.34 = -0.14$$
$$d_3 = 37.30 - 37.34 = -0.04$$
$$d_4 = 37.50 - 37.34 = +0.16$$
$$d_5 = 37.30 - 37.34 = -0.04$$

平均偏差：

$$\bar{d} = \frac{\sum |d_i|}{n} = \frac{|+0.06| + |-0.14| + |-0.04| + |+0.16| + |-0.04|}{5}$$

$$= \frac{0.44}{5} = 0.088$$

相对平均偏差：

$$\overline{d_r} = \frac{\bar{d}}{\bar{x}} \times 100\% = \frac{0.088}{37.34} \times 100\% = 0.24\%$$

（2）标准偏差与相对标准偏差

使用平均偏差表示精密度比较简单，但这个表示方法有不足之处，因为在一系列的测定中，小偏差的测定总是占多数，大偏差占少数，按总的测定次数去求平均偏差，则大偏差得不到反映。因此，数理统计中，常采用标准偏差（又称标准差）来反映精密度。

在数理统计中，将一定条件下无限多次测定值称为总体，从总体中随机抽出的一组测定值称为样本，样本所含测定值的数目称为样本的大小或容量。

若样本容量为 n，平行测定数据为 x_1，x_2，$\cdots$，x_n，则此样本平均值为 $\overline{x}=\dfrac{1}{n}\sum\limits_{i=1}^{n}x_i$。

当测定次数无限增多时，所得的平均值为总体平均值，可用下式表示：

$$\mu=\lim_{n\to\infty}\overline{x}$$

在消除了系统误差后，得到的总体平均值 μ（$n>30$）即为待测组分的真实值 x_t。

当测定次数无限时，总体标准偏差 σ 表示各测定值 x_i 对总体平均值的偏离程度。

总体标准偏差：

$$\sigma=\sqrt{\dfrac{\sum(x_i-\mu)^2}{n}}$$

一般测定次数 $n<20$，总体平均值 μ 不知道，则采用样本标准偏差 s 来衡量该组数据的精密度：

$$s=\sqrt{\dfrac{\sum(x_i-\overline{x})^2}{n-1}}=\sqrt{\dfrac{\sum d_i^2}{n-1}}$$

式中：$n-1$ 称为自由度，表示在 n 次测量中只有 $n-1$ 个可变的偏差。

样本的相对标准偏差（RSD，又称变异系数 CV）：

$$\text{RSD}=\dfrac{s}{\overline{x}}\times100\%$$

【例 2-2】 有甲、乙两组数据，其各次测定的偏差分别为

甲组：+0.1，+0.4，0.0，-0.3，+0.2，-0.2，-0.4，+0.3，-0.2，-0.3

平均偏差 $d=0.24$

乙组：-0.1，-0.2，+0.9，0.0，+0.1，0.0，+0.1，-0.7，-0.2，+0.1

平均偏差 $d=0.24$

从数据可以看出，乙组的精密度没有甲组的高，但两组的平均偏差相等，显然，这时用平均偏差反映不出精密度的高低，如果用标准偏差表示，则情况就很清楚了。

$$s_甲=\sqrt{\dfrac{\sum d_i^2}{n-1}}=\sqrt{\dfrac{(+0.1)^2+(+0.4)^2+\cdots+(-0.3)^2}{10-1}}=0.28$$

$$s_乙=\sqrt{\dfrac{\sum d_i^2}{n-1}}=\sqrt{\dfrac{(-0.1)^2+(-0.2)^2+\cdots+(+0.1)^2}{10-1}}=0.40$$

（3）极差

当平行测定次数较少时，偏差也可以用极差来表示。

极差：一组测定数据中的最大值与最小值之差。

$$R = x_{max} - x_{min}$$

相对极差：极差在平均值中所占百分数。

$$R_r = \frac{R}{\bar{x}} \times 100\%$$

偏差和极差的数值都在一定程度上反映了测定中随机误差影响的大小。极差越大，数据越分散；反之，数据越集中。该方法简单方便，适用于少数几次测定。

3. 准确度与精密度的关系

准确度表示分析结果与真实值接近的程度，反映了测定结果的正确性。精密度表示各次分析结果相互接近的程度，精密度也可以用重复性或再现性来表示。

精密度高，不一定准确度高。因为这时可能有较大的系统误差。而准确度高，一定需要精密度高。精密度是保证准确度的先决条件。精密度低，说明所测结果不可靠。

4. 提高分析结果准确度的方法

（1）选择合适的分析方法

各种分析方法的准确度和灵敏度各有侧重，为使测定结果达到一定的准确度以满足实际工作的需要，首先要选择合适的分析检测方法。重量法和滴定法的准确度高但灵敏度低，适用于常量组分的测定；仪器分析测定的灵敏度高，但准确度较差，适用于微量组分的测定。例如，对于含铁量为40%的试样中铁的测定，采用准确度高的重量法和滴定法测定，可以较准确地测定其含量范围。假定方法的相对误差为0.2%，则含量范围将在39.92%～40.08%。这一试样如果直接用比色法测定，按其相对误差5%计，可能测得的范围是38%～42%，显然这样测定的准确度较差。如果是含铁量为0.02%的试样，采用光度法测铁，尽管相对误差较大，但因含铁量低，其绝对误差小，可能测得的范围是0.018%～0.022%（按方法误差10%计），这样的结果是能满足要求的，而对如此微量的铁的测定，重量法与滴定法无法做到。

（2）减少测量误差

为了保证分析结果的准确度，必须尽量减少测量误差。在分析检验中，测量的步骤主要是质量的称量和体积的测量。例如，在质量分析中，测量步骤是称量，这就应设法减小称量误差。一般分析天平的称量误差为±0.1 mg，用递减法称量两次，可能引起的最大误差是±0.2 mg，为了使称量的相对误差小于0.1%，试样质量就不能太小。

$$试样质量 = \frac{绝对误差}{相对误差} = \frac{0.2\ mg}{0.1\%} = 200\ mg$$

可见，试样质量必须等于或大于0.2 g，才能保证称量误差在0.1%以内。在滴定分析中，滴定管读数有±0.01 mL的误差，在一次滴定中，需要读数两次，可能造成的最大误差为±0.02 mL。为使测量体积的相对误差小于0.1%，消耗滴定剂必须在20 mL以上。

对不同测定方法，测量的准确度应与方法的准确度相适应。例如，比色法测定微量组分，要求相对误差为2%，若称取试样0.5 g，则试样称量绝对误差不大于0.5×2%＝0.01(g)就行了。如果强调称准至±0.1 mg，说明操作者并未掌握相对误差的概念。

（3）增加平行测定次数，减小随机误差

增加测定次数，可以减小随机误差，但测定次数过多，可能会显著增加测定成本，得不偿失。一般分析测定，平行做4～6次即可。

（4）消除或减小测定过程中的系统误差

为检查分析过程中有无系统误差，做对照实验是最有效的方法。可以采用以下三种方法做对照实验：① 选用其组成与试样相近的标准试样来识别测定结果与标准试样比较，用统计检验方法确定有无系统误差。② 采用标准方法和所选方法同时测定某一试样，由测定结果做统计检验。③ 采用加标法做对照实验，即称取等量试样两份，在一份试样中加入已知量的欲测组分，平行进行此两份样的测定，依据加入被测组分量是否定量回收判断有无系统误差。这种方法在对试样组成情况不清楚时适用。

对照实验的结果同时也能说明系统误差的大小。若对照实验说明有系统误差存在，则应设法找出产生系统误差的原因，并加以消除。通常采用如下方法消除系统误差：

① 空白实验。空白实验可消除试剂、蒸馏水及器皿引入的杂质造成的系统误差。即在不加试样的情况下，按照试样分析步骤和条件进行分析实验，所得结果称为空白值，从试样测定结果中扣除此空白值。

② 校准仪器。校准仪器以消除仪器不准引起的系统误差。如对砝码、移液管、容量瓶与滴定管等进行校准。

③ 引用其他分析方法作校正。例如，用重量法测定SiO_2时，滤液中的硅可以用光度法测定，然后加到重量法结果中去。

5. 有效数字及修约

（1）有效数字

为了得到准确的分析结果，不仅要准确地测量，而且还要正确地记录和运算，即记录的数字不仅表示数量的大小，而且要正确反映测量的精密程度。有效数字是指分析检验工作中实际能测量到的数字。在保留的有效数字中，只有最后一位是可疑数字，其余数位都是准确数字。

例如某物重0.518 0 g，其中0.518是准确的，"0"位可疑，即其有上下一个单位的误差，也就是说此物重的绝对误差为±0.000 1 g。

相对误差为

$$E_r = \frac{\pm 0.000\ 1}{0.518\ 0} \times 100\% = \pm 0.02\%$$

若写成0.518 g，则绝对误差为±0.001 g。

相对误差为

$$E_r = \frac{\pm 0.001}{0.518} \times 100\% = \pm 0.2\%。$$

由此可见，测定数据多一位或少一位零，从数字角度看关系不大，准确程度却相差10倍。有效数字的位数与测量仪器的准确度有关，不仅表示数量的大小，还表示测量的准确度。因此，测定数据要准确记录，不可随意增减。有效数字位数确定方法如表2-1所示。

表2-1　有效数字位数确定方法

数字	1.000 5	0.500 0	0.540	0.005 4	0.5
数字	40.102	6.023×10^{-3}	1.86×10^{-3}	0.40%	0.02%
数字	2.000 0	3.500	0.0120	pH=11.20	2×10^2
有效数字位数	5	4	3	2	1

测定数据数字之后的"0"是有效数字。如0.210 0，有效数字为4位；而数字前面的"0"只起定位作用，不是有效数字，如0.075 8，有效数字为3位。

分析检验中还经常遇到pH、pK_a等对数值，它们的有效数字的位数仅取决于小数点后面数字的位数。例如，pH=2.68，即 $[H^+] = 2.1 \times 10^{-3}$ mol·L^{-1}，其有效数字只有2位，而不是3位。

（2）数字的修约原则

分析检验过程中计算结果要按有效数字的计算规则保留适当位数，修约去多余数字。

分析检验中常采用四舍六入五成双规则进行数字修约，即当尾数≤4时舍去，尾数≥6时进位；当尾数为5时，则看留下来的末位数是偶数还是奇数。末位数是奇数时，5进位，是偶数时，5舍去。如4.175、4.165，修约为三位有效数字时则为4.18、4.16。

当被修约的5后面还有数字时，该数总比5大，这种情况下修约时均进位。如2.450 1修约为2.5，83.005 9修约为83.01。

注意：在修约数字时，只能对原始数据一次修约到所需位数，而不能连续多次修约。如要把17.46修约为两位有效数字，只能一次修约为17，而不能进行如下修约：17.46→17.5→18。

记录与运算有效数字时要注意以下几点：

① 记录时保留一位可疑数字。

② 运算中，先修约，后计算。

③ 首位数字大于或等于8的，则有效数字位数可多算一位（主要指乘除计算），如8.37是三位有效数字，可看作四位。0.981 2是四位有效数字，可看作五位。

④ 一些分数、常数、自然数可视为足够有效，不考虑其位数。

⑤ 高组分含量（≥10%）一般保留四位有效数字，中组分含量（1%～10%）一般保

留三位有效数字，低组分含量（≤1%）一般保留两位有效数字。

⑥ 对数的有效数字位数仅取决于尾数部分的位数。如 $\lg K = 9.32$，有效数字位数为 2 位，pH$=4.37$ 为两位有效数字。

（3）有效数字的运算规则

在分析检验结果的计算中，每个测量值的误差都要传递到结果里面，因此必须遵守以下运算规则：

① 加减法。几个数相加减时，它们的和或差的有效数字的保留，应以小数点后位数最少的数据为依据，即取决于绝对误差最大的那个数据。

例如：计算 $0.012\ 1 + 25.64 + 1.057\ 82$ 之和时，它们的和应以 25.64 为依据，保留到小数点后两位。计算时，先修约成 $0.01 + 25.64 + 1.06$，再计算其和。

$$0.01 + 25.64 + 1.06 = 26.71$$

② 乘除法。几个数相乘除时，其积或商的有效数字的保留，应以有效数字位数最少的那个数为依据，即所得结果的位数取决于相对误差最大的那个数字。

例如，计算 $0.012\ 1 \times 25.64 \times 1.057\ 82$ 之积时，其积有效数字位数的保留以 $0.012\ 1$ 为依据，确定其他数据的位数，修约后进行计算：

$$0.012\ 1 \times 25.6 \times 1.06 = 0.328$$

任务三　水质悬浮物的测定

由于水土流失，许多江河湖泊的水中悬浮物大量增加。地表水中存在的悬浮物使水体浑浊，透明度降低，影响水生生物的呼吸和代谢，甚至造成鱼类窒息死亡。悬浮物多时，还可能造成河道阻塞。造纸、皮革、冲渣、选矿、湿法粉碎和喷淋除尘等工业操作中会产生大量含无机、有机悬浮物的废水。因此，在水和废水处理中，测定悬浮物具有特定意义。

一、主要内容与适用范围

水质中悬浮物（103～105 ℃烘干的不可滤残渣）的测定，适用于地表水、地下水，也适用于生活污水和工业废水中悬浮物的测定。

二、测定原理

水质中的悬浮物是指水样通过孔径为 $0.45\ \mu m$ 的滤膜，截留在滤膜上并于 103～105 ℃烘干至恒重的固体物质。通过测定过滤后并烘干至恒重的固体物质质量，确定每升水样中悬浮物的含量。

三、测定试剂与仪器

1. 试剂

蒸馏水或同等纯度的水。

2. 仪器

分析天平、称量瓶、干燥器、烘箱、聚乙烯瓶或硬质玻璃瓶、全玻璃微孔滤膜过滤器、CN-CA 滤膜（孔径 0.45 μm、直径 60 mm）、吸滤瓶、真空泵、扁嘴无齿镊子等。

四、采样与贮存

1. 采样

所用聚乙烯瓶或硬质玻璃瓶要用洗涤剂洗净，再依次用自来水和蒸馏水冲洗干净。在采样之前，再用即将采集的水样清洗三次。然后采集具有代表性的水样 500～1 000 mL，盖严瓶塞。

2. 样品贮存

采集的水样应尽快分析测定。如需放置，应贮存在 4 ℃冷藏箱中，但最长不得超过7 天。

五、测定步骤

1. 准备滤膜

① 用扁嘴无齿镊子夹取微孔滤膜放于事先恒重的称量瓶里，移入烘箱中于 103～105 ℃烘干半小时后取出，置干燥器内冷却至室温，称其质量。

② 反复烘干、冷却、称量，直至两次称量的质量差≤0.2 mg，将恒重的微孔滤膜正确放在滤膜过滤器的滤膜托盘上，加盖配套的漏斗，并用夹子固定好。以蒸馏水湿润滤膜，并不断吸滤。

2. 测定

① 量取充分混合均匀的试样 100 mL，抽吸过滤，使水分全部通过滤膜。

② 再以每次 10 mL 蒸馏水连续洗涤 3 次，继续吸滤以除去痕量水分。停止吸滤后，仔细取出载有悬浮物的滤膜放在原恒重的称量瓶里，移入烘箱中于 103～105 ℃下烘烤1 小时后移入干燥器中，使冷却到室温，称其质量。

③ 反复烘干、冷却、称量，直至两次称量的质量差≤0.4 mg 为止。

六、测定数据与处理

悬浮物含量 c（mg·L^{-1}）按下式计算：

$$c = \frac{(A-B) \times 10^6}{V}$$

式中：c——水中悬浮物浓度，mg·L^{-1}；

A——悬浮物＋滤膜＋称量瓶质量，g；

B——滤膜＋称量瓶质量，g；

V——试样体积，mL。

七、注意事项

① 漂浮或浸没的不均匀固体物质不属于悬浮物质，应从采集的水样中除去。

② 贮存水样时不能加入任何保护剂，以防止破坏物质在固、液相间的分配平衡。

③ 滤膜上截留过多的悬浮物可能夹带过多的水分，除延长干燥时间外，还可能造成过滤困难，遇此情况，可酌情少取试样。滤膜上悬浮物过少，则会增大称量误差，影响测定精度，必要时，可增大试样体积。一般以 5～100 mg 悬浮物量作为量取试样体积的适用范围。

>>> 【拓展阅读】　化学实验室的安全防护

在化学实验室中，实验人员经常与毒性、腐蚀性、易燃烧和具有爆炸性的化学药品直接接触，常使用易碎的玻璃和瓷质器皿以及在燃气、电等高温电热设备的环境下进行化学实验。因此，学习和了解化学实验室的安全防护知识具有非常重要的意义。

一、实验室安全

① 进入实验室前应了解水电燃气开关位置等。离开实验室时，一定要将室内检查一遍，应将水、电、燃气的开关关好，门窗锁好。

② 给试管加热时，不要把拇指按在试管夹的短柄上，切不可使试管口对着自己或旁人，液体的体积一般不要超过试管容积的三分之一。

③ 使用浓酸、浓碱时必须小心，防止溅出。用移液管量取这些试剂时，必须使用洗耳球，绝对不能用口吸取。若不慎溅在实验台或地面上，必须及时用湿抹布擦洗干净。如果触及皮肤应用大量水冲洗，必要时应立即送医治疗。

④ 使用可燃物，特别是易燃物（如乙醚、丙酮、乙醇、苯、金属钠等）时，应特别小心，不要大量放在桌上，更不要靠近火焰处。只有在远离火源时，或将火焰熄灭后，才可大量倾倒易燃液体。低沸点的有机溶剂不准在火上直接加热，只能水浴利用回流冷凝管加热或蒸馏。

⑤ 使用电器设备（如烘箱、恒温水浴锅、离心机、电炉等）时，严防触电，绝不可用湿手开关电闸和电器开关。

二、实验室急救

① 玻璃割伤及其他机械损伤：首先必须检查伤口内有无玻璃或金属等碎片，然后用硼酸水洗净，再擦碘酒或紫药水，必要时用纱布包扎。若伤口较大或过深而大量出血，应迅速在伤口上部和下部扎紧血管止血，立即到医院诊治。

② 烫伤：一般用浓的（90%～95%）酒精消毒后，涂上苦味酸软膏。如果伤处红痛或红肿（一级灼伤），可用橄榄油或用棉花沾酒精敷盖伤处；若皮肤起泡（二级灼伤），不要弄破水泡，防止感染；若伤处皮肤呈棕色或黑色（三级灼伤），应用干燥而无菌的消毒纱布轻轻包扎好，急送医院治疗。

③ 强碱（如氢氧化钠、氢氧化钾）、钠、钾等触及皮肤而引起灼伤时，要先用大量自来水冲洗，再用 5%硼酸溶液或 2%乙酸溶液涂洗。

④ 强酸、溴等触及皮肤而致灼伤时，应立即用大量自来水冲洗，再以 5% 碳酸氢钠溶液或 5% 氨水洗涤。

⑤ 如酚触及皮肤引起灼伤，应用大量的水清洗，并用肥皂和水洗涤，忌用乙醇。

⑥ 若煤气中毒，应到室外呼吸新鲜空气。严重时应立即到医院诊治。

三、实验室灭火

1. 冷却灭火法

冷却灭火法的原理是将灭火剂直接喷射到燃烧的物体上，以降低燃烧的温度，使燃烧停止。或者将灭火剂喷洒在火源附近的物质上，使其不因火焰热辐射作用而形成新的着火点。冷却灭火法是灭火的一种主要方法，常用水和二氧化碳作灭火剂冷却降温灭火。

2. 隔离灭火法

隔离灭火法是将正在燃烧的物质和周围未燃烧的可燃物质隔离，中断可燃物质的供给，使燃烧因缺少可燃物而停止。具体方法有：把火源附近的可燃、易燃、易爆和助燃物品搬走；关闭可燃气体、液体管道的阀门，以减少和阻止可燃物质进入燃烧区；设法阻拦流散的易燃、可燃液体。

3. 窒息灭火法

窒息灭火法是阻止空气流入燃烧区或用不燃物质冲淡空气，使燃烧物得不到足够的氧气而熄灭的灭火方法。具体方法有：用沙土、水泥、湿麻袋、湿棉被等不燃或难燃物质覆盖燃烧物；把不燃的气体或不燃液体（如二氧化碳、氮气、四氯化碳等）喷洒到燃烧物区域内或燃烧物上。

≫≫【同步测试】

一、选择题

1. 下列哪个不是机械类分析天平 （ ）

    A. 普通分析天平   B. 空气阻尼天平

    C. 半自动光电天平   D. 电子分析天平

2. 与机械天平相比，下列哪个不是电子天平的优点 （ ）

    A. 支承点用弹簧片取代机械天平的玛瑙刀口

    B. 用差动变压器取代升降枢装置

    C. 称量环境要求更低

    D. 用数字显示代替指针刻度

3. 分析天平称重前一般要通电预热至少多长时间 （ ）

    A. 5 min   B. 10 min   C. 20 min   D. 200 min

4. 下列哪个不是分析天平的一般称量方法 （　　）

    A. 直接称量法　　　　B. 递增称量法　　　　C. 固定质量称量法　D. 递减称量法

5. 下列哪个不是系统误差的特点 （　　）

    A. 单向性　　　　　　B. 多向性　　　　　　C. 重现性　　　　　　D. 可测性

6. 下列哪个不是系统误差 （　　）

    A. 方法误差　　　　　B. 仪器误差　　　　　C. 试剂误差　　　　　D. 过失误差

7. 下列哪个不是随机误差的特点 （　　）

    A. 对称性　　　　　　B. 单峰性　　　　　　C. 无界性　　　　　　D. 有界性

8. 下列哪个不是偏差的类型 （　　）

    A. 绝对偏差　　　　　B. 相对偏差　　　　　C. 最大偏差　　　　　D. 相对平均偏差

9. 下列哪个不是有效数字记录与运算要注意的问题 （　　）

    A. 记录时保留一位可疑数字

    B. 运算中，先修约，后计算

    C. 对于一些分数、常数、自然数可视为足够有效，不考虑其位数

    D. 高组分含量一般保留两位有效数字

10. 数据 2.225 01 保留 3 位有效数字是 （　　）

    A. 2.23　　　　　　　B. 2.33　　　　　　　C. 2.22　　　　　　　D. 2.24

11. 下列哪个论述是正确的 （　　）

    A. 精密度高，准确度一定高

    B. 准确度高，一定要求精密度高

    C. 精密度高，系统误差一定小

    D. 化学分析中，首先要求准确度，其次才是精密度

12. 下列方法中不能用于校正系统误差的是 （　　）

    A. 对仪器进行校正　　　　　　　B. 做对照实验

    C. 做空白实验　　　　　　　　　D. 增加平行测定次数

13. 下列论述中，有效数字位数正确的是 （　　）

    A. $[H^+]=3.24\times10^{-2}$（3 位）　　　B. pH＝3.24（3 位）

    C. 0.420（2 位）　　　　　　　　　D. 0.100 0（5 位）

14. 下列措施可以减小随机误差的是 （　　）

    A. 空白实验　　　　　　　　　　B. 对照实验

    C. 量器校准　　　　　　　　　　D. 增加平行测定次数

二、判断题

1. 天平安装后，第一次使用前，应对天平进行校准。 （　　）

2. 如水平仪气泡偏移，需调整水平调节脚，使气泡位于水平仪中心。 （　　）

3. 递减称量法常用称量瓶盛装试样，称量瓶有高型称量瓶和矮型称量瓶。　　　（　　）

4. 分析天平内常放置的干燥剂为变色硅胶，需要定期更换。　　　（　　）

5. 分析检验中常用的电子分析天平精度为 0.1 mg，又称万分之一天平。　　　（　　）

6. 分析天平是分析检验实验中进行准确称量时最重要的仪器。　　　（　　）

7. 分析天平使用前要进行水平调节。　　　（　　）

8. 若称量过程中秤盘上的总质量超过最大载荷时，天平会提示错误或报警。　　　（　　）

9. 每次称量结束后，应立即切断分析天平电源，实现节能减耗。　　　（　　）

10. 直接称量法一般用于称量易吸水、在空气中性质不稳定的固体。　　　（　　）

11. 固定质量称量法可称取不吸水、在空气中性质稳定的极细固体粉末。　　　（　　）

12. 递减称量法多用于称取易吸水、易氧化或易与 CO_2 反应的物质。　　　（　　）

13. 电子天平不能直接称量过热的物品。　　　（　　）

14. 根据误差的来源和性质，可将误差分为系统误差和随机误差两类。　　　（　　）

15. 随机误差是由无法避免和无法控制的偶然因素造成的。　　　（　　）

16. 随机误差的大小和方向都不固定，可以通过测量进行校正。　　　（　　）

17. 准确度指测定值和平均值之间接近的程度。　　　（　　）

18. 通常可用误差来衡量准确度的高低。　　　（　　）

19. 相对误差更便于比较各种情况下测定结果的准确度。　　　（　　）

20. 精密度指各次分析结果相互接近的程度。　　　（　　）

21. 绝对偏差和相对偏差可衡量单次测定值与平均值的偏离程度。　　　（　　）

22. 当平行测定次数较少时，偏差也可以用极差来表示。　　　（　　）

23. 精密度好不一定准确度高。　　　（　　）

24. 分析测定过程中数据的精密度高，准确度一定高。　　　（　　）

25. 有效数字是指分析工作中实际能测量到的数字。　　　（　　）

26. 有效数字的位数与测量仪器的准确度有关。　　　（　　）

27. 分析检验中常采用四舍五入规则进行数字修约。　　　（　　）

28. 分析数据相加减时有效数字的保留取决于绝对误差最小的那个数据。　　　（　　）

29. 分析数据相乘除时有效数字的保留取决于相对误差最大的那个数据。　　　（　　）

03

项目三 水质酸度的测定（酸碱滴定法）

【知识目标】

1. 了解分析检验用水、试剂分类与特征。
2. 熟悉标准物质特征及使用条件和标定对象。
3. 熟悉酸碱滴定法的原理。
4. 掌握酸碱滴定标准溶液的配制和标定方法。
5. 掌握水质酸度的测定方法。

【能力目标】

1. 能够配制和标定酸碱滴定标准溶液。
2. 能够正确选用酸碱指示剂。
3. 能够利用酸碱滴定法对水质酸度进行准确测定。
4. 能够准确、简明记录实验原始数据。

【素质目标】

1. 培养学生善于观察、勤于思考、勇于探索的科学精神。
2. 培养学生批判思维能力和实事求是的科学态度。

【企业案例】

水质的酸碱度是水质的重要指标。大多数天然水、生活污水和污染不严重的各种工业废水只含有弱酸，主要是碳酸。某些工业废水如化工、冶金等工厂排出的废水有时含有强酸。木材干馏厂等排出的废水可能含有各种有机弱酸。如果酸性废水未经处理就排入天然水体中，其结果不仅影响水生物的生存，而且会腐蚀管道，甚至还可能与其他工业废水中的某些物质相互作用生成有毒气体。近日，某河道水体酸度发生突变，政府部门委托检测机构分析检验水体指标，其中包含水体酸度，检测方法采用地下水质分析酸度的测定（滴定法），分析检验人员根据检测要求完成水质酸度的分析检验任务。

任务一 ▶ **标准溶液的配制与标定**

一、分析检验用水

分析检验中用于配制溶液的水必须进行纯化。分析要求不同，对水质纯度的要求也不同，故应根据不同的要求，采用不同的方法制备纯水。

1. 分析检验常见水的种类

分析检验过程中，洗涤仪器、溶解样品、配制溶液均需用水。一般天然水和自来水中常含氯化物、碳酸盐、硫酸盐、泥沙等少量无机物和有机物，影响分析结果的准确度。作为分析检验用水，必须先经过净化达到实验标准要求。实验室用水，根据分析任务和要求的不同，采用不同纯度的水。通常实验室用的纯水有蒸馏水、二次蒸馏水、去离子水、超纯水等，以及无二氧化碳蒸馏水、无氨蒸馏水和无氯蒸馏水等特殊用水。

（1）蒸馏水

将自来水在蒸馏装置中加热汽化，再将蒸气冷凝便得到蒸馏水。蒸馏水是实验室最常用的一种纯水。蒸馏水能去除自来水内大部分的污染物，所以蒸馏水中所含杂质比自来水少得多，比较纯净，可达到三级水的指标。由于杂质离子一般不挥发，所以无法去除，如少量金属离子、二氧化碳等杂质未能除净。新鲜的蒸馏水是无菌的，但储存后细菌易在其中繁殖。此外，储存的容器也很讲究，若是非惰性材质的容器，离子和容器的塑形物质会析出造成二次污染。

（2）二次蒸馏水

将蒸馏水进行重蒸馏，并在准备重蒸馏的蒸馏水中加入适当的试剂以抑制某些杂质的挥发，如用甘露醇抑制硼的挥发，用碱性高锰酸钾破坏有机物并防止二氧化碳蒸出等。二次蒸馏水一般可达到二级水指标。第二次蒸馏通常采用石英亚沸蒸馏器，它在液面上方加热，液面始终处于亚沸状态，可使水蒸气带出的杂质减至最低。

（3）去离子水

去离子水是将自来水或普通蒸馏水通过离子交换树脂去除阴离子和阳离子后得到的纯水，一般将水依次通过阳离子树脂交换柱、阴离子树脂交换柱、阴阳离子树脂混合交换柱而制得。这样得到的水纯度比蒸馏水纯度高，质量可达到二级或一级水指标。但离子交换树脂对非电解质及胶体物质无效，同时会有微量的有机物从树脂中溶出，水中也可能存在可溶性的有机物，污染离子交换柱，从而降低其功效，去离子水存放后也容易引起细菌繁殖。

（4）反渗水

反渗水的生成原理是水分子在压力的作用下，通过反渗透膜成为纯水，水中的杂质被反渗透膜截留排出。反渗水克服了蒸馏水和去离子水的许多缺点，利用反渗透技术可以有效去除水中的溶解盐、胶体、细菌、病毒和大部分有机物等杂质。但不同厂家生产的反渗透膜对反渗水的质量影响很大。

（5）超纯水

超纯水又称 UP 水，是指电阻率达到 18 MΩ·cm（25 ℃）的水。这种水中除了水分子外，几乎没有什么杂质，更没有细菌、病毒、含氯二噁英等有机物，也没有人体所需的矿物质微量元素，也就是几乎去除氧和氢以外所有原子的水。

（6）特殊用水

无二氧化碳蒸馏水：将蒸馏水煮沸至原体积的 3/4 或 4/5，隔离空气，冷却，贮存于连接碱石灰吸收管的瓶中。

无氨蒸馏水：制备无氨蒸馏水有两种方法，向每升蒸馏水中加入 25 mL 5‰氢氧化钠溶液，煮沸 1 h，即可得到无氨蒸馏水；向每升蒸馏水中加入 2 mL 浓硫酸，经重蒸馏后即可得到无氨蒸馏水。

无氯蒸馏水：在硬质玻璃蒸馏器中将蒸馏水煮沸蒸馏，收集中间馏出部分，即可得到无氯蒸馏水。

2. 分析检验用水级别

分析检验用水分为 3 个级别：一级水、二级水和三级水。

（1）一级水

一级水基本上不含有溶解或胶态离子杂质及有机物，用于有严格要求的分析检验（包括对颗粒有要求的实验），如高效液相色谱分析。一级水可用二级水经过石英设备蒸馏或离子交换混合床处理后，再经 0.2 μm 微孔滤膜过滤来制取。

（2）二级水

二级水可含有微量的无机、有机或胶态杂质，用于无机痕量分析等检验，如原子吸收光谱分析。可用多次蒸馏或离子交换等方法制取。

（3）三级水

三级水是最普遍使用的纯水，适用于一般化学分析检验工作，由于过去多采用蒸馏方法制备，因此通常称为蒸馏水，可用蒸馏或离子交换等方法制取。

分析检验用水规格见表 3-1。

表 3-1　分析实验室用水规格

项目	一级	二级	三级
pH 范围，25 ℃	—	—	5.0～7.0
电导率，κ/（mS·m^{-1}），25 ℃	≤0.01	≤0.10	≤0.5
可氧化物质（以 O 计），ρ（O）/（mg·L^{-1}）	—	≤0.08	≤0.4
吸光度，254 nm，1 cm 光程，A	≤0.001	≤0.01	—
蒸发残渣（105±2）℃，ρ（B）/（mg·L^{-1}）	—	≤1.0	≤2.0
可溶性硅（以 SiO$_2$ 计），ρ（SiO$_2$）/（mg·L^{-1}）	≤0.01	≤0.02	—

3. 分析检验用水的使用注意事项

（1）普通蒸馏水保存在玻璃容器中，去离子水保存在聚乙烯塑料容器中，用于痕量分析的二次亚沸石英蒸馏水等高纯水保存在石英或聚乙烯塑料容器中。

（2）为了保持实验室使用的蒸馏水的纯净，蒸馏水瓶要随时加塞，专用虹吸管内外均应保持干净。蒸馏水瓶附近不要存放浓盐酸、氨水等易挥发试剂，以防污染。

（3）各级用水在贮存期间，其主要沾污来源是容器的可溶成分、空气中二氧化碳和其他杂质。因此，一级水不可贮存，使用前制备。二级水、三级水可适量制备，分别贮存在预先经同级水清洗过的相应容器中。

（4）各级用水在运输过程中应避免沾污。

二、分析检验试剂的分类与规格

1. 试剂的等级标准

化学试剂在生产时，按用途不同制造出等级不同的规格，以适应不同的需要。各生产企业出品的化学试剂在瓶签上注明的标识尽管不完全统一，但规格和等级都是按国家统一规定标注的。

（1）优级纯

优级纯又称保证试剂或一级纯，这种试剂纯度最高，杂质含量最低，用于重要精密分析工作和科研工作，符号为 GR，标签为绿色。

（2）分析纯

分析纯又称二级纯，纯度很高，适用于重要分析及一般研究工作，符号为 AR，标签为红色。

（3）化学纯

化学纯又称三级纯，纯度较二级纯相差较大，适用于工矿、学校的一般分析工作，符号为 CP，标签为蓝色。

我国化学试剂的质量分级具体见表 3 - 2。

表 3 - 2　化学试剂的分级

级别	习惯等级	代号	标签颜色	附注
一级	保证试剂	优级纯（GR）	绿色	纯度很高，适用于精密分析，有的可作为基准物质
二级	分析试剂	分析纯（AR）	红色	纯度较高，适用于一般分析
三级	化学试剂	化学纯（CP）	蓝色	适用于工业分析

但近年来，标签的颜色对应试剂级别已不是十分准确。所以主要应按标签印示的级别和符号选用。同一种试剂，纯度不同，其规格不同，价格相差很大。另外，在一些特殊的

仪器设备和实验中，还要用到一些专用的试剂，如光谱纯试剂、色谱纯试剂等。所以必须根据实验要求，选择适当规格的试剂，做到既保证实验效果，又防止浪费。

2. 试剂的选用与注意事项

（1）根据检测任务选用

化学试剂的选用应以检测的要求来决定，微量或痕量分析要选用优级纯试剂。

（2）根据分析方法选用

配制标准溶液要选用优级纯试剂，配制普通溶液通常选用分析纯试剂。在检验方法中，不注明试剂级别的通常是指分析纯。

选用试剂时应注意，同一级别的试剂，不同生产企业、不同生产批号，质量可能不同。存放时间过长的试剂，质量可能发生变化，使用前都应检查。使用化学试剂时，应保证试剂不被污染。取用试剂时，应用清洁工具将试剂取出，取出后的试剂不能再放回原试剂瓶，不能用吸量管等直接从试剂瓶中吸取液体试剂。

三、基准物质与标准溶液

1. 基准物质

能用于直接配制标准溶液或标定标准溶液准确浓度的物质，称为基准物质或基准试剂。作为基准物质必须符合下列要求：

① 试剂性质稳定。例如，加热干燥时不分解，称量时不吸潮，不吸收空气中的 CO_2，不被空气氧化等。

② 物质的实际组成与它的化学式完全相符，若含有结晶水（如硼砂 $Na_2B_4O_7 \cdot 10H_2O$），其结晶水的数目也应与化学式完全相符。

③ 试剂必须具有足够高的纯度，一般要求其纯度在 99.9% 以上，所含的杂质应不影响滴定反应的准确度。

④ 试剂最好有较大的摩尔质量，这样可以减少称量误差。

⑤ 试剂参加滴定反应时，应严格按反应式定量进行，没有副反应。

常用的基准物质有纯金属和某些纯化合物，如 Cu、Zn、Al、Fe 和 $K_2Cr_2O_7$、Na_2CO_3、MgO、$KBrO_3$ 等，它们的含量一般在 99.9% 以上，甚至可达 99.99%。应注意，有些高纯试剂和光谱纯试剂虽然纯度很高，但只能说明其中杂质含量很低。由于可能含有组成不定的水分和气体，其组成与化学式不一定准确相符，致使主要成分的含量可能达不到 99.9%，这时就不能用作基准物质。一些常用的基准物质及其应用范围见表 3-3。

表 3-3　常用基准物质及干燥条件和标定对象

名称	化学式	干燥后的组成	干燥条件/℃	标定对象
碳酸氢钠	$NaHCO_3$	Na_2CO_3	270～300	酸
十水合碳酸钠	$Na_2CO_3 \cdot 10H_2O$	Na_2CO_3	270～300	酸
硼砂	$Na_2B_4O_7 \cdot 10H_2O$	$Na_2B_4O_7 \cdot 10H_2O$	＊＊	酸
二水合草酸	$H_2C_2O_4 \cdot 2H_2O$	$H_2C_2O_4 \cdot 2H_2O$	室温空气干燥	碱或 $KMnO_4$
邻苯二甲酸氢钾	$KHC_8H_4O_4$	$KHC_8H_4O_4$	110～120	碱
重铬酸钾	$K_2Cr_2O_7$	$K_2Cr_2O_7$	140～150	还原剂
溴酸钾	$KBrO_3$	$KBrO_3$	130	还原剂
草酸钠	$Na_2C_2O_4$	$Na_2C_2O_4$	130	氧化剂
碳酸钙	$CaCO_3$	$CaCO_3$	110	EDTA
锌	Zn	Zn	室温干燥器中保存	EDTA
氯化钠	$NaCl$	$NaCl$	500～600	$AgNO_3$
硝酸银	$AgNO_3$	$AgNO_3$	220～250	氯化物

＊＊：放在装有 NaCl 和蔗糖饱和溶液的密闭器皿中。

2. 标准溶液的配制

标准溶液是指已知准确浓度的溶液。在分析检验中，无论采取何种滴定方法，都需要标准溶液，否则就无法计算分析结果。因此，正确配制标准溶液，准确标定其浓度，是直接影响测定结果准确性的重要因素。标准溶液的配制方法有直接配制法和间接配制法（又称标定法）。

（1）直接配制法

准确称取一定量基准物质，溶解于适量水后定量转移到容量瓶中，用蒸馏水稀释至刻度，摇匀。根据物质的质量和溶液的体积，即可计算出该标准溶液的准确浓度。例如，称取基准物质 $K_2Cr_2O_7$ 2.941 8 g，用水溶解后，定量转移至 1 L 容量瓶中，再加水稀释至刻度，即得 $c(K_2Cr_2O_7)=0.0100$ mol · L^{-1} 的 $K_2Cr_2O_7$ 标准溶液。

（2）间接配制法（又称标定法）

先配成接近所需浓度的溶液，然后用基准物质（或已经用基准物质标定过的标准溶液）来标定它的准确浓度。

3. 标准溶液的标定

用来配制标准溶液的许多试剂不能完全符合基准物质必备的条件，例如：NaOH 极易吸收空气中的二氧化碳和水分，纯度不高；市售盐酸中 HCl 的准确含量难以确定，且易挥发；$KMnO_4$ 和 $Na_2S_2O_3$ 等均不易提纯，且见光分解，在空气中不稳定等。因此这类试剂不能用直接法配制标准溶液，只能用间接法配制，即先配制成接近所需浓度的溶液，然后用基准物质（或另一种物质的标准溶液）来测定其准确浓度。这种确定其准确浓度的操作称为标定。大多数标准溶液的准确浓度是通过标定的方法确定的。

（1）基准物质标定法

多次称量法：精密称取几份（如 2～3 份）同样的基准物质，分别溶于适量的水中，然后用待标定的溶液滴定，根据基准物质的质量和待标定溶液所消耗的体积，即可计算出该溶液的准确浓度，最后取平均值作为标准溶液的浓度。

移液管法：精密称取一份基准物质溶解后，定量转移到容量瓶中，稀释至一定体积，摇匀。用移液管取出几份（如2~3份）该溶液，用待标定的标准溶液滴定，最后取其平均值，作为标准溶液的浓度。

（2）标准溶液标定法

准确吸取一定体积的待标定溶液，用某标准溶液滴定，或准确吸取一定体积的某标准溶液，用待标定的溶液进行滴定，根据两种溶液消耗的体积及标准溶液的浓度，可计算出待标定溶液的准确浓度。这种用标准溶液来测定待标定溶液准确浓度的操作过程称为比较法标定。此方法虽然不如基准物质标定法精确，但简便易行。

为了提高标定的准确度，标定时应注意以下几点：

① 标定应平行测定至少3次，并要求测定结果的相对偏差不大于0.2%。

② 为了减少测量误差，称取基准物质的量不应太少，最少应称取0.2 g以上；同样，滴定到终点时消耗标准溶液的体积也不能太小，最好在20 mL以上。

③ 配制和标定溶液时使用的量器，如滴定管、容量瓶和移液管等，在必要时应校正其体积，并考虑温度的影响。

④ 标定好的标准溶液应该妥善保存，避免因水分蒸发而使溶液浓度发生变化；有些不够稳定的物质，如见光易分解的 $AgNO_3$ 和 $KMnO_4$ 等标准溶液应贮存于棕色瓶中，并置于暗处保存；能吸收空气中二氧化碳并对玻璃有腐蚀作用的强碱溶液，最好装在塑料瓶中，并在瓶口处装一碱石灰管，以吸收空气中的二氧化碳和水。对不稳定的标准溶液，久置后，在使用前还需重新标定其浓度。

四、标准溶液浓度的表示方法

一定量的溶液中所含溶质的量叫溶液的浓度。在常量组分的测定中，标准溶液的浓度大致范围为 $0.01 \sim 1 \ mol \cdot L^{-1}$，通常根据待测组分含量的高低来选择标准溶液浓度的大小。常用分析检验标准溶液的浓度有以下几种表示方法：

1. 物质的量浓度（摩尔浓度）

物质 B 的物质的量浓度是指溶液中所含溶质 B 的物质的量 n 除以溶液的体积 V，以符号 c_B 表示。

$$c_B = \frac{n_B}{V} = \frac{m_B/M_B}{V}$$

式中：m_B——物质 B 的质量，g；

M_B——物质 B 的摩尔质量，$g \cdot mol^{-1}$；

V——溶液的体积，L；

c_B——物质 B 的物质的量浓度，$mol \cdot L^{-1}$。

2. 滴定度

滴定度是指 1 mL 溶液中所含溶质的克数或者 1 mL 滴定剂溶液相当于被测物的毫克数，用符号 $T_{B/A}$ 或 T_A 表示。A 是滴定剂，B 为被测物质。

例如：$T_{CaO/EDTA} = 2.365\,0$ mg·mL^{-1}，表示每毫升 EDTA 标准溶液相当于 2.365 0 mg CaO。

用滴定度表示标准溶液的浓度，在水质分析中应用广泛。因为在进行成批的或经常测定的某一项目时，用这种方法计算分析结果极为方便。

五、酸碱指示剂

1. 指示剂的选择

用于酸碱滴定的指示剂称为酸碱指示剂。酸碱滴定分析中通常是借助加入的酸碱指示剂在化学计量点附近的颜色变化来确定滴定终点的。这种方法简单、方便，是确定滴定终点的基本方法。指示剂选择不当，以及肉眼对变色点辨认困难，都会给测定结果带来误差。因此，在多种指示剂中，要选择一种变色范围恰好在滴定曲线的突跃范围之内，或者至少要占滴定曲线突跃范围一部分的指示剂，它的变色点尽量靠近化学计量点。这样，当滴定正好在滴定曲线突跃范围之内结束时，其最大误差小于 0.1%，这是容量分析允许的。

例如用 0.100 0 mol·L^{-1} NaOH 溶液滴定 0.100 0 mol·L^{-1} HCl 溶液，其突跃范围为 4.30~9.70，则可选择甲基红、甲基橙或酚酞作为指示剂。如果选择甲基橙作为指示剂，当溶液颜色由橙色变为黄色时，溶液的 pH 为 4.4，滴定误差小于 0.1%。实际分析时，为了更好地判断终点，通常选用酚酞作指示剂，因其终点颜色由无色变成浅红色，非常容易辨别。

如果用 0.100 0 mol·L^{-1} HCl 标准溶液滴定 0.100 0 mol·L^{-1} NaOH 溶液，则可选择酚酞或甲基红作为指示剂。倘若仍然选择甲基橙作为指示剂，则当溶液颜色由黄色转变成橙色时，其 pH 为 4.0，滴定误差将超过 0.2%。

实际分析时，为了进一步提高滴定终点的准确性，以及更好地判断终点（如用甲基红时终点颜色由黄变橙，人眼不易把握；若用酚酞时则由红色褪至无色，人眼也不易判断），通常选用混合指示剂溴甲酚绿-甲基红，终点时颜色由绿色经浅灰色变为暗红色，容易观察。

2. 酸碱指示剂

（1）变色原理

酸碱指示剂一般是有机弱酸或弱碱，当溶液的 pH 发生变化时，酸碱指示剂获得质子转化为酸式，或失去质子转化为碱式，由于指示剂的酸式与碱式具有不同的结构，因而具有不同的颜色，起到了确定酸碱滴定终点的作用。下面以最常用的甲基橙、酚酞为例简要说明。

甲基橙是一种有机弱碱，也是一种双色指示剂，它在溶液中的离解平衡可用下式表示：

$$NaO_3S \text{—}\bigcirc\text{—} N=N \text{—}\bigcirc\text{—} N(CH_3)_2 \underset{OH^-}{\overset{H^+}{\rightleftharpoons}} HO_3S \text{—}\bigcirc\text{—} \overset{H}{N} \text{—} N=\bigcirc= N^+ \overset{CH_3}{\underset{CH_3}{<}}$$

（黄色）　　　　　　　　　　　　　　　　（红色）

由平衡关系式可以看出，当溶液中［H^+］增大时，反应向右进行，此时甲基橙主要以醌式存在，溶液呈红色；当溶液中［H^+］降低而［OH^-］增大时，反应向左进行，甲基橙主要以偶氮式存在，溶液呈黄色。甲基橙的变色范围为 pH＝3.1～4.4。

酚酞是一种有机弱酸，它在溶液中的解离平衡如下所示：

酸式（无色）　　　　　　　　碱式（红色）

在酸性溶液中，平衡向左移动，酚酞主要以羟式存在，溶液呈无色；在碱性溶液中，平衡向右移动，酚酞则主要以醌式存在，因此溶液呈红色。酚酞的变色范围是 pH＝8.0～10.0。

由此可见，当溶液的 pH 发生变化时，由于指示剂结构的变化，颜色也随之发生变化，因而可通过酸碱指示剂颜色的变化来确定酸碱滴定的终点。

（2）变色范围

若以 HIn 代表酸碱指示剂的酸式（其颜色称为指示剂的酸式色），其离解产物 In^- 就代表酸碱指示剂的碱式（其颜色称为指示剂的碱式色），则离解平衡可表示为 $HIn \rightleftharpoons H^+ + In^-$。

当离解达到平衡时：

$$K_{HIn} = \frac{[H^+][In^-]}{[HIn]}$$

则

$$\frac{[In^-]}{[HIn]} = \frac{K_{HIn}}{[H^+]} \quad \text{或} \quad pH = pK_{HIn} + \lg\frac{[In^-]}{[HIn]}$$

一般说来，当一种形式的浓度大于另一种形式浓度 10 倍时，人眼通常只看到较浓形式物质的颜色。即 $\frac{[In^-]}{[HIn]} \leqslant \frac{1}{10}$ 时，看到的是 HIn 的颜色（即酸式色）。$\frac{[In^-]}{[HIn]} \geqslant \frac{10}{1}$ 时，看到的是 In^- 的颜色（即碱式色）。$\frac{[In^-]}{[HIn]}$ 在 $\frac{1}{10}$～$\frac{10}{1}$ 之间时，看到的是酸式色与碱式色复合

后的颜色。

因此，当溶液的 pH 由 $pK_{HIn}-1$ 向 $pK_{HIn}+1$ 逐渐改变时，理论上人眼可以看到指示剂由酸式色逐渐过渡到碱式色。这种理论上可以看到的引起指示剂颜色变化的 pH 间隔，我们称之为指示剂的理论变色范围。

当指示剂酸式的浓度与碱式的浓度相同（即 [HIn] = [In⁻]）时，溶液便显示指示剂酸式与碱式的混合色。此时溶液的 pH=pK_{HIn}，这一点，我们称之为指示剂的理论变色点。例如，甲基红 $pK_{HIn}=5.0$，所以甲基红的理论变色范围为 pH=4.0～6.0。不同的酸碱指示剂具有不同的变色范围，常用酸碱指示剂在室温下水溶液中的变色范围见表 3-4。

表 3-4　常用酸碱指示剂在室温下水溶液中的变色范围

名称	变色范围 pH	酸式色-碱式色	pK_{HIn}	浓度	用量/滴
百里酚蓝	1.2～2.8	红-黄	1.7	0.1％的 20％乙醇溶液	1～2
甲基黄	2.9～4.0	红-黄	3.3	0.1％的 90％乙醇溶液	1
甲基橙	3.1～4.4	红-黄	3.4	0.05％的水溶液	1
溴酚蓝	3.0～4.6	黄-紫	4.1	0.1％的 20％乙醇或其钠盐水溶液	1
溴甲酚绿	3.8～5.4	黄-蓝	4.9	0.1％的 20％乙醇或其钠盐水溶液	1～3
甲基红	4.4～6.2	红-黄	5.0	0.1％的 60％乙醇或其钠盐水溶液	1
溴百里酚蓝	6.2～7.6	黄-蓝	7.3	0.1％的 20％乙醇或其钠盐水溶液	1
中性红	6.8～8.0	红-黄橙	7.4	0.1％的 60％乙醇溶液	1
苯酚红	6.7～8.4	黄-红	8.0	0.1％的 60％乙醇或其钠盐水溶液	1
酚酞	8.0～10.0	无-红	9.1	0.5％的 90％乙醇溶液	1～3
百里酚酞	9.4～10.6	无-蓝	10.0	0.1％的 90％乙醇溶液	1～2

（3）混合指示剂

因为单一指示剂变色范围一般都比较宽，有的在变色过程中还出现难以辨别的过渡色。在某些酸碱滴定中，为了达到一定的准确度，需要将滴定终点限制在较窄小的 pH 范围内（例如对弱酸或弱碱的滴定），此时可采用混合指示剂。常用的混合指示剂见表 3-5。

表 3-5　几种常见的混合指示剂

指示剂溶液的组成	变色 pH	酸式色	碱式色	备注
1 份 0.1％甲基黄乙醇溶液 1 份 0.1％次甲基蓝乙醇溶液	3.25	蓝紫	绿	pH=3.2，蓝紫色； pH=3.4，绿色
1 份 0.1％甲基橙水溶液 1 份 0.25％靛蓝二磺酸水溶液	4.1	紫	黄绿	
1 份 0.1％溴甲酚绿钠盐水溶液 1 份 0.2％甲基橙水溶液	4.3	橙	蓝绿	pH=3.5，黄色； pH=4.05，绿色； pH=4.3，浅绿

续表

指示剂溶液的组成	变色pH	酸式色	碱式色	备注
3份0.1%溴甲酚绿乙醇溶液 1份0.2%甲基红乙醇溶液	5.1	酒红	绿	
1份0.1%溴甲酚绿钠盐水溶液 1份0.1%氯酚红钠盐水溶液	6.1	黄绿	蓝绿	pH=5.4，蓝绿色； pH=5.8，蓝色； pH=6.0，蓝带紫； pH=6.2，蓝紫
1份0.1%中性红乙醇溶液 1份0.1%次甲基蓝乙醇溶液	7.0	紫蓝	绿	pH=7.0，紫蓝
1份0.1%甲酚红钠盐水溶液 3份0.1%百里酚蓝钠盐水溶液	8.3	黄	紫	pH=8.2，玫瑰红； pH=8.4，紫色
1份0.1%百里酚蓝50%乙醇溶液 3份0.1%酚酞50%乙醇溶液	9.0	黄	紫	从黄到绿，再到紫
1份0.1%酚酞乙醇溶液 1份0.1%百里酚酞乙醇溶液	9.9	无色	紫	pH=9.6，玫瑰红； pH=10，紫色
2份0.1%百里酚酞乙醇溶液 1份0.1%茜素黄R乙醇溶液	10.2	黄	紫	

六、氢氧化钠标准溶液的配制与标定

1. 配制 0.1 mol·L^{-1} NaOH 溶液

用干净的小烧杯准确称取 2.00 g 氢氧化钠固体，加入适量不含 CO_2 的蒸馏水，搅拌使其溶解，放冷后转入 500 mL 大烧杯中，用蒸馏水清洗小烧杯 2～3 次，清洗液也倒入大烧杯，最后稀释至 500 mL，混匀后倒入洁净的 500 mL 橡皮塞试剂瓶中，摇匀，贴上标签备用。

2. 氢氧化钠标准溶液的标定

用递减法准确称取在 110～120 ℃烘至恒重的基准邻苯二甲酸氢钾 0.6～0.7 g（准确至 0.1 mg），放入锥形瓶中，以 50 mL 不含 CO_2 的蒸馏水溶解，加入酚酞指示剂 3 滴，用 NaOH 标准溶液滴定至溶液由无色变为粉红色，且 30 s 不褪色为终点。平行测定 3 次，同时做空白试验。

氢氧化钠标准溶液的浓度按下式计算：

$$c(NaOH) = \frac{m \times 1\,000}{(V_1 - V_0) \times M}$$

式中：m——邻苯二甲酸氢钾的质量，g；

V_1——氢氧化钠溶液的体积，mL；

V_0——空白试验消耗的氢氧化钠溶液的体积，mL；

M——邻苯二甲酸氢钾的摩尔质量，mol·L^{-1}。

七、盐酸标准溶液的配制与标定

1. 配制 0.1 mol·L^{-1} HCl 溶液

市售浓盐酸的物质的量浓度约为 12 mol·L^{-1}，计算出配制 500 mL 0.1 mol·L^{-1} HCl 溶液所需浓盐酸的体积，然后用洁净的量筒（10 mL）量取所需的浓盐酸，倒入盛有 20 mL 蒸馏水的小烧杯中，再将溶液转移到 500 mL 大烧杯中，用蒸馏水洗涤小烧杯 2~3 次，洗涤液也倒入大烧杯中，最后稀释至 500 mL，倒入洁净的 500 mL 玻璃塞试剂瓶中，摇匀，贴上标签备用。

2. 盐酸标准溶液的标定

用递减法称取在 270~300 ℃ 灼烧至恒重的基准无水碳酸钠 0.15~0.22 g（称准至 0.1 mg），放入 250 mL 锥形瓶中，以 50 mL 蒸馏水溶解，加溴甲酚绿-甲基红混合指示剂 10 滴，用盐酸标准溶液滴定至溶液由绿色变为暗红色，加热煮沸 2 min，冷却后继续滴定至溶液呈暗红色为终点。平行测定 3 次，同时做空白实验。

盐酸标准溶液的浓度按下式计算：

$$c\ (HCl) = \frac{m \times 1\ 000}{(V_1 - V_0)\ \times M}$$

式中：m——无水碳酸钠的质量，g；

V_1——盐酸溶液的体积，mL；

V_0——空白试验消耗的盐酸溶液的体积，mL；

M——无水碳酸钠的摩尔质量，mol·L^{-1}。

任务二　酸碱滴定法

滴定分析法又称容量分析法，是化学分析法中最常用的分析方法。方法是将一种已知准确浓度的试剂溶液滴加到被测物质的溶液中，直到所加的试剂溶液与被测物质按化学式计量关系定量反应完全为止，根据试剂溶液的浓度和消耗的体积，计算被测物质的含量。滴定分析法主要包括酸碱滴定、沉淀滴定、配位滴定及氧化还原滴定分析法等。

酸碱滴定法是以酸碱中和反应为基础的滴定分析方法，是滴定分析中重要的方法之一。常见的酸、碱以及与酸、碱直接或间接发生反应的物质，几乎都可以利用酸碱滴定法进行测定，所以酸碱滴定法是一种用途极为广泛的分析方法。酸碱滴定过程中，随着滴定剂的加入，被测溶液的 pH 将不断变化，根据 pH 的变化规律，选择合适的指示剂，就能正确地指示滴定终点。利用此时消耗的滴定剂体积，可以计算得到被测溶液浓度，从而获得准确的分析结果。下面讨论几种常见类型的酸碱滴定过程中溶液 pH 的变化规律、滴定曲线形状和滴定突跃情况。

一、强碱滴定强酸过程中溶液 pH 的变化

强碱滴定强酸的基本反应为 $H^+ + OH^- \xrightarrow{\hspace{1cm}} H_2O$。

现以 $0.100\ 0\ mol \cdot L^{-1}$ NaOH 标准溶液滴定 $20.00\ mL\ 0.100\ 0\ mol \cdot L^{-1}$ HCl 溶液为例来讨论强碱滴定强酸过程中 pH 的变化与滴定曲线及指示剂的选择。这种类型的酸碱滴定，反应程度是最高的，也最容易得到准确的滴定结果。

1. 滴定过程

滴定过程可分为四个阶段：

（1）滴定开始前

由于盐酸是强电解质，所以溶液的 pH 由此时 HCl 溶液的原始浓度决定。

$$[H^+] = 0.100\ 0\ mol \cdot L^{-1} \quad pH = -lg\ [H^+] = 1.00。$$

（2）滴定开始至化学计量点前

随着 NaOH 溶液的不断加入，$[H^+]$ 不断减少，溶液的 pH 由剩余 HCl 溶液的浓度决定。

$$[H^+] = \frac{0.100\ 0 \times (20 - V_{NaOH})}{20.00 + V_{NaOH}}$$

例如，当滴入 NaOH 溶液 18.00 mL 时，溶液中 $[H^+]$ 的浓度为

$$[H^+] = \frac{0.100\ 0 \times (20 - 18)}{20.00 + 18.00} mol \cdot L^{-1} = 5.26 \times 10^{-3}\ mol \cdot L^{-1}$$

$$pH = -lg\ [H^+] = 2.28$$

当滴入 NaOH 溶液 19.80 mL、19.98 mL 时，溶液的 pH 分别为 3.30 和 4.30。

（3）化学计量点时

当滴入 20.00 mL NaOH 溶液时，达到化学计量点，溶液中的 HCl 全部被 NaOH 中和，因此溶液呈中性，即 $[H^+] = [OH^-] = 1.00 \times 10^{-7}\ mol \cdot L^{-1}$，pH＝7.00。

（4）化学计量点后

由于加入了过量的 NaOH 溶液，pH 由过量的 NaOH 溶液浓度决定。

例如，加入 NaOH 溶液 20.02 mL 时，NaOH 过量 0.02 mL，此时溶液中 $[OH^-]$ 为

$$[OH^-] = \frac{0.100\ 0 \times (V_{NaOH} - 20)}{20.00 + V_{NaOH}}$$

$$[OH^-] = \frac{0.100\ 0 \times 0.02}{20.00 + 20.02} mol \cdot L^{-1} = 5.00 \times 10^{-5}\ mol \cdot L^{-1}$$

$$pOH = -lg\ [OH^-] = 4.30; \quad pH = 14 - pOH = 14 - 4.30 = 9.70$$

用类似的方法可以计算出整个滴定过程中加入任意体积 NaOH 溶液时的 pH，其结果见表 3 - 6。

表 3-6 0.100 0 mol·L⁻¹ NaOH 溶液滴定 20.00 mL 0.100 0 mol·L⁻¹ HCl 溶液时 pH 的变化

加入 NaOH 溶液体积/mL	HCl 被滴定百分数/%	剩余 HCl 溶液体积/mL	过量 NaOH 溶液体积/mL	$[H^+]$	pH
0.00	0.00	20.00		1.00×10^{-1}	1.00
18.00	90.00	2.00		5.26×10^{-3}	2.28
19.80	99.00	0.20		5.02×10^{-4}	3.30
19.98	99.90	0.02		5.00×10^{-5}	4.30
20.00		0.00		1.00×10^{-7}	7.00
20.02			0.02	2.00×10^{-10}	9.70
20.20			0.20	2.01×10^{-11}	10.70
22.00			2.00	2.10×10^{-12}	11.68
40.00			20.00	5.00×10^{-13}	12.52

2. 滴定曲线和滴定突跃

（1）滴定曲线

利用表 3-6 数据，以溶液的 pH 为纵坐标、NaOH 溶液的加入量为横坐标，可绘制出强碱滴定强酸的滴定曲线，如图 3-1 所示。

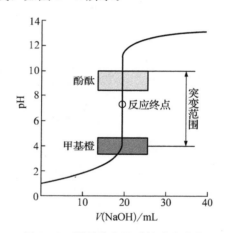

图 3-1 强碱滴定强酸的滴定曲线

由表 3-6 与图 3-1 可以看出，从滴定开始到加入 19.98 mL NaOH 滴定溶液，溶液的 pH 仅改变了 3.30 个 pH 单位，曲线比较平坦。而在化学计量点附近，加入 1 滴 NaOH 溶液（相当于 0.04 mL，即从溶液中剩余 0.02 mL HCl 到过量 0.02 mL NaOH）就使溶液的酸度发生巨大的变化，其 pH 由 4.30 急增至 9.70，增幅达 5.4 个 pH 单位，相当于 $[H^+]$ 降低为原来的 $\dfrac{1}{2.5 \times 10^6}$，溶液也由酸性突变到碱性，溶液的性质由量变引起了质变。

如果用 0.100 0 mol·L⁻¹ HCl 标准溶液滴定 20.00 mL 0.100 0 mol·L⁻¹ NaOH 溶液，显然滴定曲线形状与 NaOH 溶液滴定 HCl 溶液相似，只是 pH 不是随着滴定溶液的加入逐渐增大，而是逐渐减小。

（2）滴定突跃

从图3-1中也可看到，在化学计量点前后0.1％，此时曲线呈现近似垂直的一段，称为滴定突跃，而突跃所在的pH范围也称为滴定突跃范围。此后，再继续滴加NaOH溶液，则溶液的pH变化越来越小，曲线又趋平坦。由表3-6可知，滴定的突跃范围为pH＝4.3～9.7。

值得注意的是，从滴定过程pH的计算中我们可以知道，滴定的突跃大小还必然与被滴定物质及标准溶液的浓度有关。一般说来，酸碱浓度增大10倍，则滴定突跃范围就增加2个pH单位；反之，若酸碱浓度减小为原来的$\frac{1}{10}$，则滴定突跃范围就减少2个pH单位。如用1.000 mol·L^{-1} NaOH溶液滴定1.000 mol·L^{-1} HCl溶液时，其滴定突跃范围就增大为3.30～10.70；用0.010 00 mol·L^{-1}NaOH溶液滴定0.010 00 mol·L^{-1} HCl溶液时，其滴定突跃范围就减小为5.30～8.70。不同浓度的强碱滴定强酸的滴定曲线如图3-2所示。滴定突跃具有非常重要的意义，它是选择指示剂的依据。

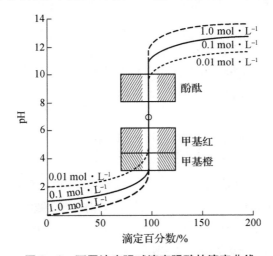

图3-2　不同浓度强碱滴定强酸的滴定曲线

二、强碱滴定一元弱酸

若用HA代表弱酸，则这类滴定的基本反应为

$$OH^- + HA \Longrightarrow A^- + H_2O$$

以0.100 0 mol·L^{-1} NaOH溶液滴定20.00 mL 0.100 0 mol·L^{-1} HAc溶液为例，说明在滴定过程中溶液pH的变化。

1. 滴定前

溶液中的[H$^+$]决定于HAc的电离。

HAc为一元弱酸，$c＝0.100\ 0$ mol·L^{-1}，$K_a＝1.8\times10^{-5}$，$c/K_a＞400$，则

$$[H^+] = \sqrt{K_a c} = \sqrt{1.8\times10^{-5}\times0.100\ 0} = 1.34\times10^{-3}\ (mol\cdot L^{-1})$$

$$pH＝2.87$$

2. 滴定开始至化学计量点前

溶液中未被中和的 HAc 和反应产物 NaAc 同时存在，组成 HAc-NaAc 缓冲体系，因此，化学计量点前任意点的溶液 pH 可按下面的公式计算：

$$pH = pK_a - \lg \frac{[HAc]}{[Ac^-]}$$

因为

$$[HAc] = \frac{0.100\ 0 \times (20.00 - V_{NaOH})}{20.00 + V_{NaOH}}$$

$$[Ac^-] = \frac{0.100\ 0 \times V_{NaOH}}{20.00 + V_{NaOH}}$$

$$pH = pK_a - \lg \frac{20.00 - V_{NaOH}}{V_{NaOH}} = pK_a + \lg \frac{V_{NaOH}}{20.00 - V_{NaOH}}$$

已知 HAc 的 $pK_a = 4.74$，按上式可分别求出滴入 18.00 mL、19.80 mL、19.98 mL NaOH 溶液时，溶液的 pH 分别为 5.70、6.74、7.74。

3. 化学计量点时

已滴入 20.00 mL NaOH 溶液，HAc 全部被中和，生成 $0.050\ 0\ mol \cdot L^{-1}$ NaAc。NaAc 为强碱弱酸盐，此时溶液 pH 可用下式计算求得。

$$[OH^-] = \sqrt{\frac{K_w}{K_a} \times c} = \sqrt{\frac{1.0 \times 10^{-14}}{1.8 \times 10^{-5}} \times 0.050\ 0} = 5.27 \times 10^{-6}$$

$$pOH = 5.28, \quad pH = 14 - pOH = 8.72$$

4. 化学计量点后

溶液中除存在 NaAc 外，还有过量的 NaOH 存在。由于 NaOH 抑制了 Ac^- 的水解，故此时溶液 pH 主要由过量的 NaOH 决定，其计算方法与强碱滴定强酸时相同。

当加入 NaOH 溶液 20.02 mL、20.20 mL、22.00 mL、40.00 mL 时，溶液的 pH 分别为 9.70、10.70、11.68、12.52。

如此逐一计算，将计算结果列于表 3-7，并以此绘制滴定曲线，如图 3-3 所示。

表 3-7　$0.100\ 0\ mol \cdot L^{-1}$ NaOH 溶液滴定 20.00 mL $0.100\ 0\ mol \cdot L^{-1}$ HAc 溶液时 pH 的变化

加入 NaOH 溶液体积/mL	剩余 HAc 溶液体积/mL	过量 NaOH 溶液体积/mL	pH
0.00	20.00		2.87
10.00	10.00		4.74
18.00	2.00		5.70
19.80	0.20		6.74
19.98	0.02		7.74
20.00	0.00		8.72

续表

加入 NaOH 溶液体积/mL	剩余 HAc 溶液体积/mL	过量 NaOH 溶液体积/mL	pH
20.02		0.02	9.70
20.20		0.20	10.70
22.00		2.00	11.68
40.00		20.00	12.52

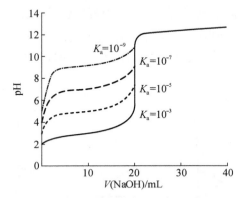

图 3 - 3   0.100 0 mol·L^{-1} NaOH 溶液滴定 0.100 0 mol·L^{-1}不同弱酸溶液的滴定曲线

由表 3 - 7 和图 3 - 3 可以看出，NaOH 溶液滴定 HAc 溶液的滴定曲线有以下特点：

① 滴定前，由于 HAc 是弱酸，溶液中的［H$^+$］比同浓度 HCl 溶液的［H$^+$］要低，因此，起始的 pH 要高一些。

② 滴定开始到化学计量点之前，滴定生成的 NaAc 和溶液中剩余的 HAc 构成了 HAc-NaAc 缓冲体系，使溶液 pH 的变化相对较缓，这部分滴定曲线比较平坦。

③ 化学计量点时，由于滴定产物 NaAc 的水解，溶液呈碱性，pH＝8.72。被滴定的酸越弱，化学计量点的 pH 越大。

④ 化学计量点附近，溶液的 pH 发生突变，滴定的突跃范围为 7.74～9.70，处于碱性区域，较 NaOH 溶液滴定同浓度 HCl 溶液的突跃范围（4.30～9.70）要小得多，所以只能选用在弱碱性范围内变色的指示剂来指示滴定终点，如酚酞。显然，甲基红、甲基橙已不能使用。

⑤ 化学计量点后，溶液 pH 的变化规律与强碱滴定强酸时的情况相同，所以这时它们的滴定曲线基本重合。

强碱滴定一元弱酸时，突跃范围的大小除决定于弱酸溶液的浓度外，还与弱酸的电离常数有关，如图 3 - 3 所示。从图中可以看出，当酸的浓度一定时，酸越强（K_a 越大），突跃范围就越大；反之，酸越弱（K_a 越小），突跃范围越小。

一般而言，当弱酸的浓度为 0.1 mol·L^{-1}，K_a＜10^{-7}（即 $c·K_a$＜10^{-8}）时，便无明显突跃，已不能用指示剂来确定滴定终点。因此，综合弱酸溶液的浓度及其电离常数两个因素，一元弱酸能被强碱溶液直接准确滴定的依据是 $c \cdot K_a \geqslant 10^{-8}$。

三、强酸滴定一元弱碱

强酸滴定一元弱碱与强碱滴定一元弱酸的情况相似。例如，用 $0.100\,0\ mol \cdot L^{-1}$ HCl 溶液滴定 $0.100\,0\ mol \cdot L^{-1}\ NH_3 \cdot H_2O$ 溶液，其滴定反应为

$$NH_3 + H^+ \Longrightarrow NH_4^+$$

滴定过程中溶液 pH 的计算方法与 NaOH 溶液滴定 HAc 溶液（条件同前）类似，其滴定曲线也与 NaOH 溶液滴定 HAc 溶液类似（虚线为氢氧化钠），如图 3-4 所示，只是 pH 的变化方向相反，是由大到小。滴定的突跃范围为 $6.25 \sim 4.30$，在酸性区域，化学计量点时的 pH 为 5.28。显然，只能选择甲基红等在酸性区域变色的指示剂来确定滴定终点。

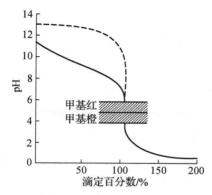

图 3-4 $0.100\,0\ mol \cdot L^{-1}$ HCl 溶液滴定 $20.00\ mL\ 0.100\,0\ mol \cdot L^{-1}\ NH_3 \cdot H_2O$ 溶液的滴定曲线

同样，强酸滴定一元弱碱时，突跃范围的大小与弱碱溶液的电离常数和浓度有关。当 $c \cdot K_b \geqslant 10^{-8}$ 时，一元弱碱才能被强酸溶液直接准确滴定。

任务三 ▶ 水质酸度的测定

水中由于溶入 CO_2 或由于机械、选矿、电镀、农药、印染、化工等行业排放的含酸废水的进入，水体的 pH 降低。酸具有腐蚀性，会破坏鱼类及其他水生生物和农作物的正常生存条件，造成鱼类及农作物等死亡。含酸废水可腐蚀管道，破坏建筑物。因此，酸度是衡量水体变化的一项重要指标。

一、主要内容与适用范围

地下水资源调查、评价、监测和利用等水样中酸度的测定，定量限为 $5\ mg \cdot L^{-1}$，测定范围为 $5 \sim 1\,000\ mg \cdot L^{-1}$（以 $CaCO_3$ 计）。

二、测定原理

水的酸度，通常是指水中能与氢氧根离子反应的强酸、弱酸和强酸弱碱盐等。用甲基

橙作指示剂，所测得的酸度称强酸酸度，又称甲基橙酸度；用酚酞作指示剂，所测得的酸度称总酸度，又称酚酞酸度。

当加入碱标准溶液时，水样中的氢离子即与氢氧根离子发生反应，根据消耗碱标准溶液的量，可计算其酸度。

三、测定试剂与仪器

1. 试剂

酚酞乙醇溶液（10 g·L^{-1}）、甲基橙溶液（0.5 g·L^{-1}）、氢氧化钠标准溶液（0.05 mol·L^{-1}）、硫代硫酸钠标准溶液（0.1 mol·L^{-1}）等。

2. 仪器

碱式滴定管（25 mL）、锥形瓶（250 mL）等。

四、采样与样品

① 对酸度产生影响的溶解气体（如 CO_2、H_2S、NH_3），在取样、保存或滴定时，都可能增加或损失。因此，在打开试样容器后，要迅速滴定到终点，防止干扰气体溶入试样。为了防止 CO_2 等溶解气体损失，在采样后，要避免剧烈摇动，并要尽快分析，否则要在低温下保存。

② 含有铁、锰、铝等可氧化或易水解的离子时，在常温滴定时的反应速率很慢，且生成沉淀，导致终点时指示剂褪色。遇此情况，应在加热后进行滴定。

③ 水样中的游离氯会使甲基橙指示剂褪色，可在滴定前加入少量 0.1 mol·L^{-1} 硫代硫酸钠溶液去除。

④ 对有色的或浑浊的水样，可用无二氧化碳水稀释后滴定，或选用电位滴定法（pH 指示终点值仍为 8.3 和 3.7），其操作步骤按所用仪器说明进行。

五、测定步骤

① 吸取水样 50.0 mL 于 250 mL 锥形瓶中，加酚酞溶液 4 滴，用氢氧化钠标准溶液滴定到粉红色不褪。记录氢氧化钠标准溶液的用量（V_1）。

② 吸取水样 50.0 mL 于 250 mL 锥形瓶中，加甲基橙溶液 3 滴，用氢氧化钠标准溶液滴定至红色刚变为橙黄色为止。记录氢氧化钠标准溶液的用量（V_2）。

六、测定数据与处理

水样的总酸度计算公式：

$$\rho(CaCO_3) = \frac{c \times V_1 \times 50.04}{V} \times 1\,000$$

水样的甲基橙酸度公式：

$$\rho(CaCO_3) = \frac{c \times V_2 \times 50.04}{V} \times 1\,000$$

式中：ρ（$CaCO_3$）——水样酸度，$mg \cdot L^{-1}$；

   c——氢氧化钠标准溶液的浓度，$mol \cdot L^{-1}$；

   V_1——用酚酞作指示剂时消耗氢氧化钠溶液的体积，mL；

   V_2——用甲基橙作指示剂时消耗氢氧化钠溶液的体积，mL；

   V——所取水样的体积，mL；

   50.04——与 1.00 mL 氢氧化钠溶液〔c（NaOH）＝1.000 $mol \cdot L^{-1}$〕相当的以毫克表示的碳酸钙质量。

七、注意事项

① 水样取用体积参考滴定时所耗氢氧化钠标准溶液用量。

② 采集的样品用聚乙烯瓶或硅硼玻璃瓶贮存，并要使水样充满，不留空间，盖紧瓶盖。若为废水样品，接触空气易引起微生物活动，容易减少或增加二氧化碳及其他气体，最好在 1 天之内分析完毕。对生物活动明显的水样，应在 6 小时内分析完毕。

③ 新容器在使用前需用盐酸溶液（质量分数为 20%）浸泡 2～3 天，再用待测水反复冲洗，并注满待测水浸泡 6 小时以上。取样前用待测水反复清洗容器，取样时要避免沾污。水样应注满容器。

>> 【拓展阅读】　酸碱指示剂

酸碱指示剂是检验溶液酸碱性的常用化学试剂，像科学史上的许多其他发现一样，酸碱指示剂的发现是化学家善于观察、勤于思考、勇于探索的结果。

300 多年前，英国年轻的科学家罗伯特·波义耳在化学实验中偶然捕捉到一种奇特的实验现象。有一天清晨，波义耳正准备到实验室去做实验，一位花木工为他送来一篮非常鲜美的紫罗兰，喜爱鲜花的波义耳随手取下一朵带进了实验室，把鲜花放在实验桌上开始了实验。当他从大瓶里倾倒盐酸时，一股刺鼻的气体从瓶口涌出，倒出的淡黄色液体冒着白雾，还有少许酸沫飞溅到鲜花上。他想："真可惜，盐酸弄到鲜花上了。"为洗掉花上的酸沫，他把花用水冲了一下，一会儿发现紫罗兰颜色变红了，当时波义耳感到既新奇又兴奋。他认为，可能是盐酸使紫罗兰颜色变红的。为进一步验证这一猜想，他立即返回住所，把那篮鲜花全部拿到实验室，取了当时已知的几种酸的稀溶液，把紫罗兰花瓣分别放入这些稀酸中，结果现象完全相同，紫罗兰都变为红色。由此他推断，不仅是盐酸，其他各种酸也能使紫罗兰变为红色。他想，这太重要了，以后只要把紫罗兰花瓣放进溶液，看它是不是变成红色，就可判别这种溶液是不是酸。偶然的发现，激发了科学家的探求欲望。后来，他又弄来其他花瓣做试验，并制成花瓣的水或酒精的浸液，用它来检验酸，同时用它来检验一些碱溶液，也产生了一些变色现象。

他还采集了药草、牵牛花、苔藓、月季花、树皮和各种植物的根，泡出了多种颜色的不同浸液，有些浸液遇酸变色，有些浸液遇碱变色。不过有趣的是，他从石蕊苔藓中提取的紫色浸液，酸能使它变红色，碱能使它变蓝色，这就是最早的石蕊试液，波义耳把它称作指示剂。为使用方便，波义耳将纸用浸液浸透、烘干制成纸片，使用时只要将小纸片放入被检测的溶液，纸片上就会发生颜色变化，从而显示出溶液是酸性还是碱性。今天，我们使用的石蕊试纸、酚酞试纸、pH 试纸，就是根据波义耳的发现研制而成的。

后来，随着科学技术的进步和发展，许多其他的指示剂也相继被科学家发现。

》》【同步测试】

一、选择题

1. 下列哪类物质一般不用酸碱滴定法测定 （ ）

   A. 酸　　　　　　　B. 碱　　　　　　　C. 两性物质　　　　D. 氧化性物质

2. 下列哪个不是选择指示剂的原则 （ ）

   A. 指示剂的变色范围全部或部分地落入滴定突跃范围内

   B. 指示剂的变色点尽量靠近化学计量点

   C. 指示剂的水溶性

   D. 指示剂获取难易程度

3. 下列哪个不是酸碱滴定法选择指示剂时考虑的因素 （ ）

   A. 滴定突跃的范围　　　　　　　　B. 指示剂的变色范围

   C. 指示剂的颜色变化　　　　　　　D. 指示剂相对分子质量的大小

4. 下列哪个操作会导致酸碱滴定中待测碱液的浓度偏低 （ ）

   ① 酸式滴定管用蒸馏水洗后，未用标准液润洗　② 碱式滴定管用蒸馏水洗后，未用待测液润洗　③ 配制碱液时，称量的固体吸潮　④滴定前酸式滴定管尖嘴部分未充满溶液　⑤滴定中不慎将锥形瓶内液体摇出少量于瓶外

   A. ①③④　　　　　B. ②⑤　　　　　C. ②③⑤　　　　　D. ②③

5. 下列哪个是用已知浓度的盐酸滴定未知浓度的 NaOH 溶液时的正确操作 （ ）

   A. 酸式滴定管用蒸馏水洗净后，直接加入已知浓度的盐酸

   B. 锥形瓶用蒸馏水洗净后，再用未知浓度的待测液荡洗 2～3 次

   C. 滴定管调整液面前先排除滴定管尖嘴处的气泡

   D. 读数时视线与滴定管内液体的凹液面最高处保持水平

6. 下列哪个是以甲基橙为指示剂用 HCl 溶液滴定 NaOH 溶液到终点时溶液颜色的变化 （ ）

   A. 由黄色变为红色　　　　　　　　B. 由黄色变为橙色

   C. 由橙色变为红色　　　　　　　　D. 由红色变为橙色

7. 将甲基橙指示剂加到无色水溶液中溶液呈黄色，下列对该溶液的酸碱性判断正确的是 （ ）

   A. 中性　　　　　　B. 碱性　　　　　　C. 酸性　　　　　　D. 不确定

8. 将酚酞指示剂加到无色水溶液中溶液呈无色，下列对该溶液的酸碱性判断正确的是 （ ）

A. 中性 B. 碱性 C. 酸性 D. 不确定

9. 下列哪个是酸碱滴定中选择指示剂的原则 （ ）

    A. 指示剂变色范围与化学计量点完全符合

    B. 指示剂应在 pH 为 7.00 时变色

    C. 指示剂的变色范围应全部或部分落入滴定 pH 突跃范围之内

    D. 指示剂变色范围应全部落在滴定 pH 突跃范围之内

10. 酸碱滴定突跃范围为 7.0～9.0，下列哪个是最适宜的指示剂 （ ）

    A. 甲基红（4.4～6.4） B. 甲酚红（7.2～8.8）

    C. 溴百里酚蓝（6.0～7.6） D. 酚酞（8.0～10.0）

11. 下列哪个是滴定分析中利用指示剂颜色的突变来判断反应物恰好完全反应而停止滴定的点 （ ）

    A. 理论终点 B. 化学计量点 C. 滴定 D. 滴定终点

12. 某酸碱指示剂的 $K_{HIn}=1.0\times10^5$，则从理论上推算下列哪个是其变色范围 （ ）

    A. 4～5 B. 5～6 C. 4～6 D. 5～7

13. 下列哪个是 HCl 溶液滴定 NaOH 溶液时选择甲基橙而不是酚酞作为指示剂的理由 （ ）

    A. 甲基橙水溶性好 B. 甲基橙终点 CO_2 影响小

    C. 甲基橙变色范围较狭窄 D. 甲基橙是双色指示剂

14. 用 NaOH 溶液滴定盐酸时，由于滴定速率太快，当混合溶液变红时，无法确定 NaOH 溶液是否过量，下列哪个是判断 NaOH 溶液是否过量的正确方法 （ ）

    A. 加入 5 mL 盐酸进行滴定 B. 返滴 1 滴待测盐酸

    C. 重新进行滴定 D. 以上方法均不适用

15. 下列哪个是酸碱滴定中选择强酸强碱作为滴定剂的理由 （ ）

    A. 强酸强碱可以直接配制标准溶液 B. 使滴定突跃尽量大

    C. 加快滴定反应速率 D. 使滴定曲线较完美

16. 已知邻苯二甲酸氢钾（用 KHP 表示）的摩尔质量为 204.2 g·mol⁻¹，用它来标定 0.1 mol·L⁻¹ 的 NaOH 溶液，下列哪个是宜称取的 KHP 质量 （ ）

    A. 0.25 g 左右 B. 1 g 左右

    C. 0.6 g 左右 D. 0.1 g 左右

17. 下列哪个不是无机试剂 （ ）

    A. 单质 B. 氧化物 C. 蛋白质 D. 碱

18. 下列哪类试剂不是危险试剂 （ ）

    A. 易自燃试剂 B. 遇水燃烧试剂 C. 易燃液体试剂 D. 易风化试剂

19. 下列哪类试剂是危险试剂 （ ）

    A. 遇光易变质的试剂 B. 遇热易变质的试剂

C. 腐蚀性试剂   D. 易潮解试剂

20. 下列哪种试剂不需要存在棕色试剂瓶中 （　　）

  A. 硝酸银   B. 碘化钾   C. 浓硝酸   D. 浓盐酸

二、判断题

1. 酸碱滴定法是指利用酸和碱在水中以质子转移反应为基础的滴定分析方法。（　　）

2. 酸碱混合指示剂的优点是变色过程容易观察。 （　　）

3. 可通过酸碱指示剂颜色的变化来确定酸碱滴定的终点。 （　　）

4. 酚酞和甲基橙都可用作强碱滴定弱酸的指示剂。 （　　）

5. 酸碱滴定过程中滴加指示剂的多少及时间的早晚不会影响分析结果。 （　　）

6. 滴定剂体积随溶液 pH 变化的曲线称为滴定曲线。 （　　）

7. 变色范围在滴定突跃范围内的酸碱指示剂也不一定都能用作酸碱滴定的指示剂。

（　　）

8. 在滴定分析中化学计量点必须与滴定终点完全重合，否则会引起较大的滴定误差。

（　　）

9. 对酚酞不显颜色的溶液一定是酸性溶液。 （　　）

10. 常用的酸碱指示剂大多是有机弱酸、弱碱或有机酸碱两性物质。 （　　）

11. 强酸滴定弱碱达到化学计量点时 pH>7。 （　　）

12. $NaHCO_3$ 水溶液呈酸性。 （　　）

13. 在酸碱滴定中使用混合指示剂是因为其变色范围窄。 （　　）

14. 酸碱滴定中有时需要用颜色变化明显、变色范围较窄的混合指示剂。 （　　）

15. 配制酸碱标准溶液时，用吸量管量取 HCl 溶液，用台秤称取 NaOH 固体。

（　　）

16. 用 NaOH 标准溶液标定 HCl 溶液浓度时，以酚酞作指示剂，若 NaOH 溶液因贮存不当吸收了 CO_2，则测定结果偏高。 （　　）

17. 无论酸或碱，只要其浓度足够大都可以被强碱或强酸溶液直接定量滴定。 （　　）

18. 食醋的酸味强度的高低主要由其中所含醋酸量的多少决定。 （　　）

19. 试剂的贮存和使用常按类别和性能两种方法进行分类。 （　　）

20. 优级纯常用于精密化学分析和科研工作，又称为保证试剂，用符号 GR 表示。（　　）

21. 配制 NaOH 标准溶液时必须使用煮沸后冷却的蒸馏水。 （　　）

22. 物质的量浓度是指 1 L 溶液中所含溶质的物质的量。 （　　）

23. 滴定度是指每升标准溶液相当于被测物质的质量。 （　　）

24. 可以采用"双指示剂法"进行混合碱分析。 （　　）

25. 化学试剂是具有一定纯度标准的各种单质或化合物，不可以是混合物。 （　　）

04

项目四　水质钙和镁总量的测定（配位滴定法）

》》【知识目标】

1. 了解 EDTA 的性质及其金属离子配合物的特点。
2. 熟悉缓冲溶液的组成与配制方法。
3. 熟悉配位滴定法的原理。
4. 掌握配位滴定标准溶液的配制和标定方法。
5. 掌握水质钙和镁总量的测定方法。

》》【能力目标】

1. 能够正确使用金属指示剂。
2. 能够配制和标定配位滴定标准溶液。
3. 能够合理选择不同的滴定方式测定金属离子。
4. 能够利用配位滴定法准确测定水质中钙和镁总量。
5. 能够准确、简明地记录实验原始数据。

》》【素质目标】

1. 培养学生职业道德和社会责任担当。
2. 培养学生厚积薄发、行稳致远的品质。

》》【企业案例】

　　我国是供暖大国，按照现行政策，集中供暖为主要供热方式。管道将锅炉产生的蒸汽或热水输送到千家万户，散发热量，使室温增高，然后流回锅炉重新加热、循环。锅炉是生产蒸汽或热水的换热设备，水是锅炉的换热介质，锅炉用水硬度太高，特别是暂时硬度太高，十分有害。经过长期烧煮后，水里的钙和镁会在锅炉内结成锅垢，使锅炉内的金属管道的导热能力大大降低，这不但浪费燃料，而且会使局部管道过热，当超过金属允许的温度时，锅炉管道将变形损毁，严重时会引起锅炉爆炸事故。锅炉给水的水质好坏，对于锅炉的安全运行、能源消耗和使用寿命有至关重要的影响。供暖企业检测部门对锅炉用水进行分析检验，其中包括水中钙和镁总量的测定。检测方法采用水质钙和镁总量的测定（配位滴定法）。分析检验人员根据检测要求完成水质钙和镁总量的分析检验任务。

任务一　　EDTA 标准溶液的配制与标定

一、配位滴定法

配位滴定法是以配位反应为基础的滴定分析方法，也称络合滴定法。配位反应在分析检验中的应用非常广泛，如许多显色剂、萃取剂、沉淀剂、掩蔽剂都是配位剂。因此，配位反应的有关理论和实践知识是分析检验的重要内容之一。

1. 配位滴定反应的条件

很多配位反应无法满足滴定分析对化学反应的要求，因此无法应用于配位滴定分析。能用于配位滴定分析的配位反应必须具备下列条件：

① 反应必须完全，即生成的配合物要足够稳定；

② 反应必须按一定的化学反应式定量进行，即配位比恒定；

③ 反应速率要快；

④ 要有适当的方法指示反应的终点。

由于多数无机配合物稳定性较差，并且在形成过程中有逐级配位现象，而各级配合物的稳定常数相差较小，所以溶液中常常同时存在多种形式的配合物，金属离子与配体的化学计量关系不明确，因此无机配位剂能用于配位滴定分析的很少。目前，配位滴定中常用的是含有氨羧基团的有机配位剂，特别是乙二胺四乙酸，应用最为广泛。

2. EDTA 及其配合物

乙二胺四乙酸（简称为 EDTA）是一种四元酸，习惯上用 H_4Y 表示。由于它在水中的溶解度很小（22 ℃时，每 100 mL 水中仅能溶解 0.02 g），故常用它的二钠盐 $Na_2H_2Y \cdot 2H_2O$，一般也简称 EDTA。后者的溶解度大（在 22 ℃时，每 100 mL 水中能溶解 11.1 g），其饱和水溶液的浓度约为 $0.3 \text{ mol} \cdot L^{-1}$，适合配制标准溶液。

（1）EDTA 在水溶液中的电离平衡

乙二胺四乙酸在水溶液中具有双偶极离子结构。

$$HOOC-CH_2 \atop {}^-OOC-CH_2} {}^{\diagdown}_{\diagup} \overset{+}{HN}-CH_2-CH_2-\overset{+}{NH} {}^{\diagup}_{\diagdown} {CH_2-COO^- \atop CH_2-COOH}$$

因此，当酸度很高时，它的两个羧酸根可再接受两个 H^+ 形成 H_6Y^{2+}，相当于一个六元酸。在水溶液中存在以下一系列的解离平衡：

$$H_6Y^{2+} \Longrightarrow H^+ + H_5Y^+ \quad K_{a1} = \frac{[H^+][H_5Y^+]}{[H_6Y^{2+}]} = 10^{-0.9}$$

$$H_5Y^+ \rightleftharpoons H^+ + H_4Y \quad K_{a2} = \frac{[H^+][H_4Y]}{[H_5Y^+]} = 10^{-1.6}$$

$$H_4Y \rightleftharpoons H^+ + H_3Y^- \quad K_{a3} = \frac{[H^+][H_3Y^-]}{[H_4Y]} = 10^{-2.0}$$

$$H_3Y^- \rightleftharpoons H^+ + H_2Y^{2-} \quad K_{a4} = \frac{[H^+][H_2Y^{2-}]}{[H_3Y^-]} = 10^{-2.67}$$

$$H_2Y^{2-} \rightleftharpoons H^+ + HY^{3-} \quad K_{a5} = \frac{[H^+][HY^{3-}]}{[H_2Y^{2-}]} = 10^{-6.16}$$

$$HY^{3-} \rightleftharpoons H^+ + Y^{4-} \quad K_{a6} = \frac{[H^+][Y^{4-}]}{[HY^{3-}]} = 10^{-10.26}$$

EDTA 在水溶液中有 7 种型体：H_6Y^{2+}、H_5Y^+、H_4Y、H_3Y^-、H_2Y^{2-}、HY^{3-} 和 Y^{4-}。为了讨论的方便，常略去离子的电荷。在 7 种型体中，只有 Y^{4-} 能与金属离子直接配位，形成稳定的配合物。因此溶液的酸度越低（pH 越大），存在的 Y^{4-} 越多，EDTA 的配位能力越强。由此可见，溶液的酸度是影响 EDTA 金属离子配合物稳定性的重要因素（见表 4-1）。

表 4-1　不同 pH 时 EDTA 主要存在型体

pH	<0.9	0.9~1.6	1.6~2.0	2.0~2.67	2.67~6.16	6.16~10.26	>10.26
主要存在型体	H_6Y^{2+}	H_5Y^+	H_4Y	H_3Y^-	H_2Y^{2-}	HY^{3-}	Y^{4-}

（2）EDTA-M 配位特点

EDTA 分子的两个氨氮原子和四个羧氧原子，都有孤对电子，即有 6 个配位原子。因此，除了碱金属，EDTA 几乎能与所有金属离子配位形成多个五元环的螯合物，如图 4-1 所示。

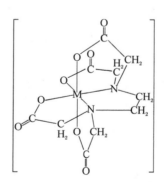

图 4-1　EDTA-M 配合物结构示意图

EDTA 与金属离子的配位反应具有以下特点：

① 广泛性：除碱金属外，EDTA 几乎能与所有金属离子配位。

② 配位比简单：由于多数金属离子的配位数不超过 6，所以 EDTA 与大多数金属离子可形成 1∶1 型的配合物，只有极少数金属离子，如锆（Ⅳ）和钼（Ⅵ）等例外。

③ 稳定性高：能与金属离子形成具有多个五元环的结构。

④ 可溶性：配合物有较好的水溶性。

⑤ 配合物的颜色：与无色金属离子形成的螯合物无色，与有色的金属离子形成的螯合物颜色加深。例如，溶液中 Cu^{2+} 为浅蓝色，CuY^{2-} 为深蓝色；Ni^{2+} 为浅绿色，NiY^{2-} 为蓝绿色。

这些特点使 EDTA 滴定剂完全符合分析测定的要求，因而被广泛使用。

3. 配位平衡及影响因素

（1）配合物的绝对稳定常数

EDTA 与金属离子大多形成 1∶1 型的配合物，反应通式和平衡常数表达式如下（为简便起见，略去电荷）：

$$M+Y \Longrightarrow MY$$

$$K_{MY} = \frac{[MY]}{[M][Y]}$$

常见金属离子与 EDTA 形成的配合物 MY 的绝对稳定常数 $\lg K_{MY}$ 见表 4-2。绝对稳定常数是指无副反应情况下的数据，它不能反映真实滴定过程中实际配合物的稳定状况。

表 4-2 EDTA 与部分常见金属离子配合物的 $\lg K_{MY}$

金属离子	$\lg K_{MY}$	金属离子	$\lg K_{MY}$	金属离子	$\lg K_{MY}$	金属离子	$\lg K_{MY}$
Na^+	1.66	Mn^{2+}	13.87	Zn^{2+}	16.50	Th^{4+}	23.20
Li^+	2.79	Fe^{2+}	14.32	Pb^{2+}	18.04	Cr^{3+}	23.40
Ba^{2+}	7.86	Ce^{3+}	15.98	Y^{3+}	18.09	Fe^{3+}	25.10
Sr^{2+}	8.73	Al^{3+}	16.30	Ni^{2+}	18.62	U^{4+}	25.80
Mg^{2+}	8.69	Co^{2+}	16.31	Cu^{2+}	18.80	Bi^{3+}	27.94
Ca^{2+}	10.69	Cd^{2+}	16.46	Hg^{2+}	21.80	Co^{3+}	36.00

由表 4-2 中数据可知，大多数金属离子与 EDTA 形成的配合物都相当稳定。三价、四价金属离子及大多数二价金属离子与 EDTA 形成的配合物 $\lg K_{MY} > 15$，即便是碱土族金属，与 EDTA 的配合物 $\lg K_{MY}$ 也多为 8~11。这些配合物稳定性的差别，主要取决于金属离子本身的电荷数、离子半径和电子层结构。离子电荷数越高，离子半径越大，电子层结构越复杂，配合物的稳定常数就越大。这些是金属离子方面影响配合物稳定性大小的本质因素。此外，溶液的酸度、温度和其他配体的存在等外界条件的变化也会影响配合物的稳定性。

（2）配合物的条件稳定常数

实际分析工作中，配位滴定是在一定的条件下进行的。例如，为控制溶液的酸度，需要加入某种缓冲溶液；为掩蔽干扰离子，需要加入某种掩蔽剂等。在这种条件下进行配位滴定，除了 M 与 Y 的主反应外，还可能发生一些副反应：

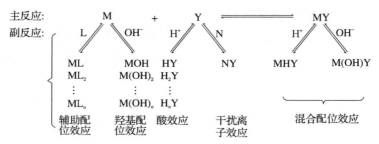

式中：L 为辅助配体；N 为干扰离子。

显然，这些副反应的发生将直接影响主反应进行的程度。为了定量地表示副反应进行的程度，引入副反应系数 α，即酸效应及配位效应。其中介质的酸度的影响最为重要，是 EDTA 配位滴定中首先要考虑的问题，也是影响配位平衡的主要因素。下面主要讨论溶液的酸度对主反应的影响。

溶液酸度会影响 M 与 Y 的配位能力，酸度越大，Y 的浓度越小，越不利于 MY 的形成。这种由于 H^+ 的存在，使配位剂 Y 参加主反应能力降低的现象称为酸效应，其副反应系数称为酸效应系数 $\alpha_{Y(H)}$，即

$$\alpha_{Y(H)} = \frac{[Y']}{[Y]}$$

式中：$[Y'] = [Y] + [HY] + [H_2Y] + [H_3Y] + [H_4Y] + [H_5Y] + [H_6Y]$。

在 EDTA 滴定中，$\alpha_{Y(H)}$ 是最常用的副反应系数。为应用方便，通常用其对数值 $\lg\alpha_{Y(H)}$。不同 pH 的溶液中 EDTA 酸效应系数 $\lg\alpha_{Y(H)}$ 值见表 4-3。

表 4-3　EDTA 在各种 pH 下的酸效应系数 $\lg\alpha_{Y(H)}$

pH	$\lg\alpha_{Y(H)}$	pH	$\lg\alpha_{Y(H)}$	pH	$\lg\alpha_{Y(H)}$
0.0	23.64	3.4	9.70	6.8	3.55
0.4	21.32	3.8	8.85	7.0	3.32
0.8	19.08	4.0	8.44	7.5	2.78
1.0	18.01	4.4	7.64	8.0	2.27
1.4	16.02	4.8	6.84	8.5	1.77
1.8	14.27	5.0	6.45	9.0	1.28
2.0	13.51	5.4	5.69	9.5	0.83
2.4	12.19	5.8	4.98	10.0	0.45
2.8	11.09	6.0	4.65	11.0	0.07
3.0	10.60	6.4	4.06	12.0	0.01

由表 4-3 可知，随着溶液酸度的增大，$\lg\alpha_{Y(H)}$ 值增大，即酸效应增强。$[Y']$ 一定

时，溶液酸度越大，[Y]则越小，EDTA参加配位反应的能力越低。当pH>12时，[Y]等于[Y']，可忽略EDTA酸效应的影响，EDTA的配位能力最强。

值得注意的是，酸效应在EDTA滴定中不完全是不利的，因为提高酸度能使干扰离子与Y的配位降至很小，消除干扰离子的影响，从而转化为有利因素，提高配位滴定的选择性。

从以上讨论可知，对Y而言，pH越大，酸效应越小，反应越完全，但许多金属离子将水解生成氢氧化物沉淀，羟基化效应使金属离子浓度降低，导致反应不完全。所以二者要同时考虑，选择适当的酸度。

当溶液中存在其他配位剂时（如为了消除干扰离子而加入的一定量的其他配位剂，为控制溶液的酸度而加入的缓冲溶液等），M不仅与EDTA生成配合物MY，而且还与其他配位剂L生成ML配合物，从而使溶液中的被测金属离子浓度降低，使MY离解倾向增大，降低MY的稳定性。这种由于其他配位剂的存在，使金属离子发生副反应，或使金属离子参加主反应的能力降低的副反应，称为金属离子的配位效应。配位效应的大小以配位效应系数$\alpha_{M(L)}$来表示，即

$$\alpha_{M(L)} = \frac{[M']}{[M]}$$

式中：[M]——游离金属离子浓度；

[M']——金属离子总浓度，$[M'] = [M] + [ML] + [ML_2] + \cdots + [ML_n]$；

$\alpha_{M(L)}$越大，表明M与其他配位剂L配位的程度越严重，对主反应的影响程度也越大，即副反应越严重。

条件稳定常数是将上述各种副反应，如酸效应、配位效应、共存离子效应、羟基化效应等因素考虑进去以后的实际稳定常数。由此推导出的条件稳定常数K'_{MY}可表示为

$$K'_{MY} = \frac{[MY]}{[M'][Y']} = \frac{[MY]}{\alpha_{M(L)} \cdot [M] \cdot \alpha_{Y(H)} \cdot [Y]} = \frac{K_{MY}}{\alpha_{M(L)} \cdot \alpha_{Y(H)}}$$

即

$$\lg K'_{MY} = \lg K_{MY} - \lg\alpha_{Y(H)} - \lg\alpha_{M(L)}$$

前已述及，MY的混合配位效应[形成MHY和M(OH)Y]可以忽略。当溶液中没有干扰离子（共存离子效应），没有其他配位剂存在或其他配位剂不与金属离子反应，溶液酸度又高于金属离子的羟基化酸度时，只考虑Y的酸效应。则上式可表示为

$$\lg K'_{MY} = \lg K_{MY} - \lg\alpha_{Y(H)}$$

条件稳定常数K'_{MY}的大小说明配合物MY在一定条件下的实际稳定程度，也是判断滴定可能性的重要依据。

【例4-1】 设只考虑酸效应，计算pH=2.0和pH=5.0时ZnY的条件稳定常数（已知$\lg K_{ZnY} = 16.50$；pH=2.0时$\lg\alpha_{Y(H)} = 13.51$；pH=5.0时$\lg\alpha_{Y(H)} = 6.45$）。

解：只考虑 Y 的酸效应，$\lg K'_{ZnY} = \lg K_{ZnY} - \lg \alpha_{Y(H)}$

$$pH = 2.0 \text{ 时，} \lg K'_{ZnY} = 16.50 - 13.51 = 2.99$$

$$pH = 5.0 \text{ 时，} \lg K'_{ZnY} = 16.50 - 6.45 = 10.05$$

以上计算表明，$pH = 5.0$ 时，ZnY 稳定，$pH = 2.0$ 时，ZnY 不稳定。所以为使配位滴定顺利进行，得到准确的分析测定结果，必须选择适当的酸度条件。

4. 配位滴定法原理

与酸碱滴定相似，配位滴定时，在待测金属离子溶液中，随着配位滴定剂 EDTA 的加入，金属离子不断发生配位反应，它的浓度也随之减小，在化学计量点附近，金属离子浓度（用 pM 表示）产生突跃。利用滴定过程中金属离子浓度（pM）随着 EDTA 的加入量的变化作图得到的曲线称为配位滴定曲线。配位滴定曲线反映了滴定过程中滴定剂的加入量与待测离子浓度之间的关系。

（1）滴定曲线

现以 $pH = 12$ 时，用 $0.010\ 00\ mol \cdot L^{-1}$ EDTA 标准溶液滴定 $20.00\ mL$ 同浓度 Ca^{2+} 溶液为例，说明配位滴定过程中滴定剂的加入量与待测离子浓度之间的变化关系。

由于 Ca^{2+} 既不易水解也不与其他配位剂反应，所以只需考虑 EDTA 的酸效应，即在 $pH = 12$ 时，CaY^{2-} 的条件稳定常数为

$$\lg K'_{CaY} = \lg K_{CaY} - \lg \alpha_{Y(H)} = 10.69 - 0.01 = 10.68$$

$$K'_{CaY} = 4.8 \times 10^{10}$$

① 滴定前：溶液中只有 Ca^{2+}，则 $[Ca^{2+}] = 0.010\ 00\ mol \cdot L^{-1}$，$pCa = 2.00$。

② 滴定开始至化学计量点前：溶液中有剩余的 Ca^{2+} 和滴定产物 CaY^{2-}，由于 K'_{CaY} 较大，剩余的 Ca^{2+} 对 CaY^{2-} 的解离有一定的抑制作用，忽略 CaY^{2-} 的解离，因此按照剩余 $[Ca^{2+}]$ 计算 pCa。

当滴入 EDTA 溶液体积为 $19.98\ mL$ 时：

$$[Ca^{2+}] = \frac{(20.00 - 19.98) \times 0.01000}{(20.00 + 19.98)} = 5.0 \times 10^{-6}\ (mol \cdot L^{-1})$$

$$pCa = 5.30$$

理论终点前其他各点的 pCa 值按相同方法计算。

③ 化学计量点时：Ca^{2+} 几乎全部参加配位反应，生成 CaY^{2-}，所以

$$[CaY^{2-}] = \frac{20.00 \times 0.010\ 00}{(20.00 + 20.00)} = 5.0 \times 10^{-3}\ (mol \cdot L^{-1})$$

同时，化学计量点时，$[Ca^{2+}] = [Y']$，故

$$K'_{CaY} = \frac{[CaY^{2-}]}{[Ca^{2+}][Y']} = \frac{[CaY^{2-}]}{[Ca^{2+}]^2}$$

$$[Ca^{2+}] = \sqrt{\frac{[CaY^{2-}]}{K'_{CaY}}} = \sqrt{\frac{5.0 \times 10^{-3}}{4.8 \times 10^{10}}} = 3.2 \times 10^{-7}\ (mol \cdot L^{-1})$$

$$pCa = 6.49$$

④ 化学计量点后：当滴入 20.02 mL EDTA 时，

$$[Y'] = \frac{(20.02 - 20.00) \times 0.010\ 00}{(20.02 + 20.00)} = 5.0 \times 10^{-6}\ (mol \cdot L^{-1})$$

$$[CaY^{2-}] = \frac{20.00 \times 0.010\ 00}{(20.02 + 20.00)} = 5.0 \times 10^{-3}\ (mol \cdot L^{-1})$$

所以，$[Ca^{2+}] = \dfrac{[CaY^{2-}]}{K'_{CaY}[Y']} = \dfrac{5.0 \times 10^{-3}}{4.8 \times 10^{10} \times 5.0 \times 10^{-6}} = 2.1 \times 10^{-8}\ (mol \cdot L^{-1})$

$$pCa = 7.68$$

按照上述方法，可求出加入不同体积滴定液时溶液的 pCa，以 pCa 为纵坐标，加入 EDTA 标准溶液的量为横坐标作图，即可得到 pH＝12 时 EDTA 溶液滴定 Ca^{2+} 溶液的滴定曲线，如图 4-2 所示。

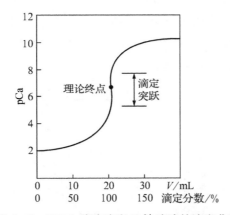

图 4-2　EDTA 溶液滴定 Ca^{2+} 溶液的滴定曲线

从图 4-2 可知，pH＝12 时，用 0.010 00 mol·L^{-1} EDTA 标准溶液滴定 20.00 mL 0.010 00 mol·L^{-1} Ca^{2+} 溶液，化学计量点的 pCa 为 6.49，滴定突跃为 5.30～7.68，滴定突跃较大。

（2）影响滴定突跃的因素

配位滴定中，滴定突跃范围越大，就越容易准确指示终点。上述计算结果表明，配合物的条件稳定常数和被滴定金属离子浓度是影响滴定突跃范围大小的主要因素。

① 条件稳定常数 $\lg K'_{MY}$ 的影响

图 4-3 是被滴定金属离子浓度 c_M 一定情况下，用 EDTA 标准溶液滴定不同 $\lg K'_{MY}$ 的金属离子时的滴定曲线。

由图 4-3 可以看出，配合物的条件稳定常数 $\lg K'_{MY}$ 越大，滴定突跃范围越大。由条件稳定常数公式 $\lg K'_{MY} = \lg K_{MY} - \lg \alpha_{Y(H)} - \lg \alpha_{M(L)}$ 可知，决定配合物条件稳定常数大小的因素首先是配合物的绝对稳定常数 $\lg K_{MY}$，但对某一特定金属离子而言，$\lg K_{MY}$ 是一常数，

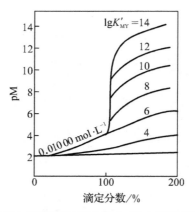

图 4 - 3　EDTA 溶液滴定不同 lgK'_{MY} 的金属离子的滴定曲线

所以滴定时的酸度、配位掩蔽剂及其他辅助配位剂的配位作用将直接影响条件稳定常数。

由图 4 - 4 可以看出，pH 越高（酸度越低），滴定突跃范围也越大。因为酸度低时，lg$\alpha_{Y(H)}$ 小，lgK'_{MY} 变大，所以滴定突跃范围增大。其他配位剂的配位作用会使 lg$\alpha_{M(L)}$ 的值增大，使 lgK'_{MY} 变小，因此滴定突跃范围减小。

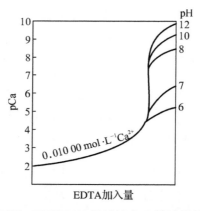

图 4 - 4　不同 pH 下 EDTA 溶液滴定 Ca^{2+} 溶液的滴定曲线

② 金属离子浓度对突跃的影响

图 4 - 5 是在条件稳定常数 lgK'_{MY} 一定情况下，用 EDTA 标准溶液滴定不同浓度金属离子时的滴定曲线。从图中可以看出，金属离子浓度 c_M 越大，滴定曲线起点越低，因此滴定突跃范围越大；反之，滴定突跃范围就越小。

5. 配位滴定的应用

在配位滴定中，采用不同的滴定方式，不但可以扩大配位滴定的应用范围，而且可以提高配位滴定的选择性。

（1）直接滴定法

直接滴定法是配位滴定中最基本的方法。这种方法是将待测物质经过预处理制成溶液

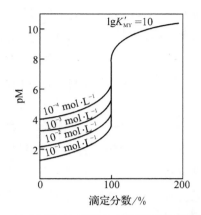

图 4－5　$\lg K'_{MY}＝10$ 时 EDTA 溶液滴定不同浓度金属离子的滴定曲线

后，调节酸度，加入指示剂，有时还需要加入适当的辅助配体及掩蔽剂，直接用 EDTA 标准溶液进行滴定，然后根据标准溶液的浓度和所消耗的体积，计算试液中待测组分的含量。

直接滴定法可用于：pH＝1 时，滴定 Zr^{4+}；pH＝2～3 时，滴定 Fe^{3+}、Bi^{3+}、Th^{4+}、Ti^{4+}、Hg^{2+}；pH＝5～6 时，滴定 Zn^{2+}、Pb^{2+}、Cd^{2+}、Cu^{2+} 及稀土元素；pH＝10 时，滴定 Mg^{2+}、Zn^{2+}、Co^{2+}、Ni^{2+}、Cd^{2+}；pH＝12 时，滴定 Ca^{2+} 等。

（2）返滴定法

当待测离子与 EDTA 配位缓慢，或在滴定的 pH 下发生水解，或对指示剂有封闭作用，或无合适的指示剂时，可采用返滴定法。即先加入定量且过量的 EDTA 标准溶液，使其与被测离子配位完全，再用另一种金属离子的标准溶液滴定剩余的 EDTA，利用两种标准溶液所消耗的物质的量之差计算待测金属离子的含量。返滴定法也称回滴法或剩余量法。

例如 Al^{3+} 的滴定，由于存在配位反应缓慢、对二甲酚橙等指示剂有封闭作用、Al^{3+} 容易水解等问题，故不宜采用直接滴定法，一般采用返滴定法。需要先加过量的 EDTA 于试液中，调整 pH≈3.5，并加热煮沸，使 Al^{3+} 和 EDTA 配位完全，冷却后调整 pH＝5～6，加入二甲酚橙，用 Zn^{2+} 标准溶液滴定剩余的 EDTA。

（3）置换滴定法

置换滴定法是指利用置换反应从配合物中置换出等物质的量的另一金属离子或 EDTA，然后再进行滴定，根据反应物间的关系求被测组分的含量的方法。

例如，欲测定溶液中的 Ag^+，Ag^+ 与 EDTA 的络合物不稳定，不能用 EDTA 直接滴定，但将 Ag^+ 加入 $Ni(CN)_4^{2-}$ 溶液中，则发生下列反应：

$$2Ag^+＋Ni(CN)_4^{2-}\Longrightarrow 2[Ag(CN)_2]^-＋Ni^{2+}$$

在 pH＝10 的氨性溶液中，以紫脲酸铵作指示剂，用 EDTA 滴定置换出来与 Ag^+ 相

当量的 Ni^{2+}，根据反应中量的关系，即可求得 Ag^+ 的含量。

例如，测定锡青铜中的锡时，可向试液中加入过量 EDTA，Sn^{4+} 与共存的 Pb^{2+}、Zn^{2+}、Cu^{2+} 等一起与 EDTA 配位，用 Zn^{2+} 标准溶液滴定剩余的 EDTA，然后加入 NH_4F，F^- 将 SnY 中的 Y 置换出来，再用 Zn^{2+} 标准溶液滴定置换出来的 Y，即可求得 Sn 的含量。

（4）间接滴定法

有些金属离子如 Li^+、Na^+、K^+、Rb^+、Cs^+ 等和一些非金属离子如 SO_4^{2-}、PO_4^- 等，不与 EDTA 反应或生成的配合物不稳定，这时可以采用间接滴定法。通常是加入过量的沉淀剂（即能与 EDTA 形成稳定配合物的金属离子），与待测离子生成沉淀，过量的沉淀剂用 EDTA 滴定；或将沉淀分离、溶解后，再用 EDTA 滴定其中的金属离子。间接滴定法应用示例见表 4-4。

例如溶液体系中有 PO_4^{3-}、Na^+、SO_4^{2-}，欲测定 PO_4^{3-}，加入过量的 Bi^{3+} 标准溶液，使得 PO_4^{3-} 完全沉淀，剩余的 Bi^{3+} 用 EDTA 滴定。二者的差值即为 PO_4^{3-} 的量。

$$PO_4^{3-} + Bi^{3+} \rightleftharpoons BiPO_4 \downarrow$$

$$Y^{4-} + Bi^{3+} \rightleftharpoons BiY^-$$

表 4-4 间接滴定法应用示例

待测物	主要步骤
K^+	沉淀为 $K_2Na[Co(NO_2)_6] \cdot 6H_2O$，经过滤、洗涤、溶解后，测定其中的 Co^{2+}
Na^+	沉淀为 $NaZn(UO_2)_3Ac_9 \cdot 9H_2O$，经过滤、洗涤、溶解后，测定其中的 Zn^{2+}
PO_4^{3-}	沉淀为 $MgNH_4PO_4 \cdot 6H_2O$，经过滤、洗涤、溶解后，测定其中的 Mg^{2+} 或测定滤液中过量的 Mg^{2+}
S^{2-}	沉淀为 CuS，测定滤液中过量的 Cu^{2+}
SO_4^{2-}	沉淀为 $BaSO_4$，测定滤液中过量的 Ba^{2+}，用铬黑 T（EBT）作为指示剂
CN^-	加一定量并过量的 Ni^{2+}，使形成 $[Ni(CN)_4]^{2-}$，测定过量的 Ni^{2+}
Cl^-、Br^-、I^-、SCN^-	沉淀为银盐，过滤，滤液中过量的 Ag^+ 与 $[Ni(CN)_4]^{2-}$ 置换，测定置换出的 Ni^{2+}

间接滴定法步骤较多，导致的误差较大，所以不是一种理想的方法。

二、缓冲溶液

大多数化学反应（有机化学、生物化学及化工生产中）需要在一定的 pH 范围内进行，为了保证系统在整个反应过程中的 pH 基本不变化，可借助缓冲溶液达到目的。溶液体系 pH 的变化往往直接影响到研究工作的成效。所以配制缓冲溶液是一个不可或缺的关键步骤。

1. 缓冲溶液的定义

缓冲溶液是无机化学及分析化学中的重要概念，是指能够抵御外加酸碱或适度稀释，而保持溶液本身 pH 不发生显著变化的溶液。缓冲溶液的这种作用称为缓冲作用。

2. 缓冲原理

缓冲溶液能够对抗外来的少量强酸或少量强碱而保持溶液的 pH 几乎不变。现以 HAc-NaAc 溶液为例来说明缓冲溶液的作用原理。

在 HAc-NaAc 组成的缓冲溶液中，HAc 是弱电解质，本身在水中的解离度就很小。NaAc 完全解离为 Na^+ 和 Ac^-，并对 HAc 的解离产生同离子效应，从而抑制了 HAc 的解离，使 HAc 几乎完全以分子形式存在于溶液中，因此，溶液中存在大量的 HAc 和 Ac^-。

$$HAc（大量）+H_2O \Longleftrightarrow H_3O^+ + Ac^-（大量）$$

当向溶液中加入少量强酸时，Ac^- 接受 H_3O^+ 生成 HAc，消耗外加的 H_3O^+，使上述质子转移平衡左移，达到新平衡时，溶液中 H_3O^+ 浓度没有明显增大，溶液的 pH 基本保持不变；当向溶液中加少量强碱时，溶液中的 H_3O^+ 与外加的 OH^- 结合生成 H_2O，使上述质子转移平衡右移，HAc 进一步将质子传递给 H_2O，以补充消耗的 H_3O^+，达到新平衡时，溶液中 H_3O^+ 浓度不会明显减小，溶液的 pH 基本保持不变；当向溶液中加入少量水稀释时，由于 HAc 和 Ac^- 浓度同时减小，质子转移平衡基本不移动，因此，溶液的 pH 同样基本保持不变。

共轭碱 Ac^- 发挥了抵抗少量外来强酸的作用，称为缓冲溶液的抗酸成分；共轭酸 HAc 发挥了抵抗少量外来强碱的作用，称为缓冲溶液的抗碱成分。由此可见，缓冲溶液的缓冲作用是通过共轭酸碱对之间的质子转移平衡移动来实现的。

需要注意的是，缓冲溶液的缓冲能力是有一定限度的，如果向缓冲溶液中加入大量的强酸、强碱或显著稀释，缓冲溶液中的共轭酸、共轭碱将被消耗尽，缓冲溶液将失去缓冲能力。

3. 缓冲溶液的常见组成

缓冲溶液一般由具有足够浓度及适当比例的共轭酸碱对组成，这对共轭酸碱对合称为缓冲系或缓冲对。常见的缓冲对主要有以下三种类型：

① 弱酸及其共轭碱：例如 HAc-NaAc、HCN-NaCN。

② 弱碱及其共轭酸：例如 $NH_3 \cdot H_2O - NH_4Cl$。

③ 两性物质及其对应的共轭酸或碱：例如 $H_3PO_4 - NaH_2PO_4$、$NaH_2PO_4 - Na_2HPO_4$。

4. 缓冲溶液 pH 的计算

每种缓冲溶液都有一定的 pH，虽然其 pH 相对比较稳定，但精确地计算出其 pH 也是十分必要的。现以弱酸 HA 及其共轭碱 A^- 组成的缓冲溶液为例计算 pH，HA 和 A^- 之间存在以下质子传递平衡：

$$HA + H_2O \Longleftrightarrow H_3O^+ + A^-$$

$$K_a = \frac{[H_3O^+][A^-]}{[HA]}$$

$$[H_3O^+] = K_a \times \frac{[HA]}{[A^-]}$$

两边取负对数得

$$pH=pK_a+lg\frac{[A^-]}{[HA]}=pK_a+lg\frac{[共轭碱]}{[共轭酸]}$$

这就是缓冲溶液 pH 的计算公式，又称为缓冲公式。在缓冲溶液中，$[A^-]$ 与 $[HA]$ 为共轭酸碱对的平衡浓度。由于同离子效应的影响，可近似地认为 $[HA]=c_{HA}$，$[A^-]=c_{A^-}$，$\frac{c_{A^-}}{c_{HA}}$ 称为缓冲比。由上式可得

$$pH=pK_a+lg\frac{c_{A^-}}{c_{HA}}$$

根据缓冲公式可知：

① 缓冲溶液的 pH 主要取决于缓冲体系中弱酸的 pK_a 或弱碱的 pK_b，其次是缓冲比。

② 对于由同一缓冲对组成的不同浓度的缓冲溶液，由于 K_a 相同，故缓冲溶液的 pH 只取决于缓冲比。若缓冲比等于 1，则 $pH=pK_a$。

③ 当加入少量水稀释时，溶液中 HA 和 A^- 的浓度都有所降低，但比值不变，所以少量稀释时，溶液的 pH 基本不变。若过分稀释，共轭酸碱的浓度太小，缓冲溶液将丧失缓冲能力。

【例 4－2】 某缓冲溶液含有 $0.10\ mol \cdot L^{-1}$ HAc 和 $0.15\ mol \cdot L^{-1}$ NaAc，此时 pH 为多少？（已知 HAc 的 $pK_a=4.75$）

解：根据缓冲公式计算得

$$pH=pK_a+lg\frac{c_{A^-}}{c_{HA}}=4.75+lg\frac{0.15}{0.10}=4.92$$

此时溶液的 pH 为 4.92。

【例 4－3】 设缓冲溶液的组成是 $1.0\ mol \cdot L^{-1}$ 的 NH_3 和 $1.0\ mol \cdot L^{-1}$ 的 NH_4Cl，试计算缓冲溶液的 pH。（已知 NH_3 的 $K_b=10^{-4.74}$）

解：已知 NH_3 的 $K_b=10^{-4.74}$，则 NH_4^+ 的 K_a 为

$$K_a=\frac{K_w}{K_b}=\frac{10^{-14}}{10^{-4.74}}=10^{-9.26}$$

$$pH=pK_a+lg\frac{c_{A^-}}{c_{HA}}=9.26+lg\frac{1.0}{1.0}=9.26$$

一般而言，缓冲溶液的缓冲能力是有限的。一旦超过限度，溶液的 pH 将发生显著改变。缓冲溶液的缓冲能力取决于缓冲溶液总浓度（$[HA]+[A^-]$）和缓冲比两个因素。当缓冲比 $\frac{c_{A^-}}{c_{HA}}$ 一定时，总浓度愈大，抗酸、抗碱成分愈多，缓冲能力也就愈强；总浓度愈小，缓冲能力就愈弱。当总浓度一定时，缓冲比愈接近 1，缓冲能力就越强；缓冲比愈偏离 1，缓冲能力就越弱。

实验和计算表明，当缓冲溶液的总浓度一定时，缓冲比一般控制在 0.1～10，也就是

缓冲溶液的 $pH=pK_a\pm1$ 或 $pH=14-(pK_b\pm1)$，溶液有较理想的缓冲效果。超出这个范围，可认为缓冲溶液已基本丧失了缓冲能力。因此，通常把缓冲溶液的 $pH=pK_a\pm1$ 作为缓冲作用的有效区间，称为缓冲溶液的缓冲范围。缓冲溶液的缓冲作用有一定限度，可以用缓冲容量来衡量。缓冲容量是指为使 1 L 缓冲溶液的 pH 增加或减小一个单位所需的强碱或强酸的量。缓冲容量与缓冲体系中两组分的总浓度比及二者浓度比有关。总浓度越大，浓度比越接近 1，缓冲容量越大。

5. 缓冲溶液的选择与配制

实际工作中需要配制具有足够缓冲能力的缓冲溶液，可按照下列步骤配制：

（1）选择合适的缓冲对

为保证配制的缓冲溶液具有较大的缓冲容量，缓冲溶液的 pH 应在所选缓冲对的缓冲范围（$pK_a\pm1$）内，并尽量接近缓冲对中共轭酸的 pK_a。例如要配制 pH 为 4.5 的缓冲溶液，因为 HAc 的 $pK_a=4.75$，因此可选取 HAc-NaAc 缓冲对。

（2）总浓度要适当

为使缓冲溶液具有较大的缓冲能力，缓冲溶液要有一定的总浓度。在实际工作中，缓冲溶液的总浓度一般控制在 $0.05\sim0.5\ mol\cdot L^{-1}$ 范围内。浓度太低，缓冲能力不够；浓度过高，则会引起试剂的浪费。

（3）计算所需缓冲对的量

缓冲对与总浓度确定之后，可根据缓冲溶液 pH 计算公式计算所需共轭酸及共轭碱的量。为了使缓冲溶液具有较大的缓冲能力，尽量使缓冲比接近 1。为操作方便，配制缓冲溶液常使用相同浓度的共轭酸、共轭碱溶液，只需取不同体积混合即可。

（4）校正

按以上方法配制的缓冲溶液，由于通常不考虑离子强度等因素的影响，其实际 pH 与计算值会有差异，需要用精密 pH 试纸或 pH 计对配制的缓冲溶液进行校正。

【例 4-4】 如何配制 100 mL pH 为 5.0 的缓冲溶液？

解：① 选择缓冲对。

因 HAc 的 $pK_a=4.75$，与所配制缓冲溶液的 pH 相近，可选择 HAc-NaAc 缓冲对。则 $V_{HAc}+V_{NaAc}=100\ mL$。

② 计算所需共轭酸和共轭碱的体积。

为操作方便，选择组成缓冲对的两溶液浓度相等，均为 $0.10\ mol\cdot L^{-1}$，设需 HAc 溶液体积为 V_{HAc}，NaAc 溶液体积为 $(100-V_{HAc})$。则：

$$pH=pK_a+\lg\frac{c_{Ac^-}}{c_{HAc}}=pK_a+\lg\frac{V_{Ac^-}}{V_{HAc}}$$

$$5.00=4.75+\lg\frac{100-V_{HAc}}{V_{HAc}}$$

$$V_{HAc} = 36 \text{ mL}, \quad V_{NaAc} = 100 - 36 = 64 \text{（mL）}$$

故将 64 mL 0.10 mol·L^{-1} 的 NaAc 溶液与 36 mL 0.1 mol·L^{-1} HAc 溶液混合，就可配成约 100 mL pH＝5.00 的缓冲溶液。

③ 如有需要，再利用相应方法进行校正。

常用 pH 缓冲溶液及其配制方法见表 4-5。

表 4-5　常用 pH 缓冲溶液

pH	推荐使用缓冲溶液	配制方法
pH＝5～6（弱酸性介质）	HAc - NaAc 缓冲溶液	取无水 NaAc 83 g 溶于水中，加冰醋酸 60 mL，稀释至 1 L
pH＝8～10（弱碱性介质）	NH$_3$ - NH$_4$Cl 缓冲溶液	取 NH$_4$Cl 54 g 溶于水中，加浓氨水 63 mL，稀释至 1 L

注：① 缓冲溶液配制后可用 pH 试纸检查。如 pH 不对，可用其共轭酸或碱调节。欲精确调节 pH 时，可用 pH 计测定。② 若需增加或减少缓冲溶液的缓冲容量，可相应增加或减少共轭酸碱对的物质的量，再调节其 pH。

6. 缓冲溶液的作用

分析检验中，在配位滴定法和分光光度法等许多反应中都要求溶液的 pH 保持在一定范围内，以保证指示剂的变色和显色剂的显色等。这些条件都是通过加入一定量的缓冲溶液达到的，所以缓冲溶液是分析检验中经常使用的一种试剂。

在配位滴定过程中，随着配合物的生成，不断有 H$^+$ 释出，即

$$M^{n+} + H_2Y^{2-} \rightleftharpoons MY^{n-4} + 2H^+$$

酸度的改变可能产生酸效应，降低主反应的完全程度，另外还可能影响金属指示剂的变色点和自身颜色，致使终点误差增大，甚至不能准确滴定，因此配位滴定中常加入缓冲溶液以控制酸度的稳定。

在弱酸性溶液（pH＝5～6）中滴定，常使用醋酸缓冲溶液或六亚甲基四胺缓冲溶液；在弱碱性溶液（pH＝8～10）中滴定，常采用氨性缓冲溶液。在强酸中滴定（如 pH＝1.0 时滴定 Bi^{3+}）或强碱中滴定（如 pH＝13.0 时滴定 Ca^{2+}）时，通常加入强酸或强碱（具有一定的缓冲作用）来控制酸度。在选择缓冲溶液时，不仅要考虑缓冲溶液的 pH 范围，还要考虑缓冲溶液是否会引起金属离子与配位剂的副反应而影响主反应的进程。例如，在 pH＝5.0 时，用 EDTA 滴定 Pb^{2+}，通常不用醋酸缓冲溶液，因为 Ac$^-$ 会与 Pb^{2+} 配位，降低 PbY 的条件稳定常数，而采用六次甲基四胺缓冲溶液。此外，所选的缓冲溶液还必须有足够的缓冲容量才能维持溶液酸度基本不变。

三、提高配位滴定选择性的方法

EDTA 配位能力强，能与许多金属离子形成配合物，在实际工作中遇到的分析试液常存在几种金属离子，用 EDTA 滴定时可能会相互干扰。因此，提高配位滴定的选择性，成为配位滴定中要解决的重要问题。提高配位滴定的选择性，就要设法消除共存离子的干

扰，以便准确滴定待测金属离子。

1. 准确滴定的条件

根据滴定分析的一般要求，滴定误差约为 0.1 %。假设计量点时金属离子和 EDTA 的原始浓度均为 0.010 mol·L^{-1}，金属离子基本上都被配位成 MY，即 [MY] ≈ 0.01 mol·L^{-1}，此时，游离的金属离子浓度为

$$[M] = [Y] \leqslant 0.1\% \times 0.010 = 10^{-5} \ (mol \cdot L^{-1})$$

故

$$K'_{MY} = \frac{[MY]}{[M'][Y']} = \frac{0.01}{10^{-5} \times 10^{-5}} = 10^8$$

即

$$\lg K'_{MY} \geqslant 8$$

这就是说，K'_{MY} 必须大于或等于 10^8 才能获得准确滴定结果。这是准确滴定单一金属离子应满足的条件。

2. 酸度控制

（1）滴定金属离子的最低 pH（最高酸度）和酸效应曲线

假设滴定过程中除 EDTA 酸效应外，不存在其他副反应，则根据单一离子准确滴定的判别式，当被测金属离子的浓度为 0.010 00 mol·L^{-1} 时：

$$\lg K'_{MY} = \lg K_{MY} - \lg \alpha_{Y(H)} \geqslant 8$$

即

$$\lg \alpha_{Y(H)} \leqslant \lg K_{MY} - 8$$

将各种金属离子的 $\lg K_{MY}$ 代入上式，即可求出对应的最大 $\lg \alpha_{Y(H)}$ 值，再从表 4-3 查得与其对应的 pH，即为滴定某一金属离子时所允许的最低 pH。

【例 4-5】 用 0.02 mol·L^{-1} EDTA 滴定 0.02 mol·L^{-1} 的 Zn^{2+} 溶液，则滴定时所允许的最低 pH 是多少？

解：查表 4-2 得 $\lg K_{ZnY} = 16.50$，根据最低 pH 的公式得

$$\lg \alpha_{Y(H)} \leqslant \lg K_{MY} - 8 = 16.50 - 8 = 8.5$$

查表 4-3 可知，$\lg \alpha_{Y(H)} = 8.5$ 时，pH = 4.0。

可见，pH = 4.0 是滴定 Zn^{2+} 所允许的最低 pH，只有溶液的 pH 大于 4.0，才能在允许误差范围内准确滴定 Zn^{2+}。

用同样的方法可以计算出准确滴定各种金属离子时所允许的最低 pH，部分金属离子被 EDTA 滴定的最低 pH 见表 4-6。

表 4-6 部分金属离子被 EDTA 滴定的最低 pH

金属离子	$\lg K_{MY}$	最低 pH	金属离子	$\lg K_{MY}$	最低 pH
Mg^{2+}	8.69	约 9.7	Pb^{2+}	18.04	约 3.2
Ca^{2+}	10.69	约 7.5	Ni^{2+}	18.62	约 3.0
Mn^{2+}	13.87	约 5.2	Cu^{2+}	18.80	约 2.9
Fe^{2+}	14.32	约 5.0	Hg^{2+}	21.80	约 1.9
Al^{3+}	16.30	约 4.2	Sn^{2+}	22.12	约 1.7
Co^{2+}	16.31	约 4.0	Cr^{3+}	23.40	约 1.4
Cd^{2+}	16.46	约 3.9	Fe^{3+}	25.10	约 1.1
Zn^{2+}	16.50	约 3.9	ZrO^{2+}	29.50	约 0.4

以最低 pH 为纵坐标，对应的 $\lg K_{MY}$ 或 $\lg \alpha_{Y(H)}$ 为横坐标绘成曲线，即为 EDTA 的酸效应曲线（又称林邦曲线），如图 4-6 所示。

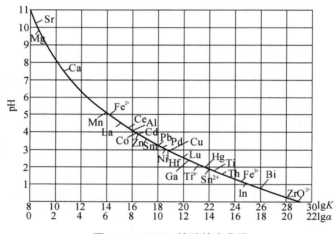

图 4-6 EDTA 的酸效应曲线

利用酸效应曲线不仅可找出单独滴定某种金属离子时所允许的最低 pH，还可以判断混合离子中哪些离子在一定 pH 范围内有干扰，控制溶液酸度进行连续滴定。此外，酸效应曲线还可作为 $\lg \alpha_{Y(H)}$-pH 曲线使用。

必须注意，酸效应曲线是在一定条件下得出的，酸效应曲线只适用于 M 和 EDTA 浓度为 $0.01 \ mol \cdot L^{-1}$ 的情况，只考虑了酸度对 EDTA 的影响，没有考虑酸度对金属离子和 MY 的影响，更没考虑其他配体存在的影响，因此它是粗糙的，只能提供参考。实际分析中，合适的酸度选择应结合实验来确定。

（2）滴定金属离子的最高 pH（最低酸度）

随着 pH 升高，EDTA 的酸效应减弱，条件稳定常数增大，滴定反应的完全程度增大。但 pH 增高至某一特定值时，金属离子发生水解，甚至生成 $M(OH)_n$。滴定反应不能准确进行。因此，还要考虑滴定时金属离子不发生水解的最低酸度。把金属离子开始生成氢氧化物沉淀时的酸度称为最低酸度。最低酸度可利用氢氧化物的溶度积求得。

实际测定某金属离子时，应将 pH 控制在大于允许的最低 pH 且金属离子又不发生水解的范围之内，可使配位滴定进行得更完全。

【例 4 - 6】 试计算用 $0.010\,00\ \text{mol} \cdot \text{L}^{-1}$ EDTA 标准溶液滴定同浓度 Fe^{3+} 溶液的最高 pH 和最低 pH。（$K_{\text{sp,Fe(OH)}_3} = 3.5 \times 10^{-38}$）

解：查表 4 - 6，Fe^{3+} 被 EDTA 滴定的最低 pH 约为 1.1。

$$K_{\text{sp,Fe(OH)}_3} = [Fe^{3+}][OH^-]^3 = 3.5 \times 10^{-38}$$

$$[OH^-] = \sqrt[3]{\frac{3.5 \times 10^{-38}}{[Fe^{3+}]}} = \sqrt[3]{\frac{3.5 \times 10^{-38}}{10^{-2}}} = 1.5 \times 10^{-12}$$

$$pOH = 11.8，pH = 2.2（最高 pH）$$

因此，用 $0.010\,00\ \text{mol} \cdot \text{L}^{-1}$ EDTA 标准溶液滴定同浓度的 Fe^{3+} 溶液适宜的 pH 范围是 1.1～2.2。

实际滴定时除了要从 EDTA 的酸效应和金属离子的水解效应方面来考虑配位滴定的适宜酸度范围外，还需考虑指示剂的颜色变化对 pH 的要求。

（3）两种离子 M、N 共存时的滴定条件

不同的金属离子和 EDTA 形成的配合物稳定常数是不相同的，因此在滴定时所允许的最小 pH 也不同。若溶液中同时存在两种或两种以上金属离子，它们与 EDTA 形成的配合物稳定常数又相差足够大，则控制溶液的酸度，使其满足某一离子允许的最小 pH，但又不会使该离子发生水解而析出沉淀，此时就只能有一种离子与 EDTA 形成稳定的配合物，而其他离子不与 EDTA 发生配位反应，这样就可以避免干扰。

设溶液中有 M 和 N 两种金属离子，它们均可与 EDTA 形成配合物，但稳定常数 $K_{\text{MY}} > K_{\text{NY}}$。对于有干扰离子共存的配位滴定，通常允许有 $\leqslant \pm 0.5\%$ 的相对误差，当 $c_{\text{M}} = c_{\text{N}}$，而且用指示剂检测终点时与化学计量点二者 $\Delta pM \approx 0.3$。经计算推导，可得出要准确滴定 M，而 N 不干扰，就要满足下列条件：

$$\Delta \lg K \geqslant 5$$

一般以此作为判断能否利用控制酸度进行分别滴定的条件。

3. 掩蔽和解蔽的方法

当样品溶液中有其他金属离子 N 时，由于 N 与 Y 发生副反应，N 离子降低了条件稳定常数 K'_{MY}，给 M 离子的滴定带来了误差，有时 N 离子还对指示剂有封闭作用。在这种情况下，通常加入掩蔽剂，可在干扰离子 N 存在的条件下选择性地滴定 M 离子。常用的掩蔽方法有配位掩蔽法、沉淀掩蔽法和氧化还原掩蔽法。

（1）配位掩蔽法

配位掩蔽法是使用配位剂与干扰离子 N 形成稳定的配合物以降低溶液中游离 N 的浓

度，从而使 M 的滴定不受 N 的干扰。配位掩蔽法是实际应用最为广泛的掩蔽法。

例如，在滴定 Mg^{2+} 时，用铬黑 T 作指示剂，若溶液中同时存在 Fe^{3+}，因其对铬黑 T 的封闭作用会干扰 Mg^{2+} 的滴定，故可在滴定前先加入少量的三乙醇胺以掩蔽 Fe^{3+}。

（2）沉淀掩蔽法

加入沉淀剂，使干扰离子 N 生成沉淀，从而降低其浓度，在不分离沉淀的情况下，直接进行滴定。

例如，在有 Ca^{2+}、Mg^{2+} 的样品中滴定 Ca^{2+}，这时，Mg^{2+} 会产生干扰。若选择强碱溶液（pH＝12～13）进行滴定，Mg^{2+} 就会生成 $Mg(OH)_2$ 沉淀，这样 Mg^{2+} 就不会干扰 Ca^{2+} 的滴定。当 Ba^{2+} 与 Sr^{2+} 共存时，可用 K_2CrO_4 掩蔽 Ba^{2+}；当 Pb^{2+} 与其他离子共存时，可用 H_2SO_4 掩蔽 Pb^{2+} 等。沉淀反应往往进行得不够完全，且有共沉淀及吸附等现象，所以沉淀掩蔽法不是一种理想的方法。

（3）氧化还原掩蔽法

加入一种氧化剂或还原剂与干扰离子 N 发生氧化还原反应，改变干扰离子的价态，从而达到消除干扰的目的。

例如，在滴定 Bi^{3+} 时，若同时存在 Fe^{3+} 就会产生干扰，若加入维生素 C 等还原剂使 Fe^{3+} 变成 Fe^{2+}，就不会再对滴定产生干扰。

（4）利用解蔽方法提高选择性

将一些离子掩蔽，对某种离子进行滴定以后，使用一种试剂（解蔽剂）以破坏这些被掩蔽的离子与掩蔽剂生成的配合物，使该种离子从配合物中释放出来，这种作用称为解蔽。利用某些选择性的解蔽剂，也可提高配位滴定的选择性。

例如，用配位滴定法测定 Zn^{2+} 和 Pb^{2+}，可在氨性溶液中加 KCN 掩蔽 Zn^{2+}，以铬黑 T 为指示剂，在 pH＝10 时，用 EDTA 滴定 Pb^{2+}。然后加入甲醛或三氯乙醛破坏 $[Zn(CN)_4]^{2-}$ 后，再用 EDTA 滴定 Zn^{2+}。甲醛、三氯乙醛即为解蔽剂。

4. 其他提高配位选择性的方法

（1）预先分离

若用控制溶液酸度和使用掩蔽剂等方法都不能消除共存离子的干扰，只有预先将干扰离子分离出来，然后再滴定被测离子。

根据干扰离子和被测离子性质选择分离的方法。如磷矿石溶解后的溶液中，一般含有 Fe^{3+}、Al^{3+}、Ca^{2+}、Mg^{2+}、F^- 和 PO_4^{3-}，如果要用 EDTA 滴定其中的金属离子，则 F^- 会有严重干扰，因为它能与 Fe^{3+}、Al^{3+} 生成稳定的配合物，酸度小时又能与 Ca^{2+} 生成 CaF_2 沉淀。因此，在滴定前必须预先加酸并加热，使生成的 HF 挥发除去。

如果在测定中必须进行沉淀分离，应注意分离使待测组分损失的问题。对于含量少的待测组分，一般不允许先沉淀分离大量的干扰组分再进行测定。另外，应选用能同时沉淀多种干扰离子的试剂来进行分离，以简化分离操作。

（2）选用其他滴定剂

氨羧配位剂的种类很多，除 EDTA 外，还有 CYDTA（环己烷二胺四乙酸）、EDTP（乙二胺四丙酸）、TTHA（三乙烯四胺六乙酸）、EGTA（乙二醇二乙醚二胺四乙酸）等。它们与金属离子形成的配合物的稳定性各有特点，可以选择不同的配位剂进行滴定，以提高滴定的选择性。

例如，EGTA 与 Ca^{2+}、Mg^{2+} 形成的配合物的稳定性相差很大（$\lg K$ 分别为 10.97 和 5.21），可以在 Ca^{2+}、Mg^{2+} 共存时直接滴定 Ca^{2+}；而 EDTA 必须在 Mg^{2+} 转化成 $Mg(OH)_2$ 沉淀后才能滴定 Ca^{2+}。

又如，用 CYDTA 滴定 Al^{3+} 时，配位速度快，可省去 EDTA 滴定 Al^{3+} 的加热过程。

四、金属指示剂

在配位滴定中，通常利用一种能与金属离子生成有色配合物的显色剂来指示滴定过程中金属离子浓度的变化，这种显色剂称为金属离子指示剂，简称金属指示剂。

1. 金属指示剂的作用原理

金属指示剂是一种有机染料，也是一种配位剂，能与某些金属离子反应，生成与其本身颜色显著不同的配合物以指示终点。

在滴定前加入金属指示剂（用 In 表示金属指示剂的配位基团），这时溶液呈 MIn 的颜色（乙色），In 与待测金属离子 M 有如下反应（省略电荷）：

$$M + In \rightleftharpoons MIn$$
$$\text{甲色} \qquad \text{乙色}$$

滴入 EDTA 溶液后，Y 先与游离的 M 结合。至化学计量点附近，由于 MIn 不及 MY 稳定，故终点时 Y 夺取 MIn 中的 M，使指示剂 In 游离出来，溶液由乙色变为甲色，指示滴定终点的到达。

$$MIn + Y \rightleftharpoons MY + In$$
$$\text{乙色} \qquad\qquad \text{甲色}$$

现以铬黑 T 为指示剂，在 pH＝10 的条件下，用 EDTA 滴定 Mg^{2+} 为例，金属指示剂变色过程为

$$Mg^{2+} \xrightarrow{HIn} \frac{Mg^{2+}}{MgIn} \xrightarrow{Y} \frac{MgY}{MgIn} \xrightarrow{Y} \frac{MgY}{HIn}$$
$$\text{无色} \quad \text{酒红色} \quad \text{酒红色} \quad \text{纯蓝色}$$

滴定开始前加入指示剂铬黑 T，溶液中有大量的 Mg^{2+}，则铬黑 T 与溶液中部分 Mg^{2+} 反应，此时溶液呈 Mg^{2+}-铬黑 T（MgIn）的酒红色。随着 EDTA 的加入，EDTA 逐渐与 Mg^{2+} 反应，在化学计量点附近，Mg^{2+} 的浓度降至很低，加入的 EDTA 进而夺取了 Mg^{2+}-铬黑 T（MgIn）中的 Mg^{2+}，使铬黑 T 游离出来，此时溶液呈现出 HIn 的蓝色，指

示滴定终点到达。

2. 金属指示剂应具备的条件

作为金属指示剂必须具备以下条件：

① 在滴定的 pH 范围内，指示剂本身的颜色与它和金属离子形成配合物的颜色应有显著区别。

② 显色反应灵敏、迅速，有良好的可逆性，有一定的选择性。

③ 金属离子与指示剂形成的配合物稳定性要适当。如果稳定性太低，就会使终点提前，而且变色不敏锐；如果稳定性太高，就会使终点拖后，而且有可能使 EDTA 不能夺取 MIn 中的 M，从而看不到终点。通常要求 $\lg K'_{MY} \geqslant 5$。

指示剂配合物 MIn 的稳定性小于 EDTA 配合物 MY 的稳定性，二者之差为 $\lg K'_{MY} - \lg K'_{MIn} \geqslant 2$。

④ 指示剂与金属离子形成的配合物易溶于水，不易变质，便于贮藏和使用。

3. 金属指示剂使用中存在的问题

（1）指示剂的封闭现象

有时指示剂与某些金属离子生成很稳定的配合物 MIn，在滴定中，到达计量点后，过量的 EDTA 不能夺取显色配合物 MIn 中的金属离子，看不到终点颜色的变化，这种现象称为指示剂的封闭现象。

产生指示剂封闭现象的原因，可能是溶液中共存的金属离子 N 与指示剂形成的配合物的稳定性高于相应的配合物 NY。如在 pH＝10，以铬黑 T 作为指示剂滴定 Mg^{2+} 时，溶液中共存的 Al^{3+}、Fe^{3+}、Cu^{2+}、Co^{2+}、Ni^{2+} 对铬黑 T 有封闭作用，此时加入三乙醇胺（掩蔽 Al^{3+}、Fe^{3+}）和 KCN（掩蔽 Cu^{2+}、Co^{2+}、Ni^{2+}）可以消除干扰。

也有可能是由被滴定离子本身引起的，它与指示剂形成配合物的颜色变化为不可逆过程。这时，可用返滴定法予以消除。例如，Al^{3+} 对二甲酚橙有封闭作用，测定 Al^{3+} 时可先加入过量 EDTA 标准滴定溶液，于 pH＝3.5 时煮沸，使 Al^{3+} 与 EDTA 完全配位后，再调节 pH 为 5.0～6.0，加入二甲酚橙，用 Zn^{2+} 或 Pb^{2+} 标准溶液返滴定。

（2）指示剂的僵化现象

有时金属离子与指示剂生成难溶性显色配合物，在终点时，MIn 与 EDTA 的置换反应缓慢，使终点延长，这种现象称为指示剂的僵化现象。

产生僵化现象的原因可能是指示剂与金属离子形成配合物的溶解度很小，使滴定终点的颜色变化不明显；也可能是指示剂与金属离子形成配合物的稳定性只稍差于对应的 MY 配合物，以致 EDTA 与 MIn 之间的置换缓慢，终点拖长。

解决的办法是加入有机溶剂或加热，以增加其溶解度和加快置换速度。例如，用吡啶偶氮萘酚（PAN）作指示剂时可加入少量甲醇或乙醇，或将溶液加热，以加快置换反应速率，使指示剂变色明显。

（3）指示剂的氧化变质现象

金属指示剂大多是含有许多双键的有机化合物，易被日光、空气、氧化剂所氧化；有些在水溶液中不稳定，日久会聚合变质。如铬黑 T 的水溶液易氧化和聚合，可用含有还原剂盐酸羟胺的乙醇溶液配制，或用阻聚剂三乙醇胺配制。固体铬黑 T 比较稳定，但不易控制用量，常以固体氯化钠作稀释剂按质量比 1∶100 配成固体混合物。

4. 常用的金属指示剂

一些常用金属指示剂的主要使用情况见表 4-7。

表 4-7　常用的金属指示剂

指示剂名称	适用 pH 范围	直接滴定的离子	颜色变化		配制方法
			In	MIn	
铬黑 T (EBT)	8~11	pH = 10，Mg^{2+}、Zn^{2+}、Ca^{2+}、Pb^{2+} 等	蓝	红	1∶100（质量比）氯化钠（固体）研磨
二甲酚橙 (XO)	<6.3	pH=1~3，Bi^{3+} pH=5~6，Zn^{2+}、Ca^{2+}、Pb^{2+}、Hg^{2+} 及稀土等	亮黄	红紫	0.2%水溶液
钙指示剂 (NN)	12~12.5	Ca^{2+}	蓝	红	1∶100（质量比）氯化钠（固体）研磨
吡啶偶氮萘酚 (PAN)	2~12	pH=2~3，Bi^{3+} pH=4~5，Cu^{2+}、Ni^{2+} pH = 5 ~ 6，Cu^{2+}、Cd^{2+}、Pb^{2+}、Zn^{2+}、Sn^{2+} pH=10，Cu^{2+}、Zn^{2+}	黄	红	0.1%乙醇溶液
磺基水杨酸	1.5~2.5	pH=1.5~3，Fe^{2+}	淡黄	紫红	10~20 g·L^{-1}水溶液
K-B 指示剂	8~13	pH=10，Mg^{2+}、Zn^{2+} pH=13，Ca^{2+}	蓝	红	100 g 酸性铬蓝 K 与 2.5 g 萘酚绿 B 和 50 g KNO_3 混合研磨

五、EDTA 标准溶液的配制与标定

EDTA 常因吸附约 0.3% 的水分和含有少量杂质而不能用作基准物质，因此实验室中使用的标准溶液一般采用间接法配制，通常需要先把 EDTA 配成所需要的大概浓度，然后用基准物质标定。

1. EDTA 标准溶液的配制

常用的 EDTA 标准溶液的浓度为 0.01~0.05 mol·L^{-1}。配制时，称取一定量 EDTA（$Na_2H_2Y·2H_2O$，$M_{Na_2H_2Y·2H_2O}=372.2$ g·mol^{-1}），按所需浓度和体积计算，用适量去离子水溶解（必要时可加热），溶解后稀释至所需体积，并充分混匀，冷却后移入聚乙烯瓶中，待标定。

配制好的 EDTA 溶液应贮存在聚乙烯塑料瓶或硬质玻璃瓶中。若贮存在软质玻璃瓶中，EDTA 会不断地溶解玻璃中的 Ca^{2+}、Mg^{2+} 等离子，形成配合物，使其浓度不断降低。

2. EDTA 标准溶液的标定

标定 EDTA 的基准物质有很多，如纯的金属有 Cu、Zn、Ni、Pb 等，要求其纯度在 99.9% 以上。在选用纯金属作基准物质时，金属表面如有氧化膜，会造成标定误差。应将氧化膜用细砂纸擦去，或用稀酸把氧化膜溶解，先用蒸馏水，再用乙酸或丙酮冲洗，在 105 ℃的烘箱中烘干，冷却后再称重。金属氧化物及其盐类也可以作为基准试剂，如 ZnO、$ZnSO_4 \cdot 7H_2O$、$CaCO_3$、MgO、$MgSO_4 \cdot 7H_2O$ 等。

为了使测定结果具有较高的准确度，标定的条件与测定的条件应尽量相同。在可能的情况下，最好选用被测元素的纯金属或化合物作为基准物质。这是因为：

① 不同的金属离子与 EDTA 反应的完全程度不同。

② 不同指示剂变色点不同。

③ 不同条件下溶液中共存离子干扰程度不同。

分析实践中常用以下两种方式标定 EDTA。

（1）以 ZnO 为基准物质标定 EDTA 溶液

① Zn^{2+} 标准溶液的配制。准确称取 0.35～0.5 g ZnO 基准物质于 150 mL 烧杯中，用数滴水润湿后，盖上表面皿，从烧杯嘴中滴加 10 mL 盐酸（1+1），待完全溶解后冲洗表面皿和烧杯内壁，定量转移至 250 mL 容量瓶中，加水稀释至刻度，摇匀，计算其准确浓度。

② EDTA 标准溶液的标定。用移液管移取 25.00 mL Zn^{2+} 标准溶液于 250 mL 锥形瓶中，加水 20 mL，加两滴二甲酚橙指示剂，然后滴加六次甲基四胺溶液直至溶液呈现稳定的紫红色，再多加 3 mL，用 EDTA 溶液滴至溶液由紫红色刚变为亮黄色即达到终点。

（2）以 $CaCO_3$ 为基准物质标定 EDTA 溶液

① 钙标准溶液的配制。准确称取 105～110 ℃干燥过的约 0.6 g $CaCO_3$ 于 150 mL 烧杯中，加水 50 mL，盖上表面皿，从烧杯嘴滴加 5 mL 盐酸（1+1），待 $CaCO_3$ 完全溶解后，加热近沸，冷却后淋洗表面皿，再定量转入 250 mL 容量瓶中，稀释、定容、摇匀。

② EDTA 标准溶液的标定。用移液管移取 25.00 mL 钙标准溶液于 400 mL 烧杯中，加水 150 mL，在搅拌下加入 10 mL 20% KOH 溶液和适量的钙黄绿素-百里酚酞混合指示剂，此时溶液应呈现绿色荧光，摇匀后用 EDTA 标准溶液滴至溶液的绿色荧光消失突变为紫红色即为终点。

3. 计算公式

EDTA 溶液的浓度 c_1（mol·L^{-1}）用下式计算：

$$c_1 = \frac{c_2 V_2}{V_1}$$

式中：c_2——标准溶液的浓度，mol·L^{-1}；

V_2——标准溶液的体积，mL；

V_1——标定中消耗的 EDTA 溶液体积，mL。

任务二 ▶ 水质钙和镁总量的测定

水硬度是水质的一个重要监测指标，通过监测可知其是否可用于工业生产及日常生活。例如，硬度高的水可使肥皂沉淀，使洗涤剂的效用大大降低；纺织工业上硬度过大的水使纺织物粗糙且难以染色；锅炉用水硬度大会使锅炉及换热器产生水垢而影响热效率，易堵塞管道引起锅炉爆炸事故；高硬度的水，有苦涩味，饮用后甚至影响胃肠功能；等等。所以水的硬度是衡量生活用水和工业用水水质的一项重要指标，尤其在工业用水使用中，测定水的硬度具有特定意义。

水的硬度指水中除碱金属外的全部金属离子浓度的总和。由于 Ca^{2+}、Mg^{2+} 含量远比其他金属离子含量高，所以水的硬度通常以 Ca^{2+}、Mg^{2+} 含量表示。因此，测水的硬度主要是测定水中 Ca^{2+}、Mg^{2+} 的含量。它们主要以碳酸氢盐、硫酸盐、氯化物等形式存在。

一、主要内容与适用范围

EDTA 滴定法适用于测定地下水和地表水中钙和镁的总量，不适用于含盐量高的水，诸如海水。测定的最低浓度为 0.05 mmol·L^{-1}。

二、测定原理

在 pH＝10 的条件下，用 EDTA 标准溶液配位滴定水中的钙和镁离子。铬黑 T 作指示剂，与钙和镁生成紫红或紫色溶液。滴定中，游离的钙和镁离子首先与 EDTA 反应，跟指示剂配位的钙和镁离子随后与 EDTA 反应，到达终点时溶液的颜色由紫色变为天蓝色。通过测定消耗 EDTA 的量来确定水的硬度。

水硬度的测定分为水的总硬度及钙镁硬度两种，前者测定 Ca、Mg 总量，后者则分别测定 Ca 和 Mg 的含量。

滴定时，Fe^{3+}、Al^{3+} 等干扰离子用三乙醇胺掩蔽，Cu^{2+}、Pb^{2+}、Zn^{2+} 等重金属离子可用 KCN、Na_2S 或巯基乙酸掩蔽。

三、测定试剂与仪器

1. 试剂

NH_3 - NH_4Cl 缓冲溶液（pH＝10）、铬黑 T（0.5 %）、氢氧化钠溶液（2 mol·L^{-1}）、Ca^{2+} 标准溶液（0.01 mol·L^{-1}）、EDTA 溶液（约 10 mmol·L^{-1}）、三乙醇胺等。

2. 仪器

硬质玻璃瓶（或聚乙烯容器）、酸式滴定管（50 mL）、移液管（50 mL）、锥形瓶（250 mL）、滤器（孔径 0.45 μm）等。

四、采样与样品

1. 采样

采集水样可用硬质玻璃瓶（或聚乙烯容器），采样前先将瓶洗净。采样时用水冲洗 3 次，再采集于瓶中。

采集自来水及有抽水设备的井水时，应先放水数分钟，使积留在水管中的杂质流出，然后将水样收集于瓶中。采集无抽水设备的井水或江、河、湖等地表水时，可将采样设备浸入水中，使采样瓶口位于水面下 20～30 cm，然后拉开瓶塞，使水进入瓶中。

2. 样品贮存

水样采集后（尽快送往实验室），应于 24 小时内完成测定。否则，每升水样中应加 2 mL 浓硝酸作保存剂（使 pH 降至 1.5 左右）。

五、测定步骤

1. 试样的制备

一般样品不需要预处理。如样品中存在大量微小颗粒物，需在采样后尽快用 0.45 μm 孔径滤器过滤。样品经过滤，可能有少量钙和镁被滤除。

试样中钙和镁总量超出 3.6×10^{-3} mol·L^{-1} 时，应稀释至低于此浓度，记录稀释因子 F。

如试样经过酸化保存，可用计算量的 2 mol·L^{-1} 的氢氧化钠溶液中和。计算结果时，应把样品或试样由于加酸或碱的稀释考虑在内。

2. 样品测定

用移液管吸取 50.0 mL（V_0）待测水样于 250 mL 锥形瓶中，加 pH＝10 的 NH$_3$-NH$_4$Cl 缓冲溶液 4 mL，加 3 滴铬黑 T 指示剂溶液，此时溶液呈紫红或紫色。为防止产生沉淀，应立即在不断振摇下，自滴定管加入 EDTA 溶液，开始滴定时速度宜稍快，接近终点时应稍慢，并充分振摇，最好每滴间隔 2～3 s，溶液的颜色由紫红或紫色逐渐转为蓝色，在最后一点紫的色调消失，刚出现天蓝色时即为终点，整个滴定过程应在 5 min 内完成。记录消耗 EDTA 溶液的体积（V_1）。

六、测定数据与处理

1. 钙和镁总量 c（mol·L^{-1}）的计算公式

$$c = \frac{c_1 V_1}{V_0}$$

式中：c——钙镁总量，mol·L^{-1}；

c_1——EDTA 标准溶液的浓度，mol·L^{-1}；

V_1——滴定消耗 EDTA 溶液的体积，mL；

V_0——水试样体积，mL。

2. 水样中钙和镁总硬度的计算公式

$$水的总硬度 = \frac{c_1 V_1}{V_0} \times M_{CaCO_3}$$

式中：c_1——EDTA 标准溶液的浓度，$mol \cdot L^{-1}$；

V_1——滴定消耗 EDTA 溶液的体积，mL；

V_0——水试样体积，mL。

$M_{CaCO_3} = 100.1 \ g \cdot mol^{-1}$。

如试样经过稀释，采用稀释因子 F 修正计算结果。

七、注意事项

① 配位滴定的测定条件与待测组分及指示剂的性质有关。为了消除系统误差，提高测定的准确度，在选择基准物质时应注意使标定条件与测定条件尽可能接近。例如，测定 Ca^{2+}、Mg^{2+} 用的 EDTA 最好用 $CaCO_3$ 标定。

② 如试样中铁离子浓度为 $30 \ mg \cdot L^{-1}$ 或以下，在滴定前加入数毫升三乙醇胺掩蔽，可使锌、铜、钴的干扰降至最低。

③ 试样如含正磷酸盐和碳酸盐，在滴定的 pH 条件下，可能使钙生成沉淀，一些有机物可能干扰测定。

④ 如上述干扰未能消除，或存在铝、钡、铅、锰等离子干扰，需改用原子吸收法测定。

八、水硬度标准

水的硬度是指水中钙、镁离子的浓度。常用水硬度标准见表 4-8。

表 4-8　常用水硬度标准

标准名称	水质总硬度（以 $CaCO_3$ 计）/ $(mg \cdot L^{-1})$
中国地下水质量国家标准	I 类≤150　II 类优质水≤300 III 类≤450　IV 类≤550　V 类>550
中国建设部生活饮用水水源水质标准	I 类≤350　II 类优质水≤450
中国生活饮用水国家标准	≤450
中国建设部饮用净水水质标准	≤300
中国建设部生活杂用水标准	≤450
中国建设部建筑给水排水设计规范	50～300
世界卫生组织饮用水水质准则	饮用水≤500　优质饮用水：50

续表

标准名称	水质总硬度（以 $CaCO_3$ 计）/（mg·L^{-1}）
日本生活饮用水标准	健康水：无硬度要求 舒适水：10～100 自来水：≤300
美国饮用水标准	饮用水：无硬度要求
欧盟饮用水标准	60

>>> 【拓展阅读】 许伐辰巴赫与配位滴定

配位滴定已有 100 多年的历史。最早的配位滴定是李比希推荐的 Ag^+ 与 CN^- 的配位反应，用于测定银或氰化物。

1945 年，瑞士化学家许伐辰巴赫与其同事以物理化学观点对氨三乙酸和乙二胺四乙酸以及它们的配合物进行了广泛的研究，测定了它们的离解常数和它们的金属配合物以后，才确定了利用它们的配位反应进行滴定分析的可靠的理论基础。同年，许伐辰巴赫等在瑞士化学学会中提出了一篇题为《酸、碱及配位剂》的报告，首先提出用氨羧配位剂作滴定剂测定了 Ca^{2+} 和 Mg^{2+}，引起了分析化学家们很大的兴趣。1946—1948 年，许伐辰巴赫和贝德曼相继发现紫脲酸铵和铬黑 T 可作为滴定钙和镁的指示剂，并提出金属指示剂的概念。此后，许多分析化学家从事这方面的研究工作，创立了现代滴定分析的一个分支——配位滴定。

>>> 【同步测试】

一、选择题

1. 水的硬度测定中，正确的测定条件包括 （ ）
    A. 总硬度：pH＝10，铬黑 T（BT 或 EBT）为指示剂
    B. 钙硬度：pH 大于等于 12，二甲酚橙（XO）为指示剂
    C. 钙硬度：调 pH 之前，可不加盐酸酸化并煮沸
    D. 水中微量钙离子可加三乙醇胺掩蔽

2. 在不同 pH 溶液中，EDTA 的主要存在形式不同。在何种 pH 下，EDTA 主要以 Y^{4-} 形式存在？ （ ）
    A. pH＝2　　　　B. pH＝4　　　　C. pH＝8　　　　D. pH＝11

3. EDTA 能与多种金属离子进行配位反应。在其多种存在形式中，以何种形式与金属离子形成的配合物最稳定 （ ）
    A. H_2Y^{2-}　　　　B. H_3Y^-　　　　C. H_4Y　　　　D. Y^{4-}

4. 测定 Fe^{3+} 所用指示剂为 　　　　　　　　　　　　　　　　　(　)

    A. 六亚甲基四胺 　　　　　　　　　　B. PAN

    C. 磺基水杨酸 　　　　　　　　　　　D. EDTA

5. 配位滴定终点所呈现的颜色是 　　　　　　　　　　　　　　　　(　)

    A. 游离金属指示剂的颜色

    B. EDTA 与待测金属离子形成配合物的颜色

    C. 金属指示剂与待测金属离子形成配合物的颜色

    D. 上述 A 与 C 项的混合色

6. 在 Fe^{3+}、Al^{3+}、Ca^{2+}、Mg^{2+} 的混合溶液中，用 EDTA 法测定 Ca^{2+}、Mg^{2+} 要消除 Fe^{3+}、Al^{3+} 的干扰，最有效可靠的方法是 　　　　　　　　(　)

    A. 沉淀掩蔽法 　　　　　　　　　　B. 配位掩蔽法

    C. 氧化还原掩蔽法 　　　　　　　　D. 控制溶液酸度法

7. 金属指示剂必须具备的主要条件是 $\lg K'_{MY} - \lg K'_{MIn} \geqslant$ 　　　　(　)

    A. 2 　　　　　　B. 100 　　　　　　C. 5 　　　　　　D. 6

8. 测定水质钙和镁总量时，用 NH_3-NH_4Cl 溶液调节 pH，用它作什么溶液？ (　)

    A. 缓冲溶液 　　　B. 酸性溶液 　　　C. 碱性溶液 　　　D. 中性溶液

9. 用 EDTA 滴定 Bi^{3+} 时，为消除少量 Fe^{3+} 的干扰，应加入的试剂是 　　(　)

    A. 氢氧化钠 　　　B. 抗坏血酸 　　　C. 三乙醇胺 　　　D. KCN

10. 用 EDTA 测定 Pb^{2+}、Ca^{2+}（$\lg K_{PbY} = 18.90$，$\lg K_{CaY} = 10.56$）混合液中的 Pb^{2+}，为消除 Ca^{2+} 的干扰，最简单可行的方法是 　　　　　　　　(　)

    A. 控制溶液酸度法 　　　　　　　　B. 络合掩蔽法

    C. 沉淀掩蔽法 　　　　　　　　　　D. 萃取分离法

二、判断题

1. 酸效应是影响配合物稳定性的主要因素之一。 　　　　　　　　　(　)

2. EDTA 标准溶液一般采用间接法进行配制。 　　　　　　　　　　(　)

3. 水中钙硬度和镁硬度的测定属于间接滴定法。 　　　　　　　　　(　)

4. 金属离子与 EDTA 形成的配合物 MY 的条件稳定常数越大，配合物越稳定。

    　　　　　　　　　　　　　　　　　　　　　　　　　　　　(　)

5. 测定水中钙硬度时，在调 pH 之前可不加盐酸酸化并煮沸。 　　　(　)

6. 用 EDTA 标准溶液测定水中钙镁总量时，以铬黑 T 为指示剂，溶液 pH 控制在 12。 　　　　　　　　　　　　　　　　　　　　　　　　　(　)

7. 测定钙硬度过程中，加入氢氧化钠过多时，钙硬度结果偏低；加入氢氧化钠量不足时，钙硬度结果偏高。 　　　　　　　　　　　　　　　　　(　)

8. 在配位滴定法中所用的 EDTA 标准溶液配制时所用的蒸馏水必须进行质量检查。

（　　）

9. 用 EDTA 标准溶液滴定某金属离子时，必须使溶液的 pH 高于允许的最低 pH。

（　　）

10. 标定 EDTA 标准溶液的浓度时，必须选用 XO 作指示剂。　　　　　　（　　）

11. 指示剂与金属离子形成的配合物要有足够的稳定性，如果稳定性太低终点就会拖后，如果稳定性太高终点就会提前。　　　　　　　　　　　（　　）

12. 指示剂的封闭现象就是指滴定终点的颜色变化不明显或终点拖长的现象。

（　　）

05

项目五 水质耗氧量的测定（氧化还原滴定法）

▶▶【知识目标】

1. 了解影响氧化还原的因素。
2. 熟悉等物质的量规则。
3. 熟悉氧化还原滴定法的原理。
4. 掌握氧化还原滴定标准溶液的配制和标定方法。
5. 掌握水质耗氧量的测定方法。

▶▶【能力目标】

1. 能够正确选用氧化还原指示剂。
2. 能够配制和标定氧化还原滴定标准溶液。
3. 能够正确预处理氧化还原滴定试样。
4. 能够利用氧化还原滴定法对水质耗氧量进行准确测定。
5. 能够准确、简明地记录实验原始数据。

▶▶【素质目标】

1. 培养学生环保意识和社会责任感。
2. 培养学生辩证思维中的对立统一思想。

▶▶【企业案例】

　　某地突降暴雨，为保障人民群众生命财产安全和河道防洪安全，经省防汛抗旱指挥部批准，紧急启用小滩坡蓄滞洪区，蓄滞洪量 7 亿 m^3。由于地表雨水携带污染物，极易通过包气带污染地下水，为了解雨水径流对地下水的影响情况及程度，市水务集团水质检测中心在调查分析与实验测定的基础上，对该地地下水受雨水径流的影响情况进行分析。主要测定 COD_{Mn}（化学耗氧量）、NH_3-N、总磷等关键污染物。水样的 COD 检测标准采用耗氧量的测定（高锰酸钾滴定法），分析检验人员根据检测要求完成水质耗氧量的分析检验任务。

任务一 ▶ 高锰酸钾标准溶液的配制与标定

一、氧化还原滴定法原理

氧化还原滴定法是以氧化还原反应为基础的滴定分析法。与酸碱滴定法和配位滴定法相比，氧化还原滴定法要复杂很多，因为氧化还原反应机理比较复杂，有些反应完全程度很高，但反应速率很慢，有的还伴随着副反应。因此，控制反应条件在氧化还原滴定中显得尤为重要。

氧化还原滴定是以氧化剂或还原剂作为标准溶液，据此分为高锰酸钾法、重铬酸钾法、碘量法、溴量法等多种滴定方法。

氧化还原滴定法应用广泛，既可直接测定本身具有氧化性或还原性的物质，也可间接测定能与氧化剂或还原剂发生定量反应的物质。测定对象可以是无机物，也可以是有机物。目前国家标准分析方法中，如环境水样中 COD 的测定、铁矿石中全铁的测定等方法都是氧化还原滴定法。

1. 电极电位

氧化剂和还原剂的强弱可用有关电对的标准电极电位来衡量。在氧化还原反应中，氧化剂获得电子由氧化型变为还原型，还原剂失去电子由还原型变为氧化型。由物质本身的氧化型和还原型组成的体系称为氧化还原电对。电对的电极电位越高，其氧化型的氧化能力就越强；反之，电对的电极电位越低，则其还原型的还原能力就越强。根据有关电对的电极电位，可判断氧化还原反应进行的方向、顺序和反应进行的程度。

氧化还原电对的电极电位可用能斯特方程表示。例如，下列电极反应

$$Ox（氧化态）+ ne^- \rightleftharpoons Red（还原态）$$

$$\varphi_{Ox/Red} = \varphi_{Ox/Red}^{\ominus} + \frac{0.059}{n} \lg \frac{c_{Ox}}{c_{Red}}$$

式中：$\varphi_{Ox/Red}$——电极电位；

$\varphi_{Ox/Red}^{\ominus}$——标准电极电位；

n——半反应中电子的转移数。

条件电极电位与标准电极电位不同，它是在一定介质条件下，氧化态和还原态的分析浓度均为 $1\ mol \cdot L^{-1}$ 或比值为 1 时的实际电位。条件电极电位是校正了各种外界因素影响后得到的电对的电极电位，反映了离子强度和各种副反应影响的总结果，只有在一定条件下，该电位值才是一个常数。对某一个氧化还原电对而言，标准电极电位只有一个，但在不同的介质条件下却有不同的条件电极电位。例如，$Cr_2O_7^{2-}/Cr^{3+}$ 电对的标准电极电位 $\varphi_{(Cr_2O_7^{2-}/Cr^{3+})}^{\ominus} = 1.33\ V$，而条件电极电位 $\varphi_{(Cr_2O_7^{2-}/Cr^{3+})}^{\ominus'}$ 却又是不同的数值，$Cr_2O_7^{2-}/Cr^{3+}$ 电对条件电极电位见表 5-1。

表 5 - 1 $Cr_2O_7^{2-}/Cr^{3+}$ 电对条件电极电位

介质	$\varphi^{\ominus'}_{(Cr_2O_7^{2-}/Cr^{3+})}$/V
$0.1\ mol \cdot L^{-1}\ HCl$	0.93
$1.0\ mol \cdot L^{-1}\ HCl$	1.00
$0.1\ mol \cdot L^{-1}\ H_2SO_4$	0.90
$4.0\ mol \cdot L^{-1}\ H_2SO_4$	1.15
$0.1\ mol \cdot L^{-1}\ HClO_4$	0.84
$1.0\ mol \cdot L^{-1}\ HClO_4$	1.025

在进行氧化还原平衡计算时，应采用与给定介质条件相同的条件电极电位。若缺乏相同条件下的条件电极电位数值，可采用与介质条件相近的数据。对于没有相应条件电极电位的氧化还原电对，则采用标准电极电位。

2. 氧化还原反应的影响因素

（1）氧化还原反应的方向

氧化还原反应的方向可根据反应中两个电对的条件电极电位或标准电极电位的大小来确定。氧化剂可以氧化电位比它低的还原剂，还原剂可以还原电位比它高的氧化剂。当溶液的条件发生变化时，氧化还原电对的电位也将受到影响，从而可能影响氧化还原反应进行的方向。影响氧化还原反应方向的因素有氧化剂和还原剂的浓度、溶液的酸度、生成沉淀和形成配合物等。

（2）氧化还原反应进行的顺序

在分析工作的实践中，经常会遇到溶液中含有不止一种氧化剂或不止一种还原剂的情形。例如，用重铬酸钾法测定 Fe^{3+} 时，通常先用 $SnCl_2$ 还原 Fe^{3+} 为 Fe^{2+}。为了使 Fe^{3+} 还原完全，必须加入过量的 Sn^{2+}。因此，溶液中就有 Sn^{2+} 和 Fe^{2+} 两种还原剂存在，若用 $K_2Cr_2O_7$ 标准溶液滴定该溶液，由下列标准电极电势可得

$$\varphi^{\ominus}_{(Cr_2O_7^{2-}/Cr^{3+})}=1.33\ V$$

$$\varphi^{\ominus}_{(Fe^{3+}/Fe^{2+})}=0.77\ V$$

$$\varphi^{\ominus}_{(Sn^{4+}/Sn^{2+})}=0.15\ V$$

$Cr_2O_7^{2-}$ 是其中最强的氧化剂，Sn^{2+} 是最强的还原剂。滴加的 $Cr_2O_7^{2-}$ 首先氧化 Sn^{2+}，只有将 Sn^{2+} 完全氧化后才氧化 Fe^{2+}。因此，在用 $K_2Cr_2O_7$ 标准溶液滴定 Fe^{2+} 前，应先将多余的 Sn^{2+} 除去。

当溶液中同时含有几种还原剂时，若加入氧化剂，则首先与溶液中最强的还原剂作用。同样，溶液中同时含有几种氧化剂时，若加入还原剂，则首先与溶液中最强的氧化剂作用。即在适当的条件下，在所有可能发生的氧化还原反应中，标准电极电势相差最大的电对先进行反应。

（3）氧化还原反应进行的程度

氧化还原反应进行的程度可用反应的平衡常数来衡量，考虑综合因素对氧化还原反应的影响时，通常用条件平衡常数 K' 来衡量氧化还原反应进行的程度。

氧化还原反应方程式：

$$n_2\,Ox_1 + n_1\,Red_2 \rightleftharpoons n_2\,Red_1 + n_1\,Ox_2$$

$$K' = \frac{[Ox_2]^{n_1}\ [Red_1]^{n_2}}{[Red_2]^{n_1}\ [Ox_1]^{n_2}}$$

$$\lg K' = \frac{n_1 n_2\ (\varphi_1^{\ominus\prime} - \varphi_2^{\ominus\prime})}{0.059}$$

式中：$\varphi_1^{\ominus\prime}$、$\varphi_2^{\ominus\prime}$——分别为氧化剂和还原剂的条件电极电位；

n_1、n_2——分别为氧化剂和还原剂的电子转移数。

平衡常数 K' 的大小是由氧化剂和还原剂两电对的电位差值和电子转移数决定的。一般来说，两电对的电位相差越大，氧化还原反应的平衡常数 K' 就越大，反应进行也越完全。按滴定分析的反应完全程度不低于 99.9%、允许误差为 0.1% 的要求推算，得出结论：$\lg K' \geqslant 6$，两电对的电位差 $\varphi_1^{\ominus\prime} - \varphi_2^{\ominus\prime} \geqslant 0.4\ V$（$n_1 = n_2 = 1$），这样的氧化还原反应才能应用于滴定分析。在氧化还原滴定中往往通过选择强氧化剂做滴定剂或控制介质改变电对的电极电位来达到此要求。

（4）影响氧化还原反应速率的因素

根据有关电对的条件电极电位，可以判断氧化还原反应的方向和完全程度。但这只能说明反应发生的可能性，不能表明反应速率的快慢。但是一个氧化还原反应是否能够应用于滴定分析，还取决于反应速率。而在滴定分析中，要求氧化还原反应必须快速、定量地进行，才有实际应用价值。所以对于氧化还原反应，除了要从平衡观点来了解反应的可能性外，还应考虑反应的速率，以判断用于滴定分析的可能性。

氧化还原反应的速率与反应物的浓度、温度、催化剂等因素有关。在一般情况下，随着反应物浓度的增大、溶液温度的升高，反应速率加快。加入合适的催化剂，也可改变反应进程，加快反应速率。

3. 氧化还原滴定原理

（1）滴定曲线

滴定突跃范围在滴定分析中有重要的实际意义，它是选择指示剂的依据，还反映了滴定反应的完全程度。所以要得到滴定突跃范围，就必须绘制出滴定曲线。

在氧化还原滴定过程中，随着滴定剂的加入，被滴定物质的浓度不断发生变化，相应电对的电势也随之改变，其变化规律可用滴定曲线来表示。氧化还原滴定曲线可通过电位滴定方法测得数据进行绘制，也可应用能斯特方程式进行计算，求出相应的数据来描绘。以滴定剂加入的体积或滴定百分数为横坐标，以相关电对的电极电位为纵坐标作图，所得曲线称为氧化还原滴定曲线。

以在 25 ℃、1 mol·L^{-1} H$_2$SO$_4$ 溶液中，用 0.100 0 mol·L^{-1} Ce（SO$_4$）$_2$ 溶液滴定 20.00 mL 0.100 0 mol·L^{-1} 的 Fe^{2+} 溶液为例，通过能斯特方程计算溶液中电极电位变化的情况。

滴定反应式为

$$Ce^{4+}+Fe^{2+}\xrightleftharpoons[]{1\ mol·L^{-1}H_2SO_4}Ce^{3+}+Fe^{3+}$$

两个电对的条件电位为

$$Fe^{3+}+e^-\rightleftharpoons Fe^{2+}\qquad \varphi^{\ominus'}_{(Ce^{4+}/Ce^{3+})}=1.44\ V$$
$$Ce^{4+}+e^-\rightleftharpoons Ce^{3+}\qquad \varphi^{\ominus'}_{(Fe^{3+}/Fe^{2+})}=0.68\ V$$

滴定开始前，$c_{Fe^{2+}}=0.100\ 0$ mol·L^{-1}。滴定开始后，随着 Ce^{4+} 标准溶液的滴入，Fe^{2+} 的浓度逐渐减小，Fe^{3+} 的浓度逐渐增加；滴入的 Ce^{4+} 被还原为 Ce^{3+}。所以，从滴定开始至滴定结束，体系中就同时存在两个电对，它们的电极电位分别为

$$\varphi_{(Fe^{3+}/Fe^{2+})}=\varphi^{\ominus'}_{(Fe^{3+}/Fe^{2+})}+0.059\ \lg\frac{c_{Fe^{3+}}}{c_{Fe^{2+}}}$$

$$\varphi_{(Ce^{4+}/Ce^{3+})}=\varphi^{\ominus'}_{(Ce^{4+}/Ce^{3+})}+0.059\ \lg\frac{c_{Ce^{4+}}}{c_{Ce^{3+}}}$$

上述 Ce^{4+}/Ce^{3+} 和 Fe^{3+}/Fe^{2+} 电对的反应均是可逆的，且得失电子数相等。在滴定前为 Fe^{2+} 溶液，根据上述能斯特方程式可知，当 Fe^{3+} 浓度为 0 时，电极值为负无穷大，这实际上是不可能的。由于空气的氧化，溶液中或多或少总会存在痕量的 Fe^{3+}，但其浓度无从得知，所以滴定前的电势无法计算。而这对滴定曲线的绘制无关紧要。因此，只需计算滴定开始后溶液的电极电势。

① 滴定开始到化学计量点前。

在化学计量点之前，加入的滴定剂 Ce^{4+} 几乎全部被还原为 Ce^{3+}，到达平衡时，未反应的 Ce^{4+} 量很少且不易求得。但是，如果知道加入的 Ce^{4+} 的百分数，就可以通过能斯特方程计算 Fe^{3+}/Fe^{2+} 电对的电极电位值。例如，当滴加 Ce^{4+} 的标准溶液为 19.98 mL，即有 99.9 % 的 Fe^{2+} 被氧化成 Fe^{3+} 时，其电极电位值为

$$\varphi_{(Fe^{3+}/Fe^{2+})}=\varphi^{\ominus'}_{(Fe^{3+}/Fe^{2+})}+0.059\ \lg\frac{c_{Fe^{3+}}}{c_{Fe^{2+}}}$$

$$\varphi_{(Fe^{3+}/Fe^{2+})}=0.68+0.059\ \lg\frac{99.9}{0.1}=0.86\ (V)$$

② 化学计量点时。

在化学计量点时，Ce^{4+} 和 Fe^{2+} 几乎都转变为 Ce^{3+} 和 Fe^{3+}，未反应的 Ce^{4+} 和 Fe^{2+} 浓度很小，不易直接求得。此时可看作 $c_{Ce^{4+}}=c_{Fe^{2+}}$，$c_{Ce^{3+}}=c_{Fe^{3+}}$，故可以通过两个电对的能斯特方程联立确定化学计量点时的电极电位 φ_{sp}。

$$\varphi_{sp}=\varphi^{\ominus'}_{(Fe^{3+}/Fe^{2+})}+0.059 \lg \frac{c_{Fe^{3+}}}{c_{Fe^{2+}}}$$

$$\varphi_{sp}=\varphi^{\ominus'}_{(Ce^{4+}/Ce^{3+})}+0.059 \lg \frac{c_{Ce^{4+}}}{c_{Ce^{3+}}}$$

两式相加并整理得

$$\varphi_{sp}=\frac{\varphi^{\ominus'}_{(Fe^{3+}/Fe^{2+})}+\varphi^{\ominus'}_{(Ce^{4+}/Ce^{3+})}}{2}=\frac{1.44+0.68}{2}=1.06 （V）$$

因此，如果两个电对都是对称电对，化学计量点时的电极电位是两个电对条件电极电位的算术平均值，而与反应物的浓度无关。

对于不对称电对（氧化态与还原态的系数不相同的电对），不能通过上式计算，因为其化学计量点的电位还与浓度有关。

③ 化学计量点后。

化学计量点后，由于 Fe^{2+} 已被定量地氧化成 Fe^{3+}，$c_{Fe^{2+}}$ 很小，很难直接求得，此时可通过 Ce^{4+}/Ce^{3+} 电对计算电极电位。例如加入 20.02 mL Ce^{4+} 溶液，即 Ce^{4+} 过量 0.1%（误差为 +0.1 %）时：

$$\varphi_{(Ce^{4+}/Ce^{3+})}=\varphi^{\ominus'}_{(Ce^{4+}/Ce^{3+})}+0.059 \lg \frac{c_{Ce^{4+}}}{c_{Ce^{3+}}}=1.44+0.059 \lg \frac{0.1}{100}=1.26 （V）$$

用上述方法可计算不同滴定点的 φ 值，并绘成滴定曲线，如图 5-1 所示。

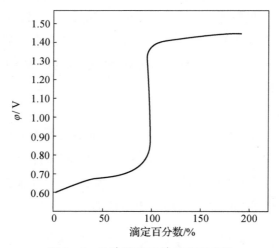

图 5-1 Ce^{4+} 滴定 Fe^{2+} 的滴定曲线

（2）滴定突跃

由图 5-1 可知，在氧化还原滴定中，若用氧化剂（还原剂）滴定还原剂（氧化剂），当滴定至 50 %时的电位为还原剂（氧化剂）电对的条件电极电位；滴定至 200 %时的电位等于氧化剂（还原剂）电对的条件电极电位。Ce^{4+} 加入量为 99.9 %和 100.1 %时，电位变化范围为 0.86~1.26 V，滴定曲线的电位突跃为 0.40 V。这为判断氧化还原反应滴定的可能性和选择指示剂提供了依据。

两电对的条件电极电位相差越大，计量点附近的滴定突跃越大，滴定的准确度也就越高。氧化剂和还原剂的浓度基本上不影响突跃的大小。当两电对的电子转移数相等时，化学计量点在滴定突跃的终点，但对于一般的氧化还原滴定反应

$$n_2\,Ox_1 + n_1\,Red_2 \rightleftharpoons n_2\,Red_1 + n_1\,Ox_2$$

其化学计量点的电极电位计算通式为

$$\varphi_{sp} = \frac{n_1\varphi_1^{\ominus'} + n_2\varphi_2^{\ominus'}}{n_1 + n_2}$$

当 $n_1 \neq n_2$ 时，滴定曲线在化学计量点前后是不对称的，φ_{sp} 不在滴定突跃的中央，而是偏向电子转移数较大的一方。

二、氧化还原指示剂

氧化还原滴定中常用的指示剂有以下几种：

1. 自身指示剂

有些滴定剂本身有很深的颜色，而滴定产物为无色或颜色很浅，在这种情况下，滴定时可不必另加指示剂。如 $KMnO_4$ 溶液本身显紫红色，用它来滴定 Fe^{2+}、$C_2O_4^{2-}$ 溶液时，反应产物 Mn^{2+}、Fe^{3+} 等颜色很浅或是无色，滴定到化学计量点后，只要 $KMnO_4$ 溶液稍微过量就能使溶液呈现淡红色，指示滴定终点的到达。

2. 显色指示剂

显色指示剂又称为专属指示剂。这种指示剂本身并不具有氧化还原性，但能与滴定剂或被测定物质发生显色反应，而且显色反应是可逆的，因而可以指示滴定终点。这类指示剂最常用的是淀粉，如可溶性淀粉与碘溶液反应生成深蓝色的化合物，当 I_2 被还原为 I^- 时，蓝色褪去。因此，可用蓝色出现或消失指示终点到达。在碘量法中，I_2 溶液约 2×10^{-6} $mol \cdot L^{-1}$ 就可以看见蓝色，因此可溶性淀粉可作为碘量法的专属指示剂。

3. 氧化还原指示剂

这类指示剂本身是较弱氧化剂或还原剂，它的氧化态和还原态具有不同的颜色。在滴定过程中，指示剂在氧化态与还原态之间转化时，溶液颜色随之发生变化，从而指示滴定终点。例如用 $K_2Cr_2O_7$ 滴定 Fe^{2+} 时，常用二苯胺磺酸钠作为指示剂。二苯胺磺酸钠的还原态无色，当滴定至化学计量点时，稍过量的 $K_2Cr_2O_7$ 使二苯胺磺酸钠由还原态转变为氧化态，溶液显紫红色，因而指示滴定终点的到达。

以 In_{Ox} 和 In_{Red} 分别代表指示剂的氧化态和还原态，指示剂的电极反应可用下式表示：

$$In_{Ox} + ne^- \rightleftharpoons In_{Red}$$

$$\varphi_{In} = \varphi_{In}^{\ominus'} + \frac{0.059}{n}\lg\frac{c_{In_{Ox}}}{c_{In_{Red}}}$$

当指示剂 $c_{In_{Ox}}/c_{In_{Red}} = 1$ 时，被滴定溶液的电位恰好等于 $\varphi_{In}^{\ominus'}$，指示剂呈现中间色，称

为氧化还原指示剂的理论变色点。若指示剂的一种型体的颜色比另一种型体的颜色深得多,则变色点电极电位将偏离 $\varphi_{In}^{\ominus\prime}$ 值。如果指示剂的两种不同颜色的强度相仿,其变色范围就相当于 $c_{In_{Ox}}/c_{In_{Red}}$ 从 10/1 变到 1/10 时的电势变化范围,即

$$\varphi_{In} = \varphi_{In}^{\ominus\prime} \pm \frac{0.059}{n}$$

氧化还原指示剂是一种通用指示剂,应用范围比较广泛。选择这种指示剂的原则是指示剂变色点的电极电位应当处在滴定体系的滴定突跃范围内。常用的氧化还原指示剂见表 5-2。

表 5-2 常用的氧化还原指示剂

指示剂	$\varphi^{\ominus\prime}/V$ $[H^+]=1\ mol \cdot L^{-1}$	颜色变化		配制方法
		还原态	氧化态	
亚甲基蓝	0.36	无	蓝	$0.5\ g \cdot L^{-1}$ 水溶液
二苯胺磺酸钠	0.84	无	紫红	0.5 g 指示剂,2 g Na_2CO_3,加水稀释至 100 mL
邻苯氨基苯甲酸	0.89	无	紫红	0.11 g 指示剂溶于 20 mL 50 g · L^{-1} Na_2CO_3 溶液中,用水稀释至 100 mL
邻二氮菲-亚铁	1.06	红	浅蓝	1.485 g 邻二氮菲,0.695 g $FeSO_4$ · $7H_2O$,用水稀释至 100 mL

三、高锰酸钾标准溶液的配制与标定

高锰酸钾滴定法通常在酸性溶液中进行,反应时锰的氧化数由 +7 变为 +2。

1. 高锰酸钾溶液的配制

高锰酸钾是氧化还原滴定中最常用的氧化剂之一。市售的高锰酸钾常含杂质,而且高锰酸钾易与水中的还原性物质发生反应,光线和 MnO(OH)$_2$ 等都能促进高锰酸钾的分解,因此高锰酸钾标准溶液不能直接配制,必须先配制成近似浓度的溶液。称取稍多于计算用量的高锰酸钾,溶于一定体积的蒸馏水中,保持微沸 1 h 或在暗处放置数天,待高锰酸钾把还原性杂质充分氧化后,用玻璃砂芯漏斗过滤除去杂质,保存于棕色瓶中,置于暗处保存。

2. 高锰酸钾标准溶液的标定

标定高锰酸钾溶液的基准物质很多,如 $Na_2C_2O_4$、$H_2C_2O_4 \cdot 2H_2O$、$(NH_4)_2Fe(SO_4)_2 \cdot 6H_2O$ 和纯铁丝等。其中最常用的是 $Na_2C_2O_4$,这是因为它易提纯且性质稳定,不含结晶水,在 105~110 ℃烘至恒重,即可使用。其反应如下:

$$2MnO_4^- + 5C_2O_4^{2-} + 16H^+ \Longrightarrow 2Mn^{2+} + 8H_2O + 10CO_2 \uparrow$$

反应要在酸性溶液中、温度控制在 70~85 ℃之间的条件下进行。滴定初期,反应很慢,高锰酸钾溶液必须逐滴加入,如滴加过快,部分高锰酸钾在热溶液中将按下式分解而造成误差:

$$4KMnO_4 + 2H_2SO_4 \rightleftharpoons 4MnO_2 + 2K_2SO_4 + 2H_2O + 3O_2 \uparrow$$

在滴定中逐渐生成的 Mn^{2+} 有催化作用，使反应速率逐渐加快。用高锰酸钾溶液滴定至溶液呈淡粉红色且 $30\ s$ 不变色即为终点。放置时间过长，空气中还原性物质能将高锰酸钾还原而使溶液褪色。

标定好的高锰酸钾溶液在放置一段时间后，若发现有 $MnO(OH)_2$ 沉淀析出，应过滤并重新标定。

四、等物质的量规则及基本单元的选取

1. 等物质的量规则

等物质的量规则是指在化学反应中，选定适当的基本单元，则任何时刻所消耗的每种反应物的物质的量相等。在滴定分析中，根据滴定反应选取适当的基本单元，滴定到达化学计量点时被测组分的物质的量就等于所消耗的标准溶液的物质的量。

2. 基本单元的选取

根据国际单位制规定，使用物质的量的单位摩尔时，要指明物质的基本单元。由于物质的量浓度的单位是由基本单位摩尔推导得到的，所以在使用物质的量浓度时也必须注明物质的基本单元。基本单元是指分子、原子、离子、电子等粒子的特定组合，常根据需要进行确定。

例如对于酸碱反应，应根据反应中转移的质子数来确定酸碱的基本单元，即以转移一个质子的特定组合作为反应的基本单元。H_2SO_4 与 $NaOH$ 之间的反应，在反应中 $NaOH$ 转移一个质子，因此选取 $NaOH$ 作为基本单元，H_2SO_4 转移两个质子，选取 $\frac{1}{2}H_2SO_4$ 作为基本单元。由于反应中 H_2SO_4 给出的质子数必定等于 $NaOH$ 接受的质子数，因此反应到达化学计量点时两反应物的物质的量相等。

对于氧化还原反应，可根据反应中转移的电子数来确定氧化剂和还原剂的基本单元，即以转移一个电子的特定组合作为反应的基本单元。$KMnO_4$ 在酸性介质下与 $Na_2C_2O_4$ 反应，$KMnO_4$ 被还原为 Mn^{2+}，$Na_2C_2O_4$ 被氧化为 CO_2，反应中转移电子数为 5，常采用 $\frac{1}{5}KMnO_4$、$\frac{1}{2}Na_2C_2O_4$ 作为基本单元。这样 $1\ mol$ 氧化剂和 $1\ mol$ 还原剂反应时就转移 $1\ mol$ 的电子，由于反应中还原剂给出的电子数和氧化剂获得的电子数是相等的，因此在化学计量点时氧化剂和还原剂的物质的量也相等。

3. 等物质的量规则的应用

在等物质的量规则计算过程中，对于具体物质，选取的基本单元的量要注意做相应的换算。

具体可参考以下方法：

① 选取基本单元与该物质的总质量和体积无关，计算时可用原数据。

② 选取的基本单元为特定组合时，摩尔质量为原物质的几分之一，物质的量浓度为原物质的几倍。

③ 其他相应参数可以利用相应公式计算得出。

如 $\frac{1}{5}KMnO_4$ 的摩尔质量为 $KMnO_4$ 的 $\frac{1}{5}$，同一 $KMnO_4$ 溶液若以 $KMnO_4$ 为基本单元时浓度为 0.10 mol·L^{-1}，则以 $\frac{1}{5}KMnO_4$ 为基本单元时浓度为 0.50 mol·L^{-1}。而 $c(KMnO_4) =$ 0.10 mol·L^{-1} 与 $c\left(\frac{1}{5}KMnO_4\right) = $ 0.10 mol·L^{-1} 的两个溶液，它们浓度数值虽然相同，但是，它们所表示 1 L 溶液中所含 $KMnO_4$ 的质量是不同的，分别为 15.8 g 与 3.16 g。

因此，对于 H_2SO_4 与 NaOH 之间的滴定反应，则有

$$n_{NaOH} = n_{\frac{1}{2}H_2SO_4}$$

$$c_{NaOH} \cdot V_{NaOH} = c\left(\frac{1}{2}H_2SO_4\right) \cdot V_{H_2SO_4}$$

反应过程中溶液的体积与选取的基本单元无关，因此 $V_{H_2SO_4} = V_{\frac{1}{2}H_2SO_4}$，计算过程中代入 $V_{H_2SO_4}$ 即可。

对于 $KMnO_4$ 在酸性介质下与 $Na_2C_2O_4$ 反应则有

$$n_{\frac{1}{5}KMnO_4} = n_{\frac{1}{2}Na_2C_2O_4}$$

$$c\left(\frac{1}{5}KMnO_4\right) \cdot V_{KMnO_4} = c\left(\frac{1}{2}Na_2C_2O_4\right) \cdot V_{Na_2C_2O_4}$$

同样，反应过程中溶液的体积与选取的基本单元无关，因此 $V_{\frac{1}{5}KMnO_4} = V_{KMnO_4}$，$V_{Na_2C_2O_4} = V_{\frac{1}{2}Na_2C_2O_4}$，计算过程中代入 V_{KMnO_4}、$V_{Na_2C_2O_4}$ 即可。

任务二　水质化学耗氧量的测定

化学耗氧量（COD）是指在一定的条件下，水样中能被氧化的物质氧化所需耗用氧化剂的量，换算成氧的含量（以 mg·L^{-1} 计）。它是衡量水体受还原性物质（主要是有机物）污染程度的综合性指标。测定时，在水样中加入 H_2SO_4 及一定量的 $KMnO_4$ 溶液，在沸水浴装置中加热，使水样中的还原性物质被氧化，剩余的 $KMnO_4$ 用过量的 $Na_2C_2O_4$ 还原，再以 $KMnO_4$ 标准溶液返滴定剩余的 $Na_2C_2O_4$。Cl^- 对上述方法有干扰，故本方法仅适合地表水、地下水、饮用水和生活污水 COD 的测定，含 Cl^- 高的工业废水应采用 $K_2Cr_2O_7$ 法测定。

目前，化学耗氧量是环境监测分析的主要项目之一。

一、主要内容与适用范围

酸性高锰酸钾滴定法测定地下水的耗氧量。适用于未被污染或轻微污染、氯离子含量

小于 300 mg·L^{-1} 的地下水资源调查、评价、监测和利用等水样耗氧量的测定。

定量限为 0.4 mg·L^{-1}，测定范围 0.4～1 000 mg·L^{-1}。

当水样的高锰酸盐指数值超过 10 mg·L^{-1} 时，则酌情分取少量试样，并用水稀释后再行测定。

二、测定原理

在酸性条件下，加入一定量过量的高锰酸钾溶液，将水样中的某些有机物及还原性物质氧化，反应后在剩余的高锰酸钾中加入过量的草酸钠还原，再用高锰酸钾标准溶液返滴过量的草酸钠，从而计算出水样中所含还原性物质所消耗的高锰酸钾，根据高锰酸钾消耗量计算耗氧量 COD_{Mn}。测定过程所发生的有关反应如下：

$$4KMnO_4 + 6H_2SO_4 + 5C \Longrightarrow 2K_2SO_4 + 4MnSO_4 + 5CO_2 \uparrow + 6H_2O$$

$$2MnO_4^- + 5C_2O_4^{2-} + 16H^+ \Longrightarrow 2Mn^{2+} + 8H_2O + 10CO_2 \uparrow$$

高锰酸钾法只适用于较为清洁水样化学耗氧量（COD_{Mn}）的测定。显然，高锰酸盐指数（COD_{Mn}）是一个相对的条件性指标，其测定结果与溶液的酸度、高锰酸盐浓度、加热温度和时间有关。因此，测定时必须严格遵守操作规定，使结果具有可比性。

三、测定试剂与仪器

1. 试剂

硫酸溶液（1+3）、草酸钠标准溶液 $\left[c\left(\frac{1}{2}Na_2C_2O_4\right)=0.010\ 0\ mol·L^{-1}\right]$、高锰酸钾标准贮备溶液 $\left[c\left(\frac{1}{5}KMnO_4\right)=0.100\ mol·L^{-1}\right]$、高锰酸钾标准使用溶液 $\left[c\left(\frac{1}{5}KMnO_4\right)=0.010\ mol·L^{-1}\right]$。

2. 仪器

酸式滴定管（50 mL）、锥形瓶（250 mL）、移液管（50 mL、10 mL）、量管（10 mL）、电炉、沸水浴装置等。

四、采样与样品

1. 采样

用硬质玻璃瓶采集水样。采取水样时，应先用水样洗涤采样器容器、盛样瓶及塞子 2～3 次。采样后，应加入硫酸调至 pH<2，以抑制微生物活动。

2. 样品贮存

水样采集后，应尽快送到实验室分析，并在 48 小时内测定。

五、测定步骤

① 吸取 100 mL 混匀水样于 250 mL 锥形瓶中，加入硫酸溶液（1+3）5 mL，再加入高锰酸钾标准使用溶液 10.00 mL，摇匀。将锥形瓶置于电炉上煮沸后，立即放入沸水浴

装置中加热 30 min（从水浴重新沸腾起计时）。沸水浴液面要高于反应溶液的液面。（如高锰酸盐指数高于 10 mg·L^{-1}，则酌情少取，并用水稀释至 100 mL）

② 取出锥形瓶，加入草酸钠标准溶液 10.00 mL，摇匀，待高锰酸钾的紫红色完全消失后，趁热（此时试样温度不低于 70 ℃，否则需加热）用高锰酸钾标准使用溶液滴定至试样微红色不褪色，即为终点。记录高锰酸钾溶液消耗量。

③ 高锰酸钾溶液浓度的标定。将上述刚测定耗氧量的微红色水样加入草酸钠标准溶液 10.00 mL（此时溶液温度不低于 70 ℃，否则需加热），再用高锰酸钾标准使用溶液滴定到试液呈微红色，记录消耗高锰酸钾溶液的体积（V_2）。

六、测定数据与处理

1. 高锰酸钾溶液的浓度 c（mol·L^{-1}）计算公式

$$c\left(\frac{1}{5}\mathrm{KMnO_4}\right)=\frac{0.01\times10.00}{V_2}$$

2. 耗氧量 COD（mg·L^{-1}）的计算公式

$$\rho\ (\mathrm{O_2})=\frac{c\ (V_1-V_2)\ \times8\times1\ 000}{V}$$

式中：$c\left(\frac{1}{5}\mathrm{KMnO_4}\right)$——高锰酸钾溶液的浓度，mol·L^{-1}；

$\rho\ (\mathrm{O_2})$——水样中耗氧量的质量浓度，mg·L^{-1}；

c——高锰酸钾溶液的浓度，mol·L^{-1}；

V_1——测定过程中所消耗的高锰酸钾溶液总体积，即 10.00 mL 加上滴定所用去的体积，mL；

V_2——与 10.00 mL 草酸钠标准溶液相当的高锰酸钾溶液的体积，mL；

V——所取水样的体积，mL；

8——与 1.00 mL 高锰酸钾溶液 $\left[c\left(\frac{1}{5}\mathrm{KMnO_4}\right)=1.000\ \mathrm{mol·L^{-1}}\right]$ 相当的氧的质量，mg。

七、注意事项

① 浓硫酸溶液具有强腐蚀性和强氧化性。配制时应在通风橱进行，将硫酸缓慢加入水中，并不断搅拌。

② 在水浴中加热完成后，溶液仍保持淡红色，如变浅或全部褪色，说明高锰酸钾的用量不够。此时，应将水样稀释倍数加大后再测定，以加热氧化后残留的高锰酸钾为其加入量的 1/3～1/2 为宜。

③ 在酸性条件下，草酸钠和高锰酸钾的反应温度应保持在 60～80 ℃，所以滴定操作必须趁热进行，若溶液温度过低，需适当加热。

④ 水样经稀释时，应同时另取 100 mL 水，同水样操作步骤进行空白试验。

【拓展阅读】 能斯特与能斯特方程

在氧化还原滴定中会涉及能斯特方程，在化学里以人名命名公式、原理的现象很常见。能斯特（Nernst）是卓越的物理学家、物理化学家和化学史家。

能斯特从实验中观察到，由两种不同的电解质溶液组成原电池时，两种溶液的电位差仅决定于两种溶液的浓度比。如 $0.01 \; mol \cdot L^{-1}$ KCl 溶液和 $0.01 \; mol \cdot L^{-1}$ HCl 溶液间的电位差与 $0.1 \; mol \cdot L^{-1}$ KCl 溶液和 $0.1 \; mol \cdot L^{-1}$ HCl 溶液间的电位差相同。这些结果都是由实验数据证明的。

电池产生电位差的理论最初由能斯特提出，后来又得到了发展。能斯特认为，在原电池中，金属进入溶液的倾向可以用一种金属的溶解压力来描绘，而溶液中的金属离子沉积到金属电极上是金属离子的渗透压所致，显然这种力与金属离子浓度有关，这两种力的性质相反，它们之间的平衡与电极和溶液间的电位差是一致的。如果金属有一个非常小的溶解压力，此时溶液中的离子将从溶液中沉积到金属电极上，而溶液中就留下负电荷。如果溶解压力和渗透压相等，此时金属既不会溶解进入溶液，溶液中的离子也不会沉积出来，电池电位差等于零。

1889 年，他提出溶解压假说，从热力学导出电极电位与溶液浓度的关系式，即电化学中著名的能斯特方程：

$$\varphi = \varphi^{\ominus} + \frac{RT}{nF} \ln \frac{c_{Ox}}{c_{Red}}$$

【同步测试】

一、选择题

1. 条件电极电位是指 （   ）

 A. 标准电极电位

 B. 电对的氧化型和还原型的浓度都等于 $1 \; mol \cdot L^{-1}$ 时的电极电位

 C. 在特定条件下，氧化型和还原型的总浓度均为 $1 \; mol \cdot L^{-1}$ 时，校正了各种外界因素的影响后的实际电极电位

 D. 电对的氧化型和还原型的浓度比率等于 1 时的电极电位

2. 下列依据有关电对的电极电位判断氧化还原反应进行的方向的说法正确的是 （   ）

 A. 电对的还原态可以还原电位比它低的另一电对的氧化态

 B. 电对的电位越低，其氧化态的氧化能力越强

 C. 某电对的氧化态可以氧化电位较它低的另一电对的还原态

 D. 电对的电位越高，其还原态的还原能力越强

3. 氧化还原反应平衡常数 K 值的大小 （   ）

 A. 能说明反应的速率   B. 能说明反应的完全程度

 C. 能说明反应的条件   D. 能说明反应的历程

4. 氧化还原滴定法中，对于 1∶1 类型的反应，要用氧化还原指示剂指示终点，一般氧化剂和还原剂标准电位的差值为　　　　　　　　　　　　　　　　（　　）

    A. 大于 0.2 V　　　　B. 0.2～0.4 V　　　　C. 大于 0.4 V　　　　D. 0.6 V

5. 提高氧化还原反应的速率可采取的措施是　　　　　　　　　　　　　　（　　）

    A. 提高温度　　　　　　　　　　　　B. 加入络合剂

    C. 加入指示剂　　　　　　　　　　　D. 减少反应物浓度

6. 在酸性介质中，用 $KMnO_4$ 溶液滴定草酸钠时，滴定速度正确的是　　　（　　）

    A. 像酸碱滴定那样快速　　　　　　　B. 始终缓慢

    C. 开始快然后慢　　　　　　　　　　D. 开始慢中间逐渐加快最后慢

7. 用 $Na_2C_2O_4$ 基准物标定 $KMnO_4$ 溶液，下列操作正确的是　　　　　（　　）

    A. 终点时，粉红色应保持 30 s 内不褪色

    B. 温度在 20～30 ℃

    C. 需加入 Mn^{2+} 催化剂

    D. 滴定速度开始要快

8. 用草酸钠标定高锰酸钾溶液，可选用的指示剂是　　　　　　　　　　　（　　）

    A. 铬黑 T　　　　　　　　　　　　　B. 淀粉

    C. 不需要加入指示剂　　　　　　　　D. 二苯胺磺酸钠

9. 某氧化还原指示剂，$\varphi^{\ominus'}=0.84$ V，对应的半反应为 $Ox+2e^- \Longrightarrow Red$，其理论变色范围为　　　　　　　　　　　　　　　　　　　　　　　　　　　　（　　）

    A. 0.81～0.87 V　　　　　　　　　　B. 0.74～0.94 V

    C. 0.78～0.90 V　　　　　　　　　　D. 0.16～1.84 V

10. 用同一 $KMnO_4$ 标准溶液分别滴定体积相等的 $FeSO_4$ 和 $H_2C_2O_4$ 溶液，消耗的 $KMnO_4$ 量相等，则两溶液浓度关系为　　　　　　　　　　　　　（　　）

    A. $c(FeSO_4)=c(H_2C_2O_4)$　　　　B. $3c(FeSO_4)=c(H_2C_2O_4)$

    C. $2c(FeSO_4)=c(H_2C_2O_4)$　　　　D. $c(FeSO_4)=2c(H_2C_2O_4)$

二、判断题

1. $KMnO_4$ 溶液作为滴定剂时，必须装在棕色酸式滴定管中。　　　　　　（　　）

2. 用基准试剂草酸钠标定 $KMnO_4$ 溶液时，需将溶液加热至 75～85 ℃进行滴定，若超过此温度，会使测定结果偏低。　　　　　　　　　　　　　　　　　（　　）

3. 溶液的酸度越高，$KMnO_4$ 氧化草酸钠的反应进行得越完全，所以用基准草酸钠标定 $KMnO_4$ 溶液时，溶液的酸度越高越好。　　　　　　　　　　　　（　　）

4. 在适宜的条件下，所有可能发生的氧化还原反应中，条件电位值相差最大的电对之间首先进行反应。　　　　　　　　　　　　　　　　　　　　　　　（　　）

5. 配制好的 $KMnO_4$ 溶液要盛放在棕色瓶中保存，如果没有棕色瓶，应放在避光处

保存。 （ ）

6. 在滴定时，KMnO₄ 溶液要放在碱式滴定管中。 （ ）

7. 已知 KMnO₄ 溶液的 $c(KMnO_4)=0.04\ mol\cdot L^{-1}$，那么 $c\left(\dfrac{1}{5}KMnO_4\right)=0.2\ mol\cdot L^{-1}$。

（ ）

8. 由于 KMnO₄ 性质稳定，可作基准物直接配制成标准溶液。 （ ）

9. 氧化还原指示剂的条件电位和滴定反应化学计量点的电位越接近，则滴定误差越大。 （ ）

10. 用 Na₂C₂O₄ 标定 KMnO₄，需加热到 70～80 ℃，在 HCl 介质中进行。 （ ）

06

项目六　水质氯化物的测定（沉淀滴定法）

▶▶【知识目标】

1. 了解沉淀滴定法的分类与特点。
2. 熟悉沉淀滴定法的适用范围
3. 熟悉沉淀滴定法的原理。
4. 掌握沉淀滴定法标准溶液的配制和标定方法。
5. 掌握水质氯化物的测定方法。

▶▶【能力目标】

1. 能够配制和标定沉淀滴定法标准溶液。
2. 能够利用沉淀滴定法对水质氯化物进行准确测定。
3. 能够准确、简明记录实验原始数据。

▶▶【素质目标】

1. 培养学生环保意识、社会担当意识。
2. 培养学生尊重科学、诚实守信的工作作风。

▶▶【企业案例】

　　自然水体中氯化物超标会产生各种危害，严重影响生物生存。其突出表现在以下几方面：常用的氯或其取代物如二氧化氯、氯化溴、氯胺等消毒剂不仅对生物有害，而且可能具有致癌、致畸、致突变的作用。在生活污水中，氯化物如果不经治理直接排入江河，会破坏水体的自然生态平衡，使水质恶化，严重时还会污染地下水和饮用水源。氯化物是水和废水中一种常见的无机阴离子，其含量是水体水质评价的重要指标。这些水体包括但不局限于生活饮用水、生活污水、工业水（锅炉水、循环水、废水）、海水、淡化水等。近日某河流发生鱼虾大量死亡事件，环境监测部门对水体进行氯化物测定，检测该条河流中的氯化物是否超标。检测方法采用水质氯化物的测定（硝酸银滴定法）。分析检验人员根据检测要求完成水质氯化物的分析检验任务。

任务一 ▶ 硝酸银标准溶液的配制与标定

一、沉淀滴定法

沉淀滴定法是以沉淀反应为基础的一种滴定分析方法。虽然能形成沉淀的反应很多，但并不是所有的沉淀反应都能用于滴定分析，因为用作滴定法的沉淀反应必须满足下列条件：

① 反应必须有确定的化学计量关系，沉淀的组成要恒定。

② 沉淀的溶解度要足够小，反应的完全程度达到 99.9% 以上。

③ 沉淀反应速率要快，即迅速达到平衡。

④ 有适当的方法确定滴定终点。

由于上述条件的限制，能用作沉淀滴定的反应并不多，目前应用较多的是生成难溶性银盐的反应。例如：

$$Ag^+ + Cl^- \longrightarrow AgCl \downarrow$$

$$Ag^+ + SCN^- \longrightarrow AgSCN \downarrow$$

这种以银盐沉淀反应为基础的滴定法称为银量法，用银量法可以测定 Cl^-、Br^-、I^-、Ag^+、CN^-、SCN^- 等离子，也可以测定处理后定量转化为这些离子的有机物。此外，$K_4[Fe(CN)_6]$ 与 Zn^{2+}、Ba^{2+}（Pb^{2+}）与 SO_4^{2-}、Hg^+ 与 S^{2-}、$NaB(C_4H_5)_4$ 与 K^+ 等的反应也可用于滴定分析，但其实际应用不及银量法普遍。

二、银量法的分类

银量法按照选择指示剂的不同可分为莫尔法、佛尔哈德法和法扬司法。

1. 莫尔法

用铬酸钾作指示剂确定终点的银量法称为莫尔法。它是沉淀滴定法中常用的银量法的一种滴定终点的确定方法。在含有 Cl^- 的中性或弱碱性溶液中，以 K_2CrO_4 作指示剂，用 $AgNO_3$ 标准溶液滴定 Cl^-。由于 AgCl 的溶解度比 Ag_2CrO_4 小，根据分步沉淀原理，溶液中首先析出 AgCl 白色沉淀。AgCl 定量沉淀完全后，稍过量的 Ag^+ 与 K_2CrO_4 生成砖红色的 Ag_2CrO_4 沉淀，从而指示终点的到达。其反应为：

$$终点前：Ag^+ + Cl^- \Longleftrightarrow AgCl \downarrow （白色）$$

$$终点时：2Ag^+ + CrO_4^{2-} \Longleftrightarrow Ag_2CrO_4 \downarrow （砖红色）$$

（1）莫尔法滴定条件

① 指示剂用量。溶液中的 CrO_4^{2-} 浓度的大小和滴定终点出现的迟早有着密切的关系，直接影响分析结果的准确程度。若指示剂的用量过多，Cl^- 还没有沉淀完全，就有砖红色的 Ag_2CrO_4 沉淀生成，使终点提前。若指示剂的用量过少，滴定至化学计量点后，稍加入过量的 $AgNO_3$ 标准溶液仍不能形成 Ag_2CrO_4 沉淀，使终点推迟。

因此，要求指示剂 K_2CrO_4 的浓度要在一个合适的范围内。实验证明，K_2CrO_4 的浓度一般为 5×10^{-3} mol·L^{-1} 较适宜，即在总体积为 $50 \sim 100$ mL 的滴定溶液中，加入 5% K_2CrO_4 指示剂 $1 \sim 2$ mL。

② 溶液的酸度。莫尔法滴定必须在中性或弱碱性溶液中进行。

若溶液为酸性，则 CrO_4^{2-} 与 H^+ 发生下面的反应：

$$2H^+ + 2CrO_4^{2-} \rightleftharpoons 2HCrO_4^- \rightleftharpoons Cr_2O_7^{2-} + H_2O$$

反应降低了 CrO_4^{2-} 的浓度，使终点拖后。

如果溶液碱性太强，则有 Ag_2O 黑色沉淀析出。

$$2Ag^+ + 2OH^- \rightleftharpoons 2AgOH$$

$$Ag_2O（黑色）+ H_2O$$

因此，莫尔法要求溶液的酸度范围为 pH＝$6.5 \sim 10.5$。若溶液的酸性太强，可用硼砂或者碳酸氢钠中和；若溶液碱性太强，可用稀硝酸中和。当试液中有铵盐存在时，要求溶液的酸度范围更接近于中性（pH＝$6.5 \sim 7.2$），因为 pH 增高时，便有相当数量的 NH_3 释出，它能与 Ag^+ 形成 $[Ag(NH_3)_2]^+$ 配离子，影响滴定。

③ 滴定时应充分振摇。在滴定过程中，先生成的 AgCl 沉淀易吸附溶液中的 Cl^-，使 Cl^- 浓度降低，导致终点提前。因此，滴定时应剧烈摇动溶液，否则会引起较大的误差。

④ 消除干扰。能与 Ag^+ 生成沉淀的 S^{2-}、PO_4^{3-}、AsO_4^{3-}、CO_3^{2-}、$C_2O_4^{2-}$ 等阴离子，能与 CrO_4^{2-} 形成沉淀的 Hg^{2+}、Ba^{2+}、Pb^{2+} 等阳离子，在中性或者弱碱性溶液中易发生水解的 Al^{3+}、Fe^{3+}、Sn^{4+} 等高价金属离子，大量存在的 Cu^{2+}、Ni^{2+}、Co^{2+} 等有色离子对测定均存在干扰，都应事先分离除去。

（2）莫尔法应用范围

莫尔法主要用于测定 Cl^-、Br^- 和 Ag^+，不适于测定 I^- 和 SCN^-。因为 AgI 和 AgSCN 的吸附更为严重，剧烈摇动溶液也不能达到解吸的目的。

用莫尔法测定 Ag^+ 时，不能用 NaCl 标准溶液直接滴定 Ag^+，因为在含 Ag^+ 的试液中，一旦加入 K_2CrO_4 指示剂，就会形成 Ag_2CrO_4 沉淀，用 NaCl 标准溶液滴定时，由于 Ag_2CrO_4 转化为 AgCl 的速率很慢，滴定无法进行。所以应采用返滴定法，即在含 Ag^+ 的试液中加入一定量过量的 NaCl 标准溶液，然后用 $AgNO_3$ 标准溶液滴定过量的 Cl^-。

2. 佛尔哈德法

佛尔哈德法是以铁铵矾 $[NH_4Fe(SO_4)_2 \cdot 12H_2O]$ 作指示剂的银量法。按其滴定方式不同分为直接滴定法和返滴定法两种。直接滴定法用于测定 Ag^+，返滴定法用于测定 Cl^-、Br^-、I^- 和 SCN^-。

（1）直接滴定法

直接滴定法可以用来测定 Ag^+。

在含有 Ag^+ 的 HNO_3 溶液中，以铁铵矾作指示剂，用 NH_4SCN（或 $NaSCN$、$KSCN$）标准溶液进行滴定，首先产生白色沉淀 $AgSCN$。达到化学计量点之后，稍过量的 SCN^- 与 Fe^{3+} 生成 $[Fe(SCN)]^{2+}$ 红色配合物，指示滴定终点的到达。

$$Ag^+ + SCN^- =\!=\!= AgSCN\downarrow \text{（白色）}$$
$$Fe^{3+} + SCN^- =\!=\!= [Fe(SCN)]^{2+} \text{（红色）}$$

$AgSCN$ 会吸附溶液中的 Ag^+，所以在滴定时必须剧烈摇动，避免指示剂过早显色，减小测定误差。直接滴定法的溶液中 $[H^+]$ 一般控制在 $0.3 \sim 1\ mol \cdot L^{-1}$。若酸性太低，$Fe^{3+}$ 将水解，生成棕色的 $Fe(OH)_3$ 或者 $Fe(H_2O)_5(OH)^{2+}$，影响终点的观察。此法的优点在于可以在酸性溶液中直接测定 Ag^+。

（2）返滴定法

返滴定法可以用来测定 Cl^-、Br^-、I^- 和 SCN^-。

在含有卤素离子或硫氰酸根离子（SCN^-）的 HNO_3 溶液中，加入定量且过量的 $AgNO_3$ 标准溶液，再以铁铵矾为指示剂，用 NH_4SCN 标准溶液返滴定剩余的 $AgNO_3$。有关反应为：

沉淀反应　　Ag^+（过量）$+ X^- =\!=\!= AgX\downarrow$（$X^-$：$Cl^-$、$Br^-$、$I^-$、$SCN^-$）

滴定反应　　Ag^+（剩余）$+ SCN^- =\!=\!= AgSCN\downarrow$

终点反应　　$Fe^{3+} + SCN^- =\!=\!= [Fe(SCN)]^{2+}$（红色）

滴定应在 $[H^+]$ 为 $0.3 \sim 1\ mol \cdot L^{-1}$ 的稀硝酸溶液中进行。终点时 Fe^{3+} 的浓度一般控制在 $0.015\ mol \cdot L^{-1}$。

需要注意使用返滴定法测定 Cl^- 时，由于 $AgCl$ 的溶解度大于 $AgSCN$ 的溶解度，所以在临近终点时加入的 SCN^- 将与 $AgCl$ 发生反应，使 $AgCl$ 沉淀转化为 $AgSCN$ 沉淀：

$$AgCl\downarrow + SCN^- =\!=\!= AgSCN\downarrow + Cl^-$$

从而使已经出现的红色褪去，产生较大终点误差。为此，可选用以下方法进行处理：

在加完 $AgNO_3$ 标准溶液后，将溶液煮沸，使 $AgCl$ 沉淀凝聚。滤去沉淀并用稀 HNO_3 洗涤沉淀，洗涤液并入滤液中，然后用 NH_4SCN 标准溶液返滴定滤液中的 Ag^+。或者在生成 $AgCl$ 沉淀后加入有机溶剂，如硝基苯或 1，2-二氯乙烷，充分摇动，使 $AgCl$ 沉淀表面覆盖一层有机溶剂，避免与滴定溶液接触，防止沉淀转化。此法简单，但有机溶剂对人体有害，使用时需注意。

用返滴定法测定 Br^- 和 I^- 时，由于 $AgBr$ 和 AgI 的溶解度小于 $AgSCN$ 的溶解度，不会发生沉淀的转化反应。

由于佛尔哈德法是在酸性溶液中进行滴定，许多阴离子如 CN^-、CrO_4^{2-} 等不会与 Ag^+ 发生沉淀反应，所以滴定的选择性较高，只有强氧化剂、氮的低价氧化物及铜盐、汞

盐等能与 SCN^- 反应干扰滴定，大量的 Cu^{2+}、Ni^{2+}、Co^{2+} 等有色离子存在会影响终点观察，必须预先除去。

3. 法扬司法

法扬司法是以吸附指示剂指示滴定终点的银量法。

吸附指示剂是一类有色的有机化合物，它被沉淀表面吸附后，会因结构的改变引起颜色的变化，从而指示滴定终点的到达。

例如，以 $AgNO_3$ 标准溶液滴定 Cl^- 时，可用荧光黄吸附指示剂来指示滴定终点。荧光黄是一种有机弱酸（用 HFL 表示），在溶液中解离为黄绿色的阴离子 FL^-。在化学计量点前，溶液中有剩余的 Cl^- 存在，AgCl 沉淀胶粒吸附 Cl^- 而带负电荷，荧光黄阴离子受排斥不被吸附，溶液呈黄绿色。而在化学计量点后，加入稍过量的 $AgNO_3$，使得 AgCl 沉淀胶粒吸附 Ag^+ 而带正电荷，这时溶液中 FL^- 被吸附，溶液由黄绿色变为粉红色，指示滴定终点到达。

应用法扬司法要注意以下几个条件：

① 使沉淀呈胶体状态。因溶液颜色的变化发生在沉淀表面，欲使终点变色明显，要尽量使 AgCl 沉淀呈胶体状态，具有较大的表面积，为此通常在滴定前将溶液稀释，并加入一些淀粉、糊精等高分子化合物来保护胶体，以防止 AgCl 沉淀凝聚。

② 溶液的酸度应适当。吸附指示剂大多是有机弱酸，而起指示作用的是它们的阴离子，其他形式难以指示终点。因此必须控制适宜的酸度，使指示剂在溶液中保持阴离子状态。例如，荧光黄只能在 pH 为 7～10 的中性或弱碱性溶液中使用。

③ 避免光照。滴定时应当避免强光照射。卤化银沉淀对光敏感，易分解而析出金属银使沉淀变为灰黑色，影响滴定终点的观察。

④ 指示剂的吸附性能要适当。胶体微粒对指示剂的吸附能力应略小于对待测离子的吸附能力，否则指示剂将在化学计量点前变色。但也不能太小，太小会使终点出现过迟。卤化银对卤化物和几种吸附指示剂吸附能力的次序如下：

$$I^- > SCN^- > Br^- > 曙红 > Cl^- > 荧光黄$$

因此，滴定 Cl^- 不能选用曙红，而应选用荧光黄。几种常用吸附指示剂见表 6-1。

表 6-1 常用的吸附指示剂

指示剂	被测离子	滴定条件	终点颜色变化
荧光黄	Cl^-、Br^-、I^-	7～10	黄绿→粉红
二氯荧光黄	Cl^-、Br^-、I^-	4～10	黄绿→红
曙红	Br^-、I^-、SCN^-	2～10	橙黄→红紫
溴酚蓝	生物碱盐类	弱酸性	黄绿→灰紫
甲基紫	Ag^+	酸性	黄红→红紫

⑤ 被测离子的浓度。溶液中被测离子的浓度不能太低，否则沉淀少，确定终点比较困难。如用荧光黄为指示剂，以 $AgNO_3$ 标准溶液滴定 Cl^- 时，Cl^- 的浓度要在 $0.005\ mol \cdot L^{-1}$ 以上；滴定 Br^-、I^-、SCN^- 时，浓度要在 $0.001\ mol \cdot L^{-1}$ 以上。

三、硝酸银标准溶液的配制与标定

1. 配制原理

$AgNO_3$ 标准溶液可以用纯的 $AgNO_3$ 直接配制，但非基准试剂 $AgNO_3$ 中常含有杂质，如金属银、氧化银、游离硝酸、亚硝酸盐等，因此更多的是采用间接法配制。通常为先配制近似浓度的溶液，再用基准物质 NaCl 标定。$AgNO_3$ 溶液见光易分解，应保存于棕色试剂瓶中。

2. 标定操作

以 $0.01\ mol \cdot L^{-1}$ $AgNO_3$ 标准溶液为例，称取 1.7 g 固体 $AgNO_3$，溶于 1 000 mL 不含 Cl^- 的蒸馏水中，贮存于带玻璃塞的棕色试剂瓶中，摇匀，置于暗处。准确称取基准试剂 NaCl 0.12～0.15 g 于烧杯中，记录准确质量，溶解，准确定容于 250 mL 容量瓶中。移取上述 NaCl 溶液 25.00 mL 置于锥形瓶中，加入 5％的 K_2CrO_4 指示剂 1 mL，在充分摇动下，用配好的 $AgNO_3$ 溶液滴定至溶液微呈红色即为终点。记录消耗 $AgNO_3$ 标准溶液的体积，平行测定 3 次，同时做空白实验。必要时需要进行滴定管体积校正和溶液温度的体积校正。

任务二　水质氯化物的测定

一、主要内容与适用范围

适用于天然水中氯化物的测定，也适用于经过适当稀释的高矿化度水如咸水、海水等，以及经过预处理除去干扰物的生活污水或工业废水。适用的浓度范围为 $10～500\ mg \cdot L^{-1}$ 的氯化物。高于此范围的水样经稀释后可以扩大其测定范围。

溴化物、碘化物和氰化物能与氯化物一起被滴定。正磷酸盐及聚磷酸盐分别超过 $250\ mg \cdot L^{-1}$ 及 $25\ mg \cdot L^{-1}$ 时有干扰。铁含量超过 $10\ mg \cdot L^{-1}$ 时终点不明显。

二、测定原理

在中性至弱碱性范围内（pH＝5～10.5），以铬酸盐为指示剂，用硝酸银滴定氯化物时，由于氯化银的溶解度小于铬酸银的溶解度，氯离子首先被完全沉淀出来，然后铬酸盐以铬酸银的形式被沉淀，产生砖红色，指示滴定终点到达，该沉淀滴定的反应如下：

$$Ag^+ + Cl^- \longrightarrow AgCl \downarrow$$

$$2Ag^+ + CrO_4^{2-} \longrightarrow Ag_2CrO_4 \downarrow \text{（砖红色）}$$

三、测定试剂与仪器

1. 试剂

高锰酸钾（0.002 mol·L^{-1}）、过氧化氢（30%）、乙醇（95%）、硫酸溶液（0.025 mol·L^{-1}）、氢氧化钠溶液（0.05 mol·L^{-1}）、氢氧化铝悬浮液、硝酸银标准溶液（0.014 mol·L^{-1}）、铬酸钾溶液（50 g·L^{-1}）、酚酞指示剂（1%）等。

2. 仪器

锥形瓶（250 mL）、滴定管（25 mL、棕色）、移液管（50 mL、25 mL）、马弗炉等。

四、采样与样品

采集代表性水样，放在干净且化学性质稳定的玻璃瓶或聚乙烯瓶内。保存时不必加入特别的防腐剂。

五、测定步骤

1. 干扰的排除

① 如水样浑浊及带有颜色，则取 150 mL 或取适量水样稀释至 150 mL，置于 250 mL 锥形瓶中，加入 2 mL 氢氧化铝悬浮液，振荡过滤，弃去最初滤下的 20 mL，用干的清洁锥形瓶接取滤液备用。

② 如果有机物含量高或色度高，可用马弗炉灰化法预先处理水样。取适量废水样于瓷蒸发皿中，调节 pH 至 8～9，置水浴装置上蒸干，然后放入马弗炉中在 600 ℃下灼烧 1 h，取出冷却后，加 10 mL 蒸馏水，移入 250 mL 锥形瓶中，并用蒸馏水清洗 3 次，一并转入锥形瓶中，调节 pH 到 7 左右，稀释至 50 mL。

③ 因有机质而产生的较轻色度，可以加入 0.01 mol·L^{-1}高锰酸钾 2 mL，煮沸。再滴加乙醇以除去多余的高锰酸钾至水样褪色，过滤，滤液贮于锥形瓶中备用。

④ 如果水样中含有硫化物、亚硫酸盐或硫代硫酸盐，则加氢氧化钠溶液将水样调至中性或弱碱性，加入 1 mL 30%过氧化氢，摇匀，1 min 后加热至 70～80 ℃，以除去过量的过氧化氢。

2. 测定

① 用移液管吸取 50 mL 水样或经过预处理的水样（若氯化物含量高，可取适量水样用蒸馏水稀释至 50 mL），置于锥形瓶中。另取一锥形瓶加入 50 mL 蒸馏水做空白试验。

② 如水样 pH 在 5～10.5，可直接滴定，超出此范围的水样应以酚酞作指示剂，用稀硫酸或氢氧化钠的溶液调节至红色刚刚褪去。

③ 加入 1 mL 铬酸钾溶液，用硝酸银标准溶液滴定至砖红色沉淀刚刚出现即为滴定终点。

平行测定 3 次，同时做空白滴定。

六、测定数据与处理

$$\rho = \frac{(V_2 - V_1) \times c \times 35.45 \times 1\,000}{V}$$

式中：ρ——氯元素的含量，$mg \cdot L^{-1}$；

  V_1——蒸馏水消耗硝酸银标准溶液量，mL；

  V_2——试样消耗硝酸银标准溶液量，mL；

  c——硝酸银标准溶液浓度，$mol \cdot L^{-1}$；

  V——水样体积，mL。

>> **【拓展阅读】**   **实验室含银废液中银的回收**

在银量法中，要使用 $AgNO_3$ 标准溶液。在银量法的滴定废液中，含有大量的金属银，主要存在形式有 Ag^+、$AgCl$ 沉淀、Ag_2CrO_4 沉淀及 $AgSCN$ 沉淀等。银是贵重的金属之一，它属于重金属。如果将实验中产生的这些含银废液排放掉，不仅造成浪费，而且也会带来重金属对环境的污染，严重危害人的身体健康，此外，很多溶液在适当的条件下还可转变成氮化银引起爆炸。因此，将含银废液中的银回收或用来制备常用试剂硝酸银是极有意义的。

从含银废液中提取金属银有很多途径，选择途径的依据是废液中银含量、存在形式及杂质性质等，因此一般选择处理方法前应了解废液的来源及基本组成情况，从而选择不同方法。

从含银废液中回收银的方法主要有沉淀法、电解法、置换法、离子交换法和吸附法。早期还使用过反渗透法和电渗析法。

（1）沉淀法

沉淀法回收含银废液中的银是在含银废液中加入适当的阴离子使废液中的银以沉淀方式富集，经过滤、洗涤、干燥得到银的沉淀形式，然后将沉淀与一定量的 Na_2CO_3 混合，并在 1 100 ℃ 左右焙烧，从而得到单质银。

（2）电解法

电解法多用于废定影液和镀银废液。其最大的优点是不引入杂质。同时由于银的电极电位高（＋0.799 V），因此在电解过程中，其他金属离子不易析出，故能回收到纯度较高的金属银。对于电镀废液，还能在回收银的同时破除一部分氰。但由于电解法在低金属离子浓度条件下无法进行，回收银时，回收槽中银的质量浓度宜控制在 200 $mg \cdot L^{-1}$ 以上，故此方法不适用于银离子浓度低的含银废液的银回收。有时为了发挥电解法的优势，常常将它与其他回收方法联合使用。

（3）置换法

置换法是将损耗性金属作为还原剂，使废液中的银还原沉积下来的一种方法。由于锌和铁的价格相对较便宜，故常用作损耗性金属。铝也可作为损耗性金属，在回收含有 Ag_2S 沉淀形式的含银废液时，回收率达到了 55%～60%。还原剂也可以是其他试剂，如强还原性的硼氢化钠，将其投入含银废液中，并调节溶液 pH 至 8，可直接还原回收银，回收率达到 98%，回收得到的银纯度达到 99.5%。

置换法具有以废治废、使用方便、操作容易等优点。不仅如此，置换法还可以回收废液中以沉淀形式存在的银，如 $AgCl$、$AgBr$、AgI、Ag_2S 等。铁和锌对 AgI、Ag_2S 等沉淀的还原能力低，相比之下，铝有更强的还原能力，可以使还原银化合物的活化能大大下降，将稳定性高的银化合物还原。

（4）离子交换法

与上述提到的常见含银废液中银的回收方法相比较，离子交换法具有能回收废液中微量银的优点。用该法处理银的质量浓度为 $1.5\ mg \cdot L^{-1}$ 的电镀漂洗水时，银可被完全回收。对于含痕量银的二级处理水，用阳离子交换树脂可达到 80% 左右的银的去除率。若用阴阳离子混合离子交换树脂，银的去除率可高达 91.7%。利用离子交换树脂回收含银废水中的银，具有处理容量大、出水水质好、树脂可再生、操作简单等特点。但树脂易受污染或氧化失效，再生频繁，操作费用高，对解吸附剂的要求也很高。因此，该法可应用于含银废水的银的回收，但由于其自身具有一些无法克服的缺点，因而在推广应用中受到了一定的限制。

≫ 【同步测试】

一、单选题

1. 下列哪个不是适合滴定用沉淀反应具备的条件　　　　　　　　　　（　　）

   A. 沉淀物有恒定的组成　　　　　　　　B. 沉淀反应的速率快

   C. 有适当的方法确定滴定终点　　　　　D. 沉淀无吸附现象

2. 下列哪个不是沉淀滴定法　　　　　　　　　　　　　　　　　　　（　　）

   A. 莫尔法　　　　B. 佛尔哈德法　　　　C. 法扬司法　　　　D. 路易斯法

3. 下列哪个是沉淀滴定法中莫尔法采用的指示剂　　　　　　　　　　（　　）

   A. 铬酸钾　　　　B. 铁铵矾　　　　C. 吸附指示剂　　　　D. 甲基橙

4. 下列哪个是莫尔法不能用于碘化物中的碘测定的原因　　　　　　　（　　）

   A. AgI 的溶解度太小　　　　　　　　B. AgI 的吸附能力太强

   C. AgI 的沉淀速度太慢　　　　　　　D. 没有合适的指示剂

5. 下列哪个是莫尔法测定氯的含量时滴定反应的酸度条件　　　　　　（　　）

   A. 强酸性　　　　　　　　　　　　　　B. 弱酸性

   C. 强碱性　　　　　　　　　　　　　　D. 弱碱性或近中性

6. 下列哪个是莫尔法采用 $AgNO_3$ 标准溶液测定 Cl^- 时的滴定条件 （　　）

    A. pH＝2.0～4.0 　　　　　　　　　　B. pH＝6.5～10.5

    C. pH＝4.0～6.5 　　　　　　　　　　D. pH＝10.0～12.0

7. 下列哪个是莫尔法测定 Cl^- 时酸度过高导致的后果 （　　）

    A. AgCl 沉淀不完全 　　　　　　　　B. AgCl 吸附 Cl^- 的作用增强

    C. Ag_2CrO_4 的沉淀不易形成 　　　　D. AgCl 的沉淀易胶溶

8. 下列关于以 K_2CrO_4 为指示剂的莫尔法说法正确的是 （　　）

    A. 指示剂 K_2CrO_4 的量越少越好

    B. 滴定应在弱酸性介质中进行

    C. 可测定 Cl^- 和 Br^-，但不能测定 I^- 或 SCN^-

    D. 莫尔法的选择性较强

9. 下列哪个是用沉淀滴定法测定银的适宜方式 （　　）

    A. 莫尔法直接滴定 　　　　　　　　　B. 莫尔法间接滴定

    C. 佛尔哈德法直接滴定 　　　　　　　D. 佛尔哈德法间接滴定

10. 下列哪个是沉淀滴定法中佛尔哈德法采用的指示剂 （　　）

    A. 铬酸钾 　　　　B. 铁铵矾 　　　　C. 吸附指示剂 　　　　D. 甲基橙

二、判断题

1. 莫尔法测定食品中氯化钠含量时，最适宜 pH 为 6.5～10.5。 （　　）

2. 银量法中用铬酸钾作指示剂的方法又叫沉淀法。 （　　）

3. 佛尔哈德法测定银离子以铁铵矾为指示剂。 （　　）

4. 硝酸银标准溶液需保存在无色玻璃瓶中。 （　　）

5. 标定硝酸银溶液需用基准氯化钠。 （　　）

6. 佛尔哈德法是以 NH_4SCN 为标准滴定溶液，铁铵矾为指示剂，在稀硝酸溶液中进行滴定的。 （　　）

7. 法扬司法测 Cl^- 含量时常加入糊精，其作用是防止 AgCl 凝聚。 （　　）

8. 用吸附指示剂确定终点的银量法称为法扬司法。 （　　）

9. 吸附指示剂被吸附后由于结构发生改变引起颜色的变化。 （　　）

10. 吸附指示剂吸附力的大小次序为 Br^-＞曙红＞Cl^-＞荧光黄。 （　　）

07

项目七　水质硫酸根含量的测定（沉淀重量法）

>> **【知识目标】**

1. 了解重量法的分类和特点。
2. 熟悉沉淀重量法的原理。
3. 掌握沉淀的形成与影响因素。
4. 掌握沉淀重量法的操作要点。
5. 掌握水质硫酸根含量的测定方法。

>> **【能力目标】**

1. 能够对晶体沉淀进行沉淀操作与过滤。
2. 能够利用沉淀重量法对水质硫酸根含量进行准确测定。
3. 能够准确、简明地记录实验原始数据。

>> **【素质目标】**

1. 培养学生精益求精的科学精神。
2. 培养学生团结协作的工作素养。

>> **【企业案例】**

　　硫酸及硫酸盐被广泛应用于化工、冶金、电解、印染、造纸、选矿、农药等行业及实验室。一般地下水、地表水中均含有硫酸盐。水中少量硫酸盐对人体健康没有什么影响，但水中硫酸根含量过高，不仅会使水生植物的新陈代谢作用受影响，而且被人体摄入后，会引起腹泻及肠胃炎等疾病。石油化工生产中含硫气体经物理化学变化后会生成硫酸盐，是造成酸雨危害的一种主要因素。在化工生产中，许多介质、产品中都含有一定量的 SO_4^{2-}，SO_4^{2-} 的含量对产品质量也有直接影响。因此，硫酸根含量的测定越来越引起人们的关注，检测硫酸根就显得尤为重要。

　　某村由于当地人口增长，居民用水量大增，需要打机井若干以保证居民用水。经过前期勘探，发现一处地下水源，开始施工前，聘请专业水质监测机构对水质进行分析检测，其中水中硫化物含量是一项重要指标，检测标准采用硫酸盐的测定（沉淀重量法），分析检验人员根据检测要求完成水质硫酸根含量的测定任务。

任务一 重量分析法

一、重量分析法

重量分析法是通过物理或化学反应将试样中待测组分与其他组分分离，然后用称量的方法测定该组分的含量。重量分析的过程包括了分离和称量两个过程。重量分析法将被测成分以单质或纯净化合物的形式分离出来，然后准确称量单质或化合物的质量，再以单质或化合物的质量及供试样品的质量来计算被测成分的百分含量。

1. 重量分析法的分类

重量分析法简称重量法，是将被测组分与试样中的其他组分分离后，转化为一定的称量形式，然后用称量方法测定它的质量，再据此计算该组分的含量的定量分析法。根据待测组分与试样中其他组分分离方法的不同，可以分为挥发法、电解法和沉淀法。

（1）挥发法

挥发法（又称汽化法）是通过加热或在试样中加入一种适当的试剂与试样反应，使待测组分转化成挥发性产物，以气体形式排出，然后根据试样的失重计算该组分的含量；或选择一种吸收剂将排出的气体产物吸收，根据吸收剂质量的增加来计算该组分的含量。例如，测定某纯净化合物结晶水的含量，可以加热烘干试样至恒重，使结晶水全部汽化逸出，试样所减少的质量就等于所含结晶水的质量。又如测定某试样中 CO_2 的含量，可以设法使 CO_2 全部逸出，用碱石灰作为吸收剂来吸 CO_2，然后根据吸收前后碱石灰质量之差来计算 CO_2 的含量。

（2）电解法

电解法又称电重量法。例如，要测定某试液中 Cu^{2+} 的含量，可以通过电解使试液中的 Cu^{2+} 全部在阴极析出，电解前后阴极质量之差就等于试液中 Cu^{2+} 的质量。

（3）沉淀法

沉淀法是重量分析法中应用最广泛的一种方法，这种方法以沉淀反应为基础，将被测组分转化成难溶化合物沉淀下来，再将沉淀过滤、洗涤、烘干或灼烧，最后称量沉淀的质量。根据沉淀的质量算出待测组分的含量。例如，测定试液中 SO_4^{2-} 的含量时，可加入过量 $BaCl_2$ 作为沉淀剂，使 SO_4^{2-} 全部沉淀为 $BaSO_4$，再将 $BaSO_4$ 沉淀过滤、洗涤、灼烧，最后称重，据此计算出 SO_4^{2-} 的含量。

2. 重量分析法的优缺点

重量分析法的全部数据都是由分析天平称量获得的，不需要基准物质或标准溶液进行比较。由于称量误差一般很小，如果分析方法可靠，操作细心，对常量组分的测定通常能得到准确的分析结果，测定的相对误差一般不大于 0.1%。但重量法操作烦琐，分析周期长，且不适用于微量分析和痕量组分的测定，因此应用受到限制，主要用于含量不太低的硅、硫、磷、钨、钼、镍及稀土元素的精确测定和仲裁分析。

3. 重量分析法对沉淀的要求

(1) 沉淀形式与称量形式的概念

沉淀形式：向试液中加入适当的沉淀剂，使被测组分沉淀出来，所得的沉淀称为沉淀形式。

称量形式：沉淀经过过滤、洗涤、烘干或灼烧后，得到的便是称量形式。根据称量形式的化学组成和质量，便可算出被测组分的含量。

沉淀形式与称量形式可以相同，亦可不相同。例如测定 Cl^- 时，加入沉淀剂 $AgNO_3$ 可得到 $AgCl$ 沉淀，烘干后为 $AgCl$，故此时沉淀形式与称量形式均为 $AgCl$。但在测定 Al^{3+} 时，若加入沉淀剂 $NaOH$，则得到 $Al(OH)_3$ 沉淀，烘干、灼烧后为 Al_2O_3，故此时沉淀形式为 $Al(OH)_3$，而称量形式为 Al_2O_3。

(2) 对沉淀形式的要求

沉淀的溶解度要小，以使沉淀反应完全。如果沉淀不完全，就会造成分析误差。沉淀要纯净，要尽量避免杂质对沉淀的污染，以免引起测定误差，同时沉淀要易于过滤和洗涤。要得到纯净并易于过滤的沉淀，就要根据晶形沉淀和无定形沉淀的不同特点选择适当的沉淀条件。沉淀要易于转化为称量形式。

(3) 对称量形式的要求

利用沉淀重量法进行分析时，首先将试样分解制成试液，然后加入适当的沉淀剂，使其与待测组分发生沉淀反应，并以沉淀形式沉淀出来。沉淀经过过滤、洗涤，在适当的温度下烘干或灼烧，转化为称量形式，再进行称量。根据称量形式的质量计算待测组分在试样中的含量。沉淀形式和称量形式可能相同，也可能不同。例如：

$$Ba^{2+} \xrightarrow{沉淀} BaSO_4 \xrightarrow{灼烧} BaSO_4$$

待测组分　　沉淀形式　　称量形式

$$Fe^{3+} \longrightarrow Fe(OH)_3 \xrightarrow{灼烧} Fe_2O_3$$

待测组分　　　沉淀形式　　称量形式

① 称量形式的实际组成必须与化学式完全相符，这是对称量形式最基本的要求。如果组成与化学式不相符，则不可能得到正确的分析结果。

② 称量形式必须稳定。稳定是指称量形式不易吸收空气中的水分和二氧化碳，在干燥或灼烧时不易分解等。称量形式如果不稳定，就无法准确称量。

③ 称量形式的相对分子质量应比较大。称量形式的相对分子质量越大，被测组分在其中的相对含量越小，越可以减少称重时的相对误差，提高分析的准确度。

4. 重量分析法的应用

由于重量分析法是直接用分析天平对物质进行称量来测定物质的含量，因此，对含量高的成分，即常量成分的测定具有很高的准确度和精密度。一些常见的非金属元素（如硅、磷、硫等）在样品中通常是常量成分，因此，常用重量分析法进行测定。一些常见的金属元素（如铁、钙、镁等）在样品中也通常是常量成分，因此，也常用重量分析法进行测定。

用重量分析法测定常量成分时，要根据样品和待测成分的性质采用适当的分离方法和称量形式。例如，在分析硅酸盐中硅的含量时，一般是设法将硅酸盐转化为硅酸沉淀后，再灼烧为二氧化硅进行称量。在分析含磷样品中磷的含量时，一般是设法将磷全部转化为正磷酸后，再用钼酸盐转化为磷钼杂多酸盐沉淀，将沉淀烘干后再进行称量。在分析含钾样品中的钾时，可用四苯硼钠将 K^+ 沉淀为四苯硼钾后再烘干进行称量。

一些化学性质相近的物质常常共存于混合物中，将这些性质相近的物质完全分离开有时比较麻烦。此时可将重量分析法与滴定分析法或其他分析法相结合，测出这些物质的总质量和总物质的量，然后通过计算分别求出各自的含量。

二、沉淀的形成与影响因素

利用沉淀反应进行质量分析时，要求沉淀反应定量地进行完全，这样质量分析的准确度才高。沉淀反应是否完全，可以根据沉淀反应达到平衡后，溶液中未被沉淀的被测组分的量来衡量，也就是说，可以根据沉淀溶解度的大小来衡量。溶解度小，沉淀完全；溶解度大，沉淀不完全。沉淀的溶解度可以根据沉淀的溶度积常数 K_{sp} 来计算。影响沉淀溶解度的因素很多，如同离子效应、盐效应、配位效应等。此外，温度、介质、沉淀结构和颗粒大小等对沉淀的溶解度也有影响。

1. 影响沉淀溶解度的因素

（1）同离子效应

组成沉淀晶体的离子称为构晶离子。沉淀反应达到平衡后，如果向溶液中加入适当过量的含有某一晶体离子的试剂或者溶液，则沉淀的溶解度减小，这种现象称为同离子效应。

【例 7 - 1】 在 25 ℃时，$BaSO_4$ 在水中的溶解度为 1.03×10^{-5} mol·L^{-1}，如果使溶液中的 SO_4^{2-} 浓度增加至 0.10 mol·L^{-1}，此时 $BaSO_4$ 的溶解度为多少？

$$S = [Ba^{2+}] = \frac{K_{sp}}{[SO_4^{2-}]} = \frac{1.06 \times 10^{-10}}{0.10} \text{ mol·}L^{-1} = 1.06 \times 10^{-9} \text{mol·}L^{-1}$$

即 $BaSO_4$ 的溶解度减少为原来的 1/10 000。因此在实际分析中，常加入过量沉淀剂，利用同离子效应使被测组分沉淀完全。但沉淀剂过量太多，可能引起盐效应、酸效应及配位效应等副反应，反而使沉淀的溶解度增大。一般情况下，沉淀剂过量 50%～100% 是合适的，如果沉淀剂是不易挥发的，则以过量 20%～30% 为宜。

（2）盐效应

沉淀反应达到平衡时，由于强电解质的存在或加入其他强电解质，沉淀的溶解度增大，这种现象称为盐效应。例如 $AgCl$、$BaSO_4$ 在 KNO_3 溶液中的溶解度比在纯水中大，而且溶解度随 KNO_3 浓度的增大而增大。

产生盐效应的原因是，由于强电解质的存在，离子强度亦增大，使沉淀的溶解度增大。在进行沉淀时，应当尽量避免其他强电解质的存在。例如，在 $PbSO_4$ 饱和溶液中加入 Na_2SO_4，就同时存在着同离子效应和盐效应。而哪一种效应占优势，取决于 Na_2SO_4 的浓度。但是，对于溶解度很小的沉淀，则盐效应的影响很小。$PbSO_4$ 溶解度随 Na_2SO_4 浓度的变化情况见表 7-1。

表 7-1　$PbSO_4$ 在 Na_2SO_4 溶液中的溶解度

Na_2SO_4 的浓度（mol/L）	0	0.001	0.01	0.02	0.04	0.100	0.200
$PbSO_4$ 的溶解度/mg	4.5	0.73	0.49	0.42	0.39	0.49	0.7

从表 7-1 中可知，初始时同离子效应使 $PbSO_4$ 溶解度降低，可是当强电解质的浓度增大到一定程度时，由于盐效应的存在，沉淀的溶解度反而增大。所以在利用同离子效应降低沉淀溶解度时，应考虑到盐效应的影响，即沉淀剂不能过量太多。否则，将使沉淀的溶解度增大，反而不能达到预期的效果。

（3）酸效应

溶液酸度对沉淀溶解度的影响称为酸效应。酸效应的发生主要是由于溶液中 H^+ 浓度的大小对弱酸、多元酸或难溶酸解离平衡的影响。因此，酸效应对于不同类型沉淀的影响情况不一样，若沉淀是强酸盐（如 $BaSO_4$、$AgCl$ 等），其溶解度受酸度影响不大，但对弱酸盐（如 CaC_2O_4）、氢氧化物、难溶酸等，酸效应影响就很显著。

当溶液中的 H^+ 浓度增大时，平衡向生成 $HC_2O_4^-$ 和 $H_2C_2O_4$ 的方向移动，破坏了 CaC_2O_4 的沉淀溶解平衡，致使 $C_2O_4^{2-}$ 浓度降低，CaC_2O_4 沉淀的溶解度增加。所以，弱酸盐的沉淀，受酸度影响较大，为了减少对沉淀溶解度的影响，通常应在较低的酸度下进行沉淀。

为了防止沉淀溶解损失，对于弱酸盐沉淀，如碳酸盐、草酸盐、磷酸盐等，通常应在较低的酸度下进行沉淀。如果沉淀本身是弱酸，如硅酸（$SiO_2 \cdot nH_2O$）、钨酸（$WO_3 \cdot nH_2O$）等，易溶于碱，则应在强酸性介质中进行沉淀。如果沉淀是强酸盐，如 $AgCl$ 等，在酸性溶液中进行沉淀时，溶液的酸度对沉淀的溶解度影响不大。对于硫酸盐沉淀，例如 $BaSO_4$，由于 H_2SO_4 的 K_{a2} 不大，当溶液的酸度太高时，沉淀的溶解度也随之增大。

（4）配位效应

溶液中如有配位剂能与构成沉淀的离子形成可溶性配合物，从而增大沉淀的溶解度，甚至不产生沉淀，这种现象称为配位效应。

配位剂主要来自两方面：一是沉淀剂本身就是配位剂，二是其他试剂。

例如，用 Cl^- 沉淀 Ag^+ 时，得到 AgCl 白色沉淀。若向此溶液中加入氨水，则因 NH_3 与 Ag^+ 配位形成 $[Ag(NH_3)_2]^+$，使 AgCl 的溶解度增大，甚至全部溶解。如果在沉淀 Ag^+ 时加入过量的 Cl^-，则 Cl^- 能与 AgCl 沉淀进一步形成 $[AgCl_2]^-$ 和 $[AgCl_3]^{2-}$ 等配离子，也使 AgCl 沉淀逐渐溶解，这时 Cl^- 沉淀剂本身就是配位剂。由此可见，在用沉淀剂进行沉淀时，应严格控制沉淀剂的用量，同时注意外加试剂的影响。

综上所述，在实际工作中应根据具体情况考虑哪种效应是主要的。对无配位反应的强酸盐沉淀，主要考虑同离子效应和盐效应；对弱酸盐或难溶酸、氢氧化物的沉淀，多数情况主要考虑酸效应；当有配位效应且沉淀的溶度积又较大，易形成稳定配合物时，则应主要考虑配位效应。此外，还要考虑其他因素如温度、溶剂及沉淀颗粒大小等对沉淀溶解度的影响。

（5）其他影响因素

下面是几种需要考虑的影响沉淀溶解度的因素：

① 温度的影响。溶解反应一般是吸热反应，因此沉淀的溶解度一般随着温度的升高而增大。对于一些在热溶液中溶解度较大的晶形沉淀，如 $MgNH_4PO_4$ 等应在热溶液中进行沉淀，在室温下进行过滤和洗涤；对于一些溶解度很小、溶液冷却后很难过滤和洗涤的无定形沉淀如 $Fe(OH)_3$、$Al(OH)_3$ 等应在热溶液中沉淀，趁热过滤，并用热溶液进行洗涤。

② 溶剂的影响。多数无机化合物沉淀为离子晶体，它们在有机溶剂中的溶解度要比在水中小，因此在沉淀重量法中，可采用向水中加入乙醇、丙酮等有机溶剂的办法来降低沉淀的溶解度，如 $PbSO_4$ 在 20％乙醇溶液中的溶解度仅为水溶液中的 1/10。但对于有机沉淀剂形成的沉淀，它们在有机溶剂中的溶解度反而大于在水溶液中的溶解度。

③ 沉淀颗粒大小的影响。对于某种沉淀来说，当温度一定时，小颗粒的溶解度大于大颗粒的溶解度。因此，在进行沉淀时，总是希望得到较大的沉淀颗粒，这样不仅沉淀的溶解度小，而且也便于过滤和洗涤。

2. 沉淀的形成

（1）沉淀的类型

沉淀按其物理性质不同大致分为三种类型：晶形沉淀、凝乳状沉淀和无定形沉淀（无定形沉淀又称为非晶形沉淀或胶状沉淀）。

晶形沉淀颗粒最大，其直径在 $0.1\sim1\ \mu m$ 之间。在晶形沉淀内部，离子按晶体结构有规则地排列，因而结构紧密，整个沉淀所占体积较小，极易沉降于容器底部，如 $BaSO_4$、$MgHPO_4$ 等属于晶形沉淀。

无定形沉淀颗粒最小，其直径大约在 $0.02\ \mu m$ 以下。无定形沉淀的内部离子排列杂乱无章，并且包含有大量水分子，因而结构疏松，整个沉淀所占体积较大，如 $Fe(OH)_3$、

Al（OH）₃等就属于无定形沉淀，因此也常写成 $Fe_2O_3 \cdot nH_2O$ 和 $Al_2O_3 \cdot nH_2O$。

凝乳状沉淀颗粒大小介于晶形沉淀与无定形沉淀之间，其直径为 $0.02 \sim 0.1 \mu m$。因此它的性质也介于二者之间，属于二者之间的过渡形，如 AgCl 就属于凝乳状沉淀。在重量分析中，生成的沉淀取决于构成沉淀物质本身的性质和沉淀的条件。

（2）沉淀的条件

为了得到纯净且易于过滤和洗涤的沉淀，对于不同类型的沉淀，应采取不同的沉淀条件。

① 晶形沉淀的沉淀条件。晶形沉淀主要考虑如何获得纯净、颗粒较大的沉淀，并注意沉淀的溶解损失。沉淀作用应在适当稀的溶液中进行，使溶液的相对过饱和度不至于太大，有利于形成颗粒较大的沉淀。但晶形沉淀往往溶解度比较大，为了减少溶解损失，溶液的浓度不宜过稀。沉淀作用应在热溶液中进行。热溶液使沉淀的溶解度增大，有利于生成粗大的结晶颗粒，同时可减少沉淀对杂质的吸附。在不断搅拌下慢慢滴加沉淀剂，防止局部沉淀剂过浓，以免生成大量的晶核。沉淀作用完毕后，让沉淀留在母液中放置一段时间，这一过程称为陈化。在陈化过程中，小晶体逐渐溶解，大晶体继续长大，这样可以得到比较完整、纯净、溶解度较小的沉淀。以上操作步骤可简称为"稀、热、慢、搅、陈"五步沉淀法。

② 非晶形沉淀的沉淀条件。非晶形沉淀的溶解度较小，容易吸附杂质，难以过滤和洗涤，容易形成胶体而无法沉淀出来。因此，在进行沉淀时，应主要考虑如何获得较紧密的沉淀，减少杂质的吸附，防止形成胶体溶液。沉淀作用应在较浓的热溶液中进行，沉淀剂加入的速度可以适当快一些，并趁热过滤、洗涤。这样可防止胶体生成，减少杂质吸附，有利于形成较紧密的沉淀。为防止生成胶体，可在溶液中加入适当的电解质，一般选用易挥发的盐（如铵盐），不必陈化。非晶形沉淀放置时间过长，会逐渐失去水分而聚集得更紧密，不易洗涤除去所吸附的杂质。必要时进行再沉淀。

3. 影响沉淀纯度的因素

重量分析不仅要求沉淀的溶解度要小，而且要求纯净。但是当沉淀从溶液中析出时，常被溶液中存在的其他离子所沾污。因此，必须了解影响沉淀纯度的因素，采取一定的措施以提高沉淀的纯度。

影响沉淀纯度的主要因素有共沉淀现象和后沉淀现象。

（1）共沉淀现象

在进行沉淀反应时，某些可溶性杂质同时沉淀下来的现象叫作共沉淀现象。产生共沉淀现象的原因是表面吸附、吸留和生成混晶等。

① 表面吸附。表面吸附是指在沉淀的表面上吸附了杂质。这种现象是由于晶体表面上离子电荷的不完全等衡引起的。

② 吸留。沉淀过程中，当沉淀剂的浓度较大、加入较快时，沉淀迅速长大，则吸附

在沉淀表面的杂质离子来不及离开沉淀，于是就裹在沉淀晶体的内部。这种现象称为吸留现象。

吸留现象形成的沉淀是不能用洗涤方法除去的，因此，在进行沉淀时，应尽量避免发生。

③ 生成混晶。每种晶形沉淀都具有一定的晶体结构，如果杂质离子与构晶离子的半径相近，电子层结构相同，而且所形成的晶体结构也相同，则它们能生成混晶。

常见的混晶有 $BaSO_4$ 和 $PbSO_4$、$AgCl$ 和 $AgBr$ 等。

也有一些杂质与沉淀具有不相同的晶体结构，如立方体的 $NaCl$ 和四面体的 Ag_2CrO_4 晶体结构不同，也能生成混晶。这种混晶的形状往往不完整，当其与溶液一起放置时，杂质离子将逐渐被驱出，结晶形状慢慢变得完整些，所得到的沉淀也就更纯净一些。

（2）后沉淀现象

在沉淀过程结束后，当沉淀与母液一起放置时，溶液中某些杂质离子可能慢慢地沉积到原沉淀上，放置的时间越长，杂质析出的量越多，这种现象称为后沉淀。

以 $(NH_4)_2C_2O_4$ 沉淀 Ca^{2+} 为例，若溶液中含有少量 Mg^{2+}，由于 K_{sp}（MgC_2O_4）$>$ K_{sp}（CaC_2O_4），当 CaC_2O_4 沉淀时，MgC_2O_4 不沉淀，但是在 CaC_2O_4 沉淀放置过程中，CaC_2O_4 晶体表面吸附大量的 $C_2O_4^{2-}$，使 CaC_2O_4 沉淀表面附近 $C_2O_4^{2-}$ 的浓度增加，这时 $[Mg^{2+}][C_2O_4^{2-}]>K_{sp}$（$MgC_2O_4$），在 CaC_2O_4 表面就会有 MgC_2O_4 析出。要避免或减少后沉淀的产生，主要是缩短沉淀与母液共置的时间。

三、重量分析基本操作

1. 样品的溶解

根据被测试样的性质，选用不同的溶（熔）解试剂，以确保待测组分全部溶解，且不使待测组分发生氧化还原反应造成损失，加入的试剂应不影响测定。溶样方法主要有水溶法、碱溶法、高温熔融法。

所用的玻璃仪器内壁（与溶液接触面）不能有划痕，玻璃棒两头应烧圆，以防黏附沉淀物。

试样溶解时不产生气体的溶解方法：称取样品放入烧杯中，盖上表面皿。溶解时，取下表面皿，凸面向上放置，试剂沿下端紧靠着烧杯内壁的玻璃棒慢慢加入，加完后将表面皿盖在烧杯上。

试样溶解时产生气体的溶解方法：称取样品放入烧杯中，先用少量水将样品润湿，表面皿凹面向上盖在烧杯上，用滴管滴加，或沿玻璃棒将试剂自烧杯嘴与表面皿之间的孔隙缓慢加入，以防猛烈产生气体。加完试剂后，用水吹洗表面皿的凸面，流下来的水应沿烧杯内壁流入烧杯中，用洗瓶吹洗烧杯内壁。

试样溶解需加热或蒸发时，应在水浴锅内进行，烧杯上必须盖上表面皿，以防溶液剧烈暴沸或迸溅。加热、蒸发停止时，用洗瓶洗表面皿或烧杯内壁。

2. 试样的沉淀

重量分析时对被测组分的洗涤应是完全和纯净的。沉淀类型主要分成两类：一类是晶形沉淀，另一类是无定型沉淀。晶形沉淀的沉淀操作应做到"五字原则"，即"稀、热、慢、搅、陈"。

沉淀操作时，应一手拿滴管，缓慢滴加沉淀剂，另一手持玻璃棒不断搅动溶液。搅拌时玻璃棒不要碰烧杯内壁和烧杯底，速度不宜快，以免溶液溅出。加热时应在水浴锅或电热板上进行，不得使溶液沸腾，否则会引起水溅或产生泡沫飞散，造成被测物损失。

沉淀完后，应检查沉淀是否完全，方法是将沉淀溶液静置一段时间，让沉淀下沉。上层溶液澄清后，滴加一滴沉淀剂，观察交接面是否浑浊。如浑浊，表明沉淀未完全，还需加入沉淀剂；如清亮则沉淀完全。

沉淀完全后，盖上表面皿，放置一段时间或在水浴锅上保温静置 1 小时左右，让沉淀的小晶体生成大晶体，不完整的晶体转为完整的晶体。

3. 沉淀的过滤和洗涤

过滤和洗涤的目的在于将沉淀从母液中分离出来，使其与过量的沉淀剂及其他杂质组分分开，并通过洗涤将沉淀转化成一种纯净的单组分。

对于需要灼烧的沉淀物，常在玻璃漏斗中用滤纸进行过滤和洗涤。对只需烘干即可称重的沉淀，则在古氏坩埚中进行过滤、洗涤。

过滤和洗涤必须一次完成，不能间断。在操作过程中，不得造成沉淀的损失。

（1）滤纸

① 滤纸的分类：滤纸分为定性滤纸和定量滤纸两大类。重量分析中使用的是定量滤纸。定量滤纸经灼烧后，灰分小于 0.01 mg 者称为"无灰滤纸"，其质量可忽略不计。若灰分质量大于 0.01 mg，则需从沉淀物中扣除其质量。一般市售定量滤纸都已注明每张滤纸的灰分质量，可供参考。定量滤纸一般为圆形，按直径大小分为 11 cm、9 cm、7 cm、4 cm 等规格，按滤速可分为快速、中速、慢速三种（见表 7-2）。定量滤纸的选择应根据沉淀物的性质来决定，应注意沉淀物完全转入滤纸中后，沉淀物的高度一般不超过滤纸圆锥高度的 1/3 处。

表 7-2　国产定量滤纸的类型和适用范围

类型	滤纸盒上色带标志	滤速/（s·100 mL^{-1}）	适用范围
快速	蓝色	60～100	无定形沉淀，如 $Fe(OH)_3$
中速	白色	100～160	中等粒度沉淀，如 $MgNH_4PO_4$
慢速	红色	160～200	细粒状沉淀，如 $BaSO_4$、$CaC_2O_4 \cdot 2H_2O$

② 滤纸的折叠与安放：一般将滤纸对折，然后再对折成四分之一圆，放入清洁干燥

的漏斗中。如滤纸边缘与漏斗不十分密合，可稍稍改变这一角度，直至与漏斗密合。再轻按使滤纸第二次的折边固定，取出呈圆锥体的滤纸，把三层厚的外层撕下一角，以便滤纸紧贴漏斗壁（如图 7-1 所示），撕下的纸角保留备用。若用布氏漏斗，则要选择与漏斗直径相适合的滤纸，而不需要折叠。把折好的滤纸放入漏斗，三层的一边应对应漏斗出口短的一边。用食指按紧，用洗瓶吹入水流将滤纸湿润，轻轻按压滤纸边缘，使锥体上部与漏斗密合，但下部留有缝隙，加水至滤纸边缘，此时空隙应全部被水充满，形成水柱，放在漏斗架上备用。

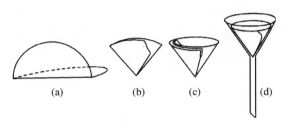

图 7-1　滤纸的折叠与安放

（2）沉淀的过滤、转移和洗涤

如果用滤纸过滤，过滤分三阶段进行。

第一阶段采用倾泻法，尽可能地过滤上层清液，如图 7-2 所示；第二阶段转移沉淀到漏斗上；第三阶段清洗烧杯和漏斗上的沉淀。三个动作一定要一次完成，不能间断，尤其是过滤胶状沉淀时更应如此。

第一步采用倾泻法是为了避免沉淀过早堵塞滤纸上的空隙，影响过滤速度。沉淀剂加完后，静置一段时间，待沉淀下降后，将上层清液沿玻璃棒倾入漏斗中，玻璃棒下端对着滤纸的三层边，尽可能靠近滤纸但不接触。倾入的溶液量一般只充满滤纸的 2/3，离滤纸上边缘至少 5 mm，以免少量沉淀因毛细管作用越过滤纸上缘，造成损失，而且使得后期不便清洗。

暂停倾泻溶液时，烧杯应沿玻璃棒向上的方向提起，逐渐使烧杯直立，以免使烧杯嘴上的液滴流失。带沉淀的烧杯放置时，烧杯下放一块木头，使烧杯倾斜，以利于沉淀和清液分开。待烧杯中沉淀澄清后，继续倾注，重复上述操作，直至上层清液倾完为止。开始过滤后，要检查滤液是否透明，如浑浊，应另换一个洁净烧杯，将滤液重新过滤。

用倾泻法将清液完全转移后，应对沉淀作初步洗涤。选用哪种洗涤液，应根据沉淀的类型和实验内容而定。洗涤时，沿烧杯壁旋转着加入约 10 mL 洗涤液（或蒸馏水）吹洗烧杯四周内壁，使黏附着的沉淀集中在烧杯底部。待沉淀下沉后，按前述方法，倾出过滤清液。如此重复 3～4 次，然后再加入少量洗涤液于烧杯中，搅动沉淀使之均匀，立即将沉淀和洗涤液一起通过玻璃棒转移至漏斗上，再加入少量洗涤液于烧杯中，搅拌均匀，转移至漏斗上。重复几次，使大部分沉淀都转移到滤纸上。然后将玻璃棒横架在烧杯口上，下端应在烧杯嘴上，且超出杯嘴 2～3 cm，用左手食指压住玻璃棒上端，大拇指在前，其余手指在后，将烧杯倾斜放在漏斗上方，杯嘴向着漏斗，玻璃棒下端指向滤纸的三层边，用洗瓶或滴管吹洗烧杯内壁，沉淀连同溶液流入漏斗中。如有少许沉淀牢牢黏附在烧杯壁上而吹洗不下来，可用前面折叠滤纸时撕下的纸角，以水湿润后，先擦玻璃棒上的沉淀，再用玻璃棒按住纸块沿杯壁自上而下旋转着把沉淀擦"活"，然后用玻璃棒将它拨出，放入该漏斗中心的滤纸上，与主要沉淀合并，用洗瓶吹洗烧杯，把擦"活"的沉淀微粒涮洗入漏斗中。在明亮处仔细检查烧杯内壁、玻璃棒、表面皿是否干净、不黏附沉淀。若仍有一点痕迹，再行擦拭、转移，直到完全为止。有时也可用沉淀帚在烧杯内壁自上而下、从左向右擦洗烧杯上的沉淀，然后洗净沉淀帚。沉淀帚一般可自制，剪一段乳胶管，一端套在玻璃棒上，另一端用橡胶胶水黏合，用夹子夹扁晾干即成。

图 7-2　倾泻法操作

沉淀全部转移至滤纸上后，接着要进行洗涤，目的是除去吸附在沉淀表面的杂质及残留液。将洗瓶在水槽上洗吹出洗涤剂，使洗涤剂充满洗瓶的导出管后，再将洗瓶拿在漏斗上方，吹出洗瓶的水流从滤纸的多重边缘开始，螺旋形地往下移动，最后到多重部分停止，这称为"从缝到缝"。这样可使沉淀洗得干净且可将沉淀集中到滤纸的底部。为了提高洗涤效率，应掌握洗涤方法的要领。洗涤沉淀时要少量多次，即每次螺旋形往下洗涤时，所用洗涤剂的量要少，以便于尽快沥干，沥干后，再行洗涤。如此反复多次，直至沉淀洗净为止。这通常称为"少量多次"原则。过滤和洗涤沉淀的操作，必须不间断地一次完成。若时间间隔过久，沉淀会干涸，黏成一团，就几乎无法洗涤干净了。无论是盛着沉淀还是盛着滤液，烧杯都应该经常用表面皿盖好。每次过滤完液体后，即应将漏斗盖好，以防落入尘埃。

不需要称量的沉淀或烘干后即可称量或热稳定性差的沉淀，均应在微孔玻璃漏斗（坩埚）内进行过滤。这种滤器的滤板是用玻璃粉末在高温下熔结而成的，因此，又常称为玻璃钢砂芯漏斗（坩埚）。此类滤器均不能过滤强碱性溶液，以免强碱腐蚀玻璃微孔。按微孔的孔径大小由大到小可分为六级，即 G_1～G_6（或称 1 号～6 号）。玻璃漏斗（坩埚）必须在抽滤的条件下，采用倾泻法过滤，其过滤、洗涤、转移沉淀等操作均与滤纸过滤法相同。

4．沉淀的烘干和灼烧

过滤所得沉淀经加热处理，即获得组成恒定的与化学式表示组成完全一致的沉淀。

（1）沉淀的烘干

烘干一般在250℃以下进行。凡是用微孔玻璃滤器过滤的沉淀，可用烘干方法处理。其方法为将微孔玻璃滤器连同沉淀放在表面皿上，置于烘箱中，选择合适温度烘干。第一次烘干时间可稍长（如2小时），第二次烘干时间可缩短为40分钟，沉淀烘干后，置于干燥器中冷却至室温后称重。如此反复操作几次，直至恒重为止。注意每次操作条件要保持一致。

（2）沉淀的灼烧

灼烧是指在250℃以上进行的处理。它适用于用滤纸过滤的沉淀，灼烧是在预先已烧至恒重的瓷坩埚中进行的。

（3）沉淀的包裹

对于胶状沉淀，因体积大，可用扁头玻璃棒将滤纸的三层部分挑起，向中间折叠，将沉淀全部盖住，再用玻璃棒轻轻转动滤纸包，以便擦净漏斗内壁可能粘有的沉淀。然后将滤纸包转移至已恒重的坩埚中。包晶形沉淀可按照图7-3示意，把带有沉淀的滤纸卷成小包，沉淀包好后用滤纸原来不接触沉淀的那部分，将漏斗内壁轻轻擦一下，擦下可能粘在漏斗上部的沉淀微粒。把滤纸包的三层部分向上放入已恒重的坩埚中，这样可使滤纸较易灰化。

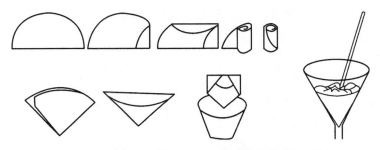

图7-3　沉淀的包裹方法（晶形沉淀和胶体沉淀）

（4）沉淀的干燥和灰化

将放有沉淀包的坩埚倾斜置于泥三角上，使多层滤纸部分朝上，以利烘烤（如图7-4所示）。

沉淀烘干这一步不能太快，尤其对于含有大量水分的胶状沉淀，很难一下烘干。若加热太猛，沉淀内部水分迅速汽化，会挟带沉淀溅出坩埚，造成实验失败。当滤纸包烘干后，滤纸会变黑而炭化，此时应控制火焰大小，使滤纸只冒烟而不着火。因为着火后，火焰卷起的气流会将沉淀微粒吹走。如果滤纸着火，应立即停止加热，用坩埚钳夹住坩埚盖将坩埚盖严，让火焰自行熄灭。切勿用嘴吹熄。

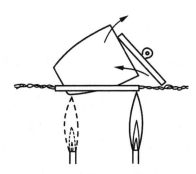

图 7 - 4　沉淀的烘干与灼烧

坩埚烧至红热，把炭完全烧成灰，这种将炭燃烧成二氧化碳除去的过程叫灰化。

沉淀和滤纸灰化后，将坩埚移入高温炉中（根据沉淀性质调节适当温度），盖上坩埚盖，但留有空隙。在与灼热空坩埚相同的温度下灼烧 40～45 min，与空坩埚灼烧操作相同。取出，冷却至室温，称重。然后进行第二次、第三次灼烧，直至坩埚和沉淀恒重为止。一般第二次以后只需灼烧 20 min 即可。所谓恒重，是指相邻两次灼烧后的称量差值不大于 0.2 mg。每次灼烧完毕从炉内取出后，都应在空气中稍冷后再移入干燥器中，冷却至室温后称重。然后再灼烧、冷却、称量，直至恒重。要注意每次灼烧、称重和放置的时间都要保持一致。

四、质量分析法计算

沉淀析出后，经过滤、洗涤、干燥或灼烧得到称量形式，根据称量形式的质量，按下式计算被测组分的含量。

$$w（\%）=\frac{m_x}{m_s}\times100\%=\frac{F \cdot m_p}{m_s}\times100\%$$

式中：m_x——被测组分的质量；

m_p——称量形式的质量；

m_s——试样的质量；

F——换算因数。

如果最后得到的称量形式就是被测组分的形式，则分析结果的计算十分简单。但在很多情况下，称量形式与被测组分的表示形式不一样，这时就需要计算换算因数。应当注意，换算因数与沉淀形式无关。

换算因数也叫化学因数，表示每单位质量的称量形式相当于被测组分的质量数，即

$$F=\frac{a\times 被测组分的摩尔质量}{b\times 称量形式的摩尔质量}=\frac{aM_x}{bM_p}$$

上式中，a 和 b 是为了使分子和分母中所含欲测组分的质子数或分子数相等而乘的系数。

常见被测组分与称量形式的换算因数见表 7 - 3。

表 7-3　几种常见被测组分与称量形式的换算因数

被测组分	沉淀形式	称量形式	换算因数
Fe_3O_4	$Fe(OH)_3 \cdot nH_2O$	Fe_2O_3	$2M_{Fe_3O_4}/3M_{Fe_2O_3}$
SO_4^{2-}	$BaSO_4$	$BaSO_4$	$M_{SO_4^{2-}}/M_{BaSO_4}$
Ag^+	$AgCl$	$AgCl$	M_{Ag^+}/M_{AgCl}
Mg^{2+}	$MgNH_4PO_4$	$Mg_2P_2O_7$	$M_{Mg^{2+}}/M_{Mg_2P_2O_7}$

【例 7-2】　测定硫酸钠含量时，称得试样 0.312 0 g，溶解后，加 $BaCl_2$ 沉淀剂使之沉淀。经过滤、洗涤、烘干和灼烧后，得称量形式 $BaSO_4$ 0.411 6 g，试计算试样中 Na_2SO_4 的百分含量。

解：$F = \dfrac{M_{Na_2SO_4}}{M_{BaSO_4}} = \dfrac{142.04}{233.09} = 0.609\,4$

$$w(Na_2SO_4)(\%) = \frac{Fm_{BaSO_4}}{m_s} \times 100\%$$

$$= \frac{0.609\,4 \times 0.411\,6}{0.312\,0} \times 100\% = 80.39\%$$

【例 7-3】　测定某含铁试样中铁的含量时，称取试样 0.250 0 g，沉淀为 $Fe(OH)_3$，然后灼烧为 Fe_2O_3，称得其质量为 0.249 0 g，求此试样中 Fe 的含量。若以 Fe_3O_4 表示结果，其含量为多少？

解：$F = \dfrac{2M_{Fe_3O_4}}{3M_{Fe_2O_3}} = \dfrac{2 \times 231.54}{3 \times 159.69} = 0.966\,6$

$$w(Fe_3O_4)(\%) = \frac{Fm_{Fe_2O_3}}{m_s} \times 100\% = \frac{0.966\,6 \times 0.249\,0}{0.250\,0} \times 100\% = 96.27\%$$

任务二　水质硫酸根含量的测定

一、主要内容与适用范围

测定水中硫酸盐的重量法，可用于地表水、地下水、含盐水、生活污水及工业废水。可以准确地测定硫酸盐含量 10 mg·L^{-1}（以 SO_4^{2-} 计）以上的水样，测定上限为 5 000 mg·L^{-1}（以 SO_4^{2-} 计）。

二、测定原理

在盐酸溶液中，硫酸盐与加入的氯化钡反应形成硫酸钡沉淀。沉淀反应在接近沸腾的温度下进行，并在陈化一段时间之后过滤，用水洗到无氯离子，烘干或灼烧沉淀，称量硫酸钡的质量。

三、测定试剂与仪器

1. 试剂

盐酸（1+1）、二水合氯化钡溶液（100 g·L^{-1}）、氨水（1+1）、甲基红指示剂溶液（1 g·L^{-1}）、硝酸银溶液（约 0.1 mol·L^{-1}）、碳酸钠（无水）。

2. 仪器

蒸汽浴装置、烘箱（带恒温控制器）、马弗炉、干燥器、分析天平、定量滤纸、滤膜（0.45 μm）、熔结玻璃坩埚（G4, 30 mL）、瓷坩埚（30 mL）、铂蒸发皿（250 mL）。

注：可用 30～50 mL 铂蒸发皿代替 250 mL 铂蒸发皿。水样体积大时，可分次加入。

四、采样与样品

① 样品可以采集在硬质玻璃或聚乙烯瓶中。为了不使水样中可能存在的硫化物或亚硫酸盐被空气氧化，容器必须用水样完全充满。不必加保护剂，可以冷藏较长时间。

② 试样的制备取决于样品的性质和分析的目的。为了分析可过滤态的硫酸盐，水样应在采样后立即在现场（或尽可能快地）用 0.45 μm 的微孔滤膜过滤，滤液留待分析。需要测定硫酸盐的总量时，应将水样摇匀后取试样，适当处理后进行分析。

五、测定步骤

1. 预处理

① 将量取的适量可滤态试样（例如含 50 mg SO$_4^{2-}$）置于 500 mL 烧杯中，加两滴甲基红指示剂，用适量的盐酸或者氨水调至显橙黄色，再加 2 mL 盐酸，加水使烧杯中溶液的总体积至 200 mL，加热煮沸至少 5 min。

② 如果试样中二氧化硅的浓度超过 25 mg·L^{-1}，则应将所取试样置于铂蒸发皿中，在蒸气浴上蒸发到近干，加 1 mL 盐酸，将蒸发皿倾斜并转动使酸和残渣完全接触，继续蒸发到干，放在 180 ℃的烘箱内完全烘干。如果试料中含有机物质，就在燃烧器的火焰上炭化，然后用 2 mL 水和 1 mL 盐酸把残渣浸湿，再在蒸气浴上蒸干。加入 2 mL 盐酸，用热水溶解可溶性残渣后过滤。用少量热水多次反复洗涤不溶解的二氧化硅，将滤液和洗液合并，调节酸度。

③ 如果需要测总量而试样中又含有不溶解的硫酸盐，则将试样用中速定量滤纸过滤，并用少量热水洗涤滤纸，将洗涤液和滤液合并，将滤纸转移到铂蒸发皿中，在低温燃烧器上加热灰化滤纸，将 4 g 无水碳酸钠同蒸发皿中残渣混合，并在 900 ℃加热使混合物熔融，放冷，用 50 mL 水将熔融混合物转移到 500 mL 烧杯中，使其溶解，并与滤液和洗液合并，调节酸度。

2. 沉淀

将预处理所得的溶液加热至沸腾，在不断搅拌下缓慢加入（10±5）mL 热氯化钡溶液，直到不再出现沉淀，然后再多加 2 mL 热氯化钡溶液，在 80～90 ℃下保持不少于 2 小时，或在室温至少放置 6 小时，最好过夜以陈化沉淀。

3. 过滤、沉淀灼烧或烘干

（1）灼烧沉淀法

少量无灰过滤纸纸浆与硫酸钡沉淀混合，用定量致密滤纸过滤，用热水转移并洗涤沉淀，用几份少量温水反复洗涤沉淀物，直至洗涤液不含氯化物为止。滤纸和沉淀一起，置于事先在 800 ℃灼烧恒重后的瓷坩埚里烘干，小心灰化滤纸后（不要让滤纸烧出火焰），将坩埚移入高温炉里，在 800 ℃灼烧 1 小时，放在干燥器内冷却，称重，直至灼烧至恒重。

（2）烘干沉淀法

用在 105 ℃干燥并已恒重的熔结玻璃坩埚（G4）过滤沉淀，用带橡皮头的玻璃棒及温水将沉淀定量转移到坩埚中去，用几份少量的温水反复洗涤沉淀，直至洗涤液不含氯化物。取下坩埚，并在烘箱内于（105±2）℃干燥 1～2 小时，放在干燥器内冷却，称重，直至干燥至恒重。

洗涤过程中氯化物的检验是在含约 5 mL 硝酸银溶液的小烧杯中收集约 5 mL 的洗涤水，如果没有沉淀生成或者不显浑浊，即表明沉淀中已不含氯离子。

六、测定数据与处理

硫酸根（SO_4^{2-}）的含量按下式进行计算：

$$m = \frac{m_1 \times 411.6 \times 1\,000}{V}$$

式中：m_1——从试料中沉淀出来的硫酸钡质量，g；

V——试料的体积，mL；

411.6——$BaSO_4$ 质量换算为 SO_4^{2-} 的因数。

七、注意事项

① 使用过的熔结玻璃坩埚的清洗可用每升含 5 g 2Na-EDTA 和 25 mL 乙醇胺 OH（$CH_2CH_2NH_2$）的水溶液将坩埚浸泡一夜，然后将坩埚在抽吸情况下用水充分洗涤。

② 用少量无灰滤纸的纸浆与硫酸钡混合，能改善过滤并防止沉淀产生蠕升现象，纸浆与过滤硫酸钡的滤纸可一起灰化。

③ 将 $BaSO_4$ 沉淀陈化好并定量转移是至关重要的，否则结果会偏低。

④ 当采用灼烧法时，硫酸钡沉淀的灰化应保证空气供应充分，否则沉淀易被滤纸烧成的炭还原，灼烧后的沉淀将会呈灰色或黑色。这时可在冷后的沉淀中加入 2～3 滴浓硫酸，然后小心加热至白烟不再发生为止，再在 800 ℃灼烧至恒重。

>> 【拓展阅读】 分步沉淀与沉淀的转化

1. 难溶电解质的溶度积

在一定温度下，难溶电解质饱和溶液中各离子浓度幂的乘积为一常数，称为溶度积，

用 K_{sp} 表示。溶度积的大小只与此时温度有关。

严格地说，溶度积应该用溶解平衡时各离子活度幂的乘积来表示。但由于难溶电解质的溶解度很小，溶液的浓度很稀。一般计算中，可用浓度代替活度。

对于物质　　A_nB_m（s）$\rightleftharpoons nA^{m+}$（aq）$+mB^{n-}$（aq）

溶度积　　　$K_{sp}=(c_{A^{m+}})^n \times (c_{B^{n-}})^m$

此公式只适用于饱和溶液。

K_{sp} 的大小反映了难溶电解质溶解能力的大小。K_{sp} 越小，则该难溶电解质的溶解度越小。

K_{sp} 的物理意义：

① K_{sp} 的大小只与此时温度有关，而与难溶电解质的质量无关。

② 表达式中的浓度是沉淀溶解达平衡时离子的浓度，此时的溶液是饱和或准饱和溶液。

③ 由 K_{sp} 的大小可以比较同种类型难溶电解质的溶解度的大小；不同类型的难溶电解质不能直接用 K_{sp} 比较溶解度的大小。

2. 分步沉淀

在实际工作中，常常会遇到系统中同时含几种离子，当加入某种沉淀剂时，几种离子均可能发生沉淀反应，生成难溶电解质。例如，向含有相同浓度的 Cl^- 和 CrO_4^{2-} 的溶液中滴加 $AgNO_3$ 溶液，首先会生成白色的 $AgCl$ 沉淀，然后生成砖红色的 Ag_2CrO_4 沉淀。这种先后沉淀的现象叫分步沉淀。对于混合溶液中几种离子与同一种沉淀剂反应生成沉淀的先后次序，可用溶度积规则来进行判断。根据溶度积原理，适当地控制条件就可以达到分离的目的。

3. 分步沉淀的次序

（1）与 K_{sp} 及沉淀类型有关

沉淀类型相同，被沉淀离子浓度相同，K_{sp} 小者先沉淀，K_{sp} 大者后沉淀。沉淀类型不同，要通过计算确定。

（2）与被沉淀离子浓度有关

溶度积先达到 K_{sp} 者先沉淀。

4. 沉淀转化

借助于某种试剂，将一种难溶电解质转变为另一种难溶电解质的过程叫作沉淀的转化。例如：

$$CaSO_4+CO_3^{2-} \Longrightarrow CaCO_3+SO_4^{2-}$$

一般来讲，溶解度较大的难溶电解质容易转化为溶解度较小的难溶电解质。两种难溶电解质的溶解度相差越大，沉淀转化越完全。但是欲将溶解度较小的难溶电解质转化为溶解度较大的难溶电解质就比较困难，如果溶解度相差太大，则转化实际上不能实现。

【同步测试】

一、选择题

1. 往 AgCl 沉淀中加入浓氨水，沉淀消失，这是因为 （ ）

    A. 盐效应   B. 同离子效应   C. 酸效应   D. 配位效应

2. 沉淀掩蔽剂与干扰离子生成的沉淀的 （ ） 要小，否则掩蔽效果不好。

    A. 稳定性   B. 还原性   C. 浓度   D. 溶解度

3. 沉淀重量分析中，依据沉淀性质，由（ ）计算试样的称样量。

    A. 沉淀的质量   B. 沉淀的重量

    C. 沉淀灼烧后的质量   D. 沉淀剂的用量

4. 称取硅酸盐试样 1.000 0 g，在 105 ℃下干燥至恒重，又称其质量为 0.979 3 g，则该硅酸盐中湿存水分质量分数为 （ ）

    A. 97.93％   B. 96.07％   C. 3.93％   D. 2.07％

5. 沉淀中若杂质含量太高，则应采用（ ）措施使沉淀纯净。

    A. 再沉淀   B. 提高沉淀体系温度

    C. 增加陈化时间   D. 减小沉淀的比表面积

6. 只需烘干就可称量的沉淀，选用（ ）过滤。

    A. 定性滤纸   B. 定量滤纸

    C. 无灰滤纸   D. 玻璃砂芯坩埚或漏斗

7. 在重量分析中能使沉淀溶解度减小的因素是 （ ）

    A. 酸效应   B. 盐效应   C. 同离子效应   D. 生成配合物

8. 已知 $BaSO_4$ 的溶度积 $K_{sp}=1.1\times10^{-16}$，将 0.1 mol·L^{-1} 的 $BaCl_2$ 溶液和 0.01 mol·L^{-1} 的 H_2SO_4 溶液等体积混合，则溶液 （ ）

    A. 无沉淀析出   B. 有沉淀析出

    C. 析出沉淀后又溶解   D. 不一定

9. 在重量法分析中，为了生成结晶晶粒比较大的晶形沉淀，其操作要领可以归纳为 （ ）

    A. 热、稀、搅、慢、陈   B、冷、浓、快

    C. 浓、热、快   D. 稀、冷、慢

10. 重量分析对称量形式的要求是 （ ）

    A. 颗粒要粗大   B. 相对分子质量要小

    C. 表面积要大   D. 组成与化学式完全符合

11. 用沉淀称量法测定硫酸根含量时，如果称量式是 $BaSO_4$，换算因数是 （ ）

    A. 0.171 0   B. 0.411 6   C. 0.522 0   D. 0.620 1

12. 有关影响沉淀完全的因素叙述错误的是 （　　）

    A. 利用同离子效应，可使被测组分沉淀更完全

    B. 异离子效应的存在，可使被测组分沉淀完全

    C. 配合效应的存在，将使被测离子沉淀不完全

    D. 温度升高，会增加沉淀的溶解损失

13. 以 SO_4^{2-} 沉淀 Ba^{2+} 时，加入适量过量的 SO_4^{2-} 可以使 Ba^{2+} 沉淀更完全。这是利用

    （　　）

    A. 同离子效应　　　B. 酸效应　　　　　C. 配位效应　　　　　D. 异离子效应

14. 过滤 $BaSO_4$ 沉淀应选用 （　　）

    A. 快速滤纸　　　　B. 中速滤纸　　　　C. 慢速滤纸　　　　D. 玻璃砂芯坩埚

15. 下列叙述中，哪一种情况适于沉淀 $BaSO_4$ （　　）

    A. 在较浓的溶液中进行沉淀

    B. 在热溶液中及电解质存在的条件下沉淀

    C. 进行陈化

    D. 趁热过滤、洗涤，不必陈化

16. 下列各条件中哪一条违反了非晶形沉淀的沉淀条件 （　　）

    A. 沉淀反应宜在较浓溶液中进行　　　　B. 应在不断搅拌下迅速加沉淀剂

    C. 沉淀反应宜在热溶液中进行　　　　　D. 沉淀宜放置过夜，使沉淀陈化

17. 下列各条件中何者是晶形沉淀所要求的沉淀条件 （　　）

    A. 沉淀作用在较浓溶液中进行　　　　　B. 在不断搅拌下加入沉淀剂

    C. 沉淀作用在冷溶液中进行　　　　　　D. 沉淀后立即过滤

18. 过滤大颗粒晶体沉淀应选用 （　　）

    A. 快速滤纸　　　　B. 中速滤纸　　　　C. 慢速滤纸　　　　D. 玻璃砂芯坩埚

19. 称取 0.482 9 g 合金试样，溶解使其中 Ni 沉淀为丁二酮肟镍 Ni（$C_8H_{14}O_4N_4$，$M=$ 288.84），经过滤、洗涤、烘干，称得质量为 0.267 1 g。则试样中 Ni（$M=$ 58.69）的质量分数为 （　　）

    A. 1.24%　　　　　B. 5.62%　　　　　C. 11.24%　　　　　D. 22.48%

20. 如果吸附的杂质和沉淀具有相同的晶格，这就形成 （　　）

    A. 后沉淀　　　　　B. 机械吸留　　　　C. 包藏　　　　　　D. 混晶

21. 在下列杂质离子存在下，以 Ba^{2+} 沉淀 SO_4^{2-} 时，沉淀首先吸附 （　　）

    A. Fe^{3+}　　　　　B. Cl^-　　　　　　C. Ba^{2+}　　　　　D. NO_3^-

二、判断题

1. 沉淀重量法中的称量式必须具有确定的化学组成。 （　　）

2. 在酸性或中性介质中，Fe^{3+} 与亚铁氰化钾作用生成稳定的橙红色沉淀。 （　　）

3. 沉淀重量法测定中，要求沉淀式和称量式相同。 （　　）

4. 共沉淀引入的杂质量随陈化时间的延长而增多。 （　　）

5. 重量分析法准确度比分光光度法高。 （　　）

6. 由于混晶而带入沉淀中的杂质通过洗涤是不能除掉的。 （　　）

7. 在沉淀的形成过程中，如定向速度远大于聚集速度，则易形成晶形沉淀。 （　　）

8. 加入沉淀剂越多，越有利于沉淀完全。 （　　）

9. 以 SO_4^{2-} 沉淀 Ba^{2+} 时，加入适当过量的 SO_4^{2-}，可以使 Ba^{2+} 沉淀更完全。这是利用同离子效应。 （　　）

10. 沉淀 $BaSO_4$ 应在热溶液中进行，然后趁热过滤。 （　　）

11. 用洗涤液洗涤 $BaSO_4$ 沉淀时，要少量多次，以降低 $BaSO_4$ 沉淀的溶解损失。

（　　）

08

项目八　水质 pH 的测定（电位分析法）

▶▶ 【知识目标】

1. 了解电位分析法的原理与特点。
2. 熟悉电位分析法常用电极的结构及使用注意事项。
3. 熟悉直接电位法和电位滴定法的原理。
4. 掌握水质 pH 的测定方法。

▶▶ 【能力目标】

1. 能够正确使用和维护电位分析仪。
2. 能够合理选用指示电极和参比电极。
3. 能够利用电位分析法对水质 pH 进行准确测定。
4. 能够准确、简明地记录实验原始数据。

▶▶ 【素质目标】

1. 培养学生的创新意识。
2. 培养学生的环保意识。

▶▶ 【企业案例】

　　某市的环保志愿者在世界水日这一天，对金华江的支流进行了摸底。志愿者沿江共采集了 16 份水样，其中 12 份取自沿江排污口，4 份取自区域断面的江水。这些水样委托具备检测资质的专业机构进行检测，确定水质情况。其中包括水质 pH 的测定，测定方法采用水质 pH 的测定（电位分析法），检测结果将作为参考提供给当地环保部门。分析检验人员根据检测要求完成水质 pH 的分析检验任务。

任务一 ▶ 电位分析法

一、电位分析法概述

1. 电位分析法的概念

电位分析法是一种电化学分析方法。它包括直接电位法和电位滴定法。直接电位法是通过测量电池电动势来确定待测离子活度的方法。电位滴定法是根据滴定过程中指示电极的电极电位变化来确定滴定终点的方法。近十几年来，各种离子选择性电极相继出现，使电位分析法，尤其是直接电位法的应用得到了新的发展。

2. 电位分析法的基本原理

电位分析法是通过测定含有待测组分溶液的化学电池的电动势，进而求得溶液中待测组分含量的方法。通常在待测电解质溶液中插入两支性质不同的电极，用导线相连组成化学电池。构成原电池的两个电极，其中一个电极的电位随被测离子的活度（或浓度）而变化，能指示被测离子的活度（或浓度），称为指示电极；而另一个电极的电位则不受试液组成变化的影响，具有较恒定的数值，称为参比电极。当指示电极和参比电极共同浸入试液中构成原电池时，利用电池电动势与试液中离子活度之间一定的数量关系，从而测得离子的活度。

3. 电位分析法的特点

① 灵敏度、准确度高，选择性好，适用面广，试样用量少，若使用特制的电极，所需试液可少至几微升，被测物质的最低量可以达到 10^{-12} mol·L^{-1} 数量级。

② 电位分析仪器装置简单，操作方便快捷，测试费用低，易于普及。测定时可直接得到电信号，易传递，尤其适合于生产中的自动控制和在线分析，自动化程度高。

③ 应用广泛。可用于无机离子的分析，测定有机化合物也日益广泛（如在药物分析中），可应用于活体分析（如用超微电极），能进行组成、状态、价态和相态分析，可用于各种化学平衡常数的测定、一级化学反应机理和历程的研究。

④ 电位分析的精密度较差，当要求精密度较高时不宜采用此法，电极电位值的重现性受实验条件的影响较大。

4. 电位分析法的分类

电位分析法是根据物质的电学及电化学性质来测定物质含量的分析方法，归纳起来，可分为三大类。

（1）直接电位法

直接电位法是以待测物质的浓度在某一特定实验条件下与某些电化学参数间的函数关系为基础的分析方法。在某些特定条件下，通过待测液的浓度与化学电池中某些电参量的关系进行定量分析，如电导分析、电位分析、库仑分析及伏安分析。这类方法操作简单快捷，缺点是这些电化学参数与溶液组分间的关系随测定条件的改变而改变，因此测定的准确度不高。

（2）电容量分析法

电容量分析法是以滴定过程中某些电化学参数的突变来指示滴定分析中的终点的方法，如通过某一电参量的变化来指示终点的电容量分析和电位滴定。这类分析方法与化学滴定分析法类似，也是把一种已知浓度的标准溶液滴加到被测溶液中，直到化学反应定量完成，根据消耗标准溶液的量计算出被测组分的量。不同的是电容量分析法不用指示剂颜色变化确定滴定终点，而是根据溶液中某个电化学参数的突变来确定终点。

（3）电称量分析法

电称量分析法是指通过电极反应把被测物质转变为金属或其他形式的化合物沉积在电极上，然后通过称量确定被测组分含量的方法。这种方法的准确度高，但需要时间较长，如电解分析法。

二、电位分析法常用的电极

电位分析法中常用的电极有参比电极和指示电极。参比电极和指示电极有多种类型。应当注意的是，某一电极是作为指示电极还是参比电极不是绝对的，在一定条件下作为参比电极，在另一种情况下，又可作为指示电极。

1. 参比电极

参比电极是测量电池电动势、计算电极电位的相对标准，与被测物质的浓度无关。使用过程中要求参比电极的电极电位恒定、再现性好、可逆性好、装置简单、使用方便、寿命长。在测量过程中，即使有微小电流（约 10^{-8} A 或更小）通过，电极电位依旧能够保持不变，它与不同的测试溶液间的液体接界电位差异很小，数值很低（$1\sim2$ mV），可以忽略不计。

（1）标准氢电极

标准氢电极（NHE）是最精确的参比电极（如图 8-1 所示），是参比电极的一级标准，它的电位值规定在任何温度下都是 0 V。用标准氢电极与另一电极组成电池，测得的电池两极的电位差值就是另一电极的电极电位。

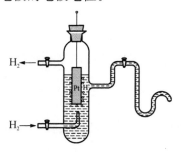

图 8-1　标准氢电极

但是由于标准氢电极制备和使用不方便，氢气的净化、压力的控制等难以满足要求，而且铂黑容易中毒，所以已很少用它作参比电极，取而代之的是易于制备、使用又很方便的甘汞电极。

（2）甘汞电极

甘汞电极是金属汞和 Hg_2Cl_2 及一定浓度的 KCl 溶液等构成的。其结构如图 8-2 所示。

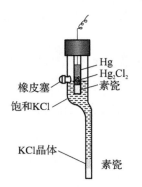

图 8-2　甘汞电极

甘汞电极由两个玻璃套管组成。内玻璃管中封接一根铂丝，铂丝插入纯汞中，下置一层甘汞（Hg_2Cl_2）和汞的糊状物。外玻璃管中装入 KCl 溶液。电极下端与待测溶液接触部分是熔结陶瓷芯或玻璃砂芯等多孔物质或是一毛细管通道，构成使溶液互相连接的通路。

甘汞电极半电池组成：　　　　$Hg，Hg_2Cl_2$（固）｜KCl

电极反应为　　　　　　　　$Hg_2Cl_2 + 2e^- \rightleftharpoons 2Hg + 2Cl^-$

甘汞电极电位的大小由电极表面的 Hg_2^{2+} 的活度决定，有微溶盐 Hg_2Cl_2 存在时，Hg_2^{2+} 的活度决定 Cl^- 的活度，电极中充入不同浓度的 KCl 溶液可具有不同的电位值。甘汞电极对标准氢电极的电极电位见表 8-1。

表 8-1　甘汞电极的电极电位（25 ℃）

电极类型	KCl 溶液浓度	电极电位/V
$0.1 \ mol \cdot L^{-1}$ 甘汞电极	$0.1 \ mol \cdot L^{-1}$	+0.336 5
标准甘汞电极（NCE）	$1.0 \ mol \cdot L^{-1}$	+0.282 8
饱和甘汞电极（SCE）	饱和溶液	+0.243 8

饱和甘汞电极结构简单，使用方便，电极电位稳定。只要测量时通过的电流比较小，它的电极电位就不发生显著变化，应用比较广泛。

饱和甘汞电极使用时应注意以下几点：

① 甘汞电极内应充满饱和氯化钾溶液，并有少许氯化钾晶体存在。打开甘汞电极的橡皮塞后，其渗出氯化钾溶液的速度应为几分钟在滤纸上就有一个湿印为宜。

② 甘汞电极不用时应将其侧管的橡皮塞塞紧，将下端的橡皮套套上，存放在盒内。

若甘汞电极盐桥端的毛细孔被氯化钾晶体堵塞，则可放入蒸馏水中浸泡溶解。

③ 甘汞电极的上部绝缘管应保持干净，以避免氯化钾溶液沾污而造成漏电。甘汞电极内部不允许有气泡存在。

④ 甘汞电极内的饱和氯化钾溶液应能浸没甘汞糊体，当溶液减少时应从侧管加入少许饱和氯化钾溶液。测量时甘汞电极内的氯化钾液面应高于被测液面，以防止电极由于被测液的渗入而被沾污。

⑤ 保存和使用甘汞电极的地方的温度不能变化太大，否则会引起电极电势的改变。

（3）银-氯化银电极

银丝上镀一层氯化银，浸在一定浓度的氯化钾溶液中，构成 Ag-AgCl 电极，如图 8 - 3 所示。

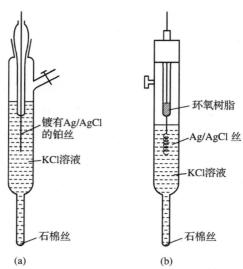

图 8 - 3　银-氯化银电极

银-氯化银电极半电池组成：Ag，AgCl（固）│ KCl

电极反应为　　　　　　　$AgCl + e^- \rightleftharpoons Ag + Cl^-$

银-氯化银电极的电位取决于电极表面 Ag^+ 的活度的大小，在微溶盐 AgCl 的存在下，a_{Ag^+} 又取决于溶液中 Cl^- 的活度的值，在不同浓度的 KCl 溶液中具有不同的电位值。银-氯化银电极对标准氢电极的电极电位见表 8 - 2。

表 8 - 2　银-氯化银电极的电极电位（25 ℃）

电极类型	KCl 溶液浓度	电极电位/V
0.1 mol · L^{-1}银-氯化银电极	0.1 mol · L^{-1}	+0.288 0
标准银-氯化银电极	1.0 mol · L^{-1}	+0.222 3
饱和银-氯化银电极	饱和溶液	+0.200 0

银-氯化银电极主要有以下特点：

① 电极体积小，常用作离子选择性电极的内参比电极。

② 所用 KCl 溶液必须事先用 AgCl 饱和，否则会使电极上的 AgCl 溶解，这主要是因为 AgCl 在 KCl 溶液中有一定的溶解度。

③ 作外参比电极时，电极内不能有气泡，内参比溶液的液面要高于测定液面。

④ 在温度较高时具有较小的温度滞后效应，在温度接近 300 ℃时仍可使用，且有足够的稳定性。在高温测定时可替代甘汞电极使用。

2. 指示电极

电位分析中，还需要另一类性质的电极，它能快速而灵敏地对溶液中参与半反应的离子的活度或不同氧化态的离子的活度产生能斯特响应，这类电极称为指示电极。指示电极流过的电流很小，一般不引起溶液本体成分的明显变化，其电极电位与溶液中相关离子的活度（或浓度）关系符合能斯特方程。理想的指示电极只应对要测量的离子有响应，对其他离子没有响应。

常用的指示电极主要是金属电极和膜电极两大类，就其结构上的差异可以分为金属-金属离子电极、金属-金属难溶盐电极、惰性金属电极、玻璃膜及其他膜电极等。

（1）金属-金属离子电极

金属-金属离子电极是由某些金属插入同种金属离子的溶液中而组成的，称为第一类电极。这类电极只包括一个界面，金属与该金属离子在该界面上发生可逆的电子转移。其中电极电位的变化能准确反映溶液中金属离子活度的变化。

组成这类电极的金属有银、铜、汞等。某些较活泼的金属，如铁、钴、钨和铬等，它们的电极电位都是负值，由于易受表面结构因素和表面氧化膜等影响，其电位重现性差，不能用作指示电极。金属-金属离子电极的电位仅与金属离子的活度（或浓度）有关，因此可用其测定溶液中同种金属离子的活度（或浓度）。

（2）金属-金属难溶盐电极

金属-金属难溶盐电极是由表面带有该金属难溶盐涂层的金属，浸在与其难溶盐有相同阴离子的溶液中组成的，也称为第二类电极。包括两个界面，如甘汞电极、银-氯化银电极等，其电极电位随溶液中难溶盐的阴离子活度的变化而变化。

此类电极能用于测量并不直接参与电子转移的难溶盐的阴离子活度。如银-氯化银电极可以用于测定 a_{Cl^-}。这类电极电位值稳定，重现性好，常用作参比电极。在电位分析中，作为指示电极的用途逐渐被离子选择性电极所取代。

（3）惰性金属电极

惰性金属电极一般由一种性质稳定的惰性金属构成，如铂电极或金电极。在溶液中，电极本身并不参加反应，仅作为导体，是物质的氧化态和还原态交换电子的场所，称为零类电极或氧化还原电极。这类电极的电极电位与两种氧化态离子活度的比值有关，电极起传递电子的作用，本身不参与氧化还原反应。

（4）膜电极

膜电极是以固态或液态膜作为传感器，又称为离子选择性电极，它能指示溶液中某种离子的浓度，是电位分析中最常用的电极。膜电位和离子浓度的关系符合能斯特方程式。但是膜电位的产生机理不同于上述各类电极，其电极上没有电子的转移，而电极电位的产生是离子交换和扩散的结果。各种离子选择性电极属于这类指示电极，如玻璃电极。离子选择性电极是通过电极上的薄膜对各种离子有选择性地响应而作为指示电极的。它与上述金属基电极的区别在于电极的薄膜并不给出或得到电子，而是选择性地让一些离子渗透，同时也包含着离子交换过程。离子选择性电极种类繁多，有 pH 玻璃电极、氟离子电极、液膜电极和敏化电极等，如图 8 - 4 所示。

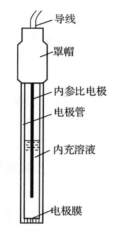

图 8 - 4　离子选择性电极

3．玻璃电极

测定溶液 pH 时常用饱和甘汞电极作为参比电极，氢电极、氢醌电极和 pH 玻璃电极作为指示电极，其中 pH 玻璃电极最为常用。

（1）玻璃电极的构造

玻璃电极由 pH 敏感膜、内参比电极（AgCl/Ag）、内参比液、带屏蔽的导线等组成，玻璃电极的核心部分是玻璃敏感膜（如图 8 - 5 所示）。

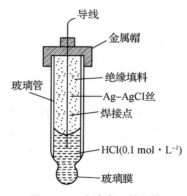

图 8 - 5　玻璃电极的结构

（2）玻璃电极的工作原理

纯的 SiO_2 制成的石英玻璃由于没有可供离子交换用的电荷质点，不能完成传导电荷的任务，因此石英玻璃对氢离子没有响应。然而在石英玻璃中加入碱金属的氧化物（如 Na_2O），将引起硅氧键断裂，形成荷电的硅氧交换点位。当玻璃电极浸泡在水中时，溶液中的氢离子可进入玻璃膜与钠离子交换而占据钠离子的点位，交换反应为

$$H^+ + Na^+Cl^- \Longleftrightarrow Na^+ + H^+Cl^-$$

此交换反应的平衡常数很大，由于氢离子取代了钠离子的点位，玻璃膜表面形成了一个类似硅酸结构（—Si—OH）的水化胶层。

玻璃电极之所以能测定溶液 pH，是因为玻璃膜产生的膜电位与待测溶液 pH 有关。由于内参比溶液的作用，玻璃的内表面同样也形成了内水化胶层。当浸泡好的玻璃电极浸入待测溶液时，水化胶层与溶液接触，由于硅胶层表面和溶液的 H^+ 活度不同，形成活度差，H^+ 便从活度大的一方向活度小的一方迁移，硅胶层与溶液中的 H^+ 建立了平衡，改变了胶-液两相界面的电荷分布，产生一定的相界电位。同理，在玻璃膜内侧水合硅胶层-内部溶液界面也存在一定的相界电位。通过计算可知 $E_{膜} = K + 0.059 \lg a_1 = K - 0.059 \, pH$，$E_{膜}$ 为玻璃内、外两侧溶液间的电位差。由此可知在一定的温度下玻璃电极的膜电位与试液的 pH 呈直线关系，同时也表明玻璃电极可作为 pH 测定的指示电极。

（3）玻璃电极的特性

如果玻璃膜两侧溶液的 pH 相同，则膜电位应等于零，但实际上仍有一微小的电位差存在，这个电位差称为不对称电位。当所测溶液的 pH>10 或钠离子浓度较高时，测得的 pH 比实际数值偏低，这种现象被称为碱差（钠差）。当所测溶液的 pH<1 时，测得的 pH 比实际值高，这种现象被称为酸差。

三、直接电位法

直接电位法是通过测量电池电动势来确定待测离子活度或浓度的方法。例如用玻璃电极测定溶液的氢离子的活度，用离子选择性电极测定各种阴、阳离子的活度等。

1. H^+ 活度的测定原理

将 pH 玻璃电极和参比电极放入待测溶液中，测得溶液电位即可得到结果。可以借助酸度计实现测定过程（如图 8-6 所示）。

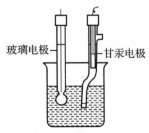

玻璃电极 ——　　　—— 甘汞电极

图 8-6　pH 测量的原电池

测定过程中的电池可表示为

$$Ag，AgCl｜HCl｜玻璃膜｜试液‖KCl（饱和）｜Hg_2Cl_2，Hg$$

$$\varphi_{膜} \qquad\qquad \varphi_L$$

$$|\longleftarrow 玻璃电极 \longrightarrow| \qquad |\longleftarrow 甘汞电极 \longrightarrow|$$

$$\varphi_{玻璃}=\varphi_{AgCl/Ag}+\varphi_{膜} \qquad\qquad \varphi_L=\varphi_{Hg_2Cl_2/Hg}$$

25 ℃时，电动势可用下式计算：

$$E_{电池}=E_{SCE}-E_{玻}+E_{不对称}=E_{SCE}-E_{AgCl/Ag}-E_{膜}+E_{不对称}+E_{液接}$$

在一定条件下，E_{SCE}、$E_{不对称}$、$E_{液接}$ 及 $E_{AgCl\text{-}Ag}$ 可视为常数，将这些值合并为一个常数 k。

则 $\qquad\qquad E_{电池}=k-0.059\lg a_{H^+}$ 或 $E_{电池}=k+0.059\,pH$

在实际中，未知溶液的 pH_x 是通过与标准缓冲溶液的 pH_s 相比较而确定的。

若测得标准缓冲溶液的电动势为 E_s，则 $E_s=k+0.059\,pH_s$

在相同条件下，测得未知溶液的电动势为 E_x，则 $E_x=k+0.059\,pH_x$。

合并 E_s 和 E_x 可得

$$pH_x=pH_s+\frac{E_x-E_s}{0.059}$$

在同一条件下，采用同一支 pH 玻璃电极和甘汞电极分别测出 E_x 和 E_s，即可求得待测溶液的 pH_x。

2. 离子活度的测定原理

用离子选择性电极测定离子浓度时将指示电极与参比电极浸入被测溶液中组成电池，并测量其电动势。例如，使用氟离子选择性电极测定溶液中氟离子浓度时组成如下电池：

$$Ag，AgCl｜NaF，NaCl｜LaF_3 单晶膜｜试液‖KCl（饱和）｜Hg_2Cl_2，Hg$$

该电池的电动势为

$$E_{电池}=E_{SCE}-（k-0.059\lg a_{F^-}）+E_{液接}+E_{不对称}$$

设 $k'=E_{SCE}-k+E_{液接}+E_{不对称}$，则 $E_{电池}=k'+0.059\lg a_{F^-}$。

若氟离子选择性电极与参比电极组成如下电池：

$$Hg，Hg_2Cl_2｜KCl（饱和）‖试液｜LaF_3 单晶膜｜NaF，NaCl｜AgCl，Ag$$

此时，电动势为 $E_{电池}=k'-0.059\lg a_{F^-}$。

3. 直接电位测定定量方法

直接电位法包含的定量分析方法很多，归纳起来可分为标准曲线法、标准加入法和浓度直读法等。

（1）标准曲线法

将离子选择性电极与参比电极插入一系列浓度已知的标准溶液中，测出相应的电动势，以各标准溶液的电动势为纵坐标，离子活度（或浓度）的对数或负对数为横坐标，绘制出标准曲线。用同样的方法测定试样溶液的 E 值，即可从标准曲线上查出被测溶液的浓度。它适用于批量试样的分析，同时试样中也应加入与系列标准溶液中同量的总离子强度调节缓冲溶液（TISAB）。另外，测量系列标准溶液的 E 值时，应按溶液浓度由低到高依次测量。

（2）标准加入法

在一定条件下，向一定体积的待测溶液中准确加入少量离子活度（或浓度）已知的标准溶液，分别测定加入标准溶液前后待测溶液的电动势，根据能斯特方程计算出待测离子的活度（或浓度）。标准加入法只需要一种标准溶液，且操作简便，适用于组成复杂的个别试样的测定，能较好地消除试样基体干扰，测定准确度较高。它适用于测定离子强度比较大且溶液中存在配位体的金属离子总浓度（包括游离的与配位的）。

（3）浓度直读法

测定溶液中待测离子的活度或浓度，也可用经过标准溶液校准的测量仪器直接读出待测溶液的 pX 或 c_x，常使用离子计，这种方法简便、快速。

四、电位滴定法

1. 电位滴定的概念

电位滴定法是根据滴定过程中电极电位的突跃来确定滴定终点的一种滴定分析方法。在滴定过程中，被滴定的溶液中插入连接电位计的两支电极，一支为参比电极，另一支为指示电极。随着滴定剂的加入，由于发生了化学反应，待测离子的浓度不断发生变化，指示电极的电位随之发生变化。在计量点附近，待测离子的浓度发生突变，指示电极的电位发生相应的突跃。因此，测量滴定过程中电池电动势的变化，就能确定滴定反应的终点。电位滴定法以测量电位变化为基础，它比直接电位法具有更高的准确度和精密度。但分析时间长，如用自动电位滴定仪，用计算机处理数据，则可达到简便快速测定的目的。使用不同的指示电极，电位滴定法可以进行酸碱滴定、氧化还原滴定、配位滴定和沉淀滴定等。

2. 电位滴定法的特点

与直接电位法相比，电位滴定法测量的是电池电动势的变化情况，只是根据电动势的变化情况来确定滴定分析的终点。电位滴定法的定量参数是滴定剂的体积，故而抵消了直接电位法中的其他影响因素，如电动势的测量误差等，其准确度优于直接电位法。

电位滴定法与普通化学滴定法的不同之处主要体现为终点指示方法的不同。普通的化学滴定法是通过指示剂的颜色变化来确定滴定终点，而电位滴定法是利用电池电动势的突跃来指示终点。所以说，电位滴定法的优势是可以自动滴定和连续滴定，并且可以用于没有合适的指示剂的有色或浑浊试样，滴定突跃小或不明显、有沉淀产生的浑浊溶液的滴定分析。电位滴定可用于非水溶液的滴定，特别是非水溶液的酸碱滴定，常常难找到合适的指示剂。另外电位滴定法还具有装置简单、操作方便、可自动化等特点，目前很多大型分析检验机构部分滴定测定采用电位滴定法分析样品。但电位滴定法在指示终点时没有普通化学滴定法那么方便。

3．电位滴定装置

电位滴定的基本仪器装置包括滴定管、滴定池、指示电极、参比电极、搅拌器、测电动势的仪器。测量电动势可以用电位计，也可以用直流毫伏表。因为在电位滴定的过程中需多次测量电动势，所以使用能直接读数的毫伏表是比较方便的。电位滴定装置如图8-7所示。

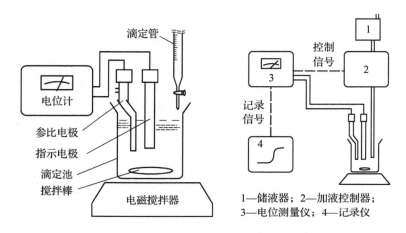

1—储液器；2—加液控制器；
3—电位测量仪；4—记录仪

图8-7　电位滴定装置图

在滴定过程中，每加一次滴定剂，测量一次电动势，直到超过化学计量点为止。这样就得到一系列的滴定剂用量（V）和响应的电动势（E）数值。通过计算可求得待测试样的浓度，但计算过程非常烦琐。

4．自动电位滴定

目前使用较多的为自动电位滴定仪，不再需要进行手动计算求试样浓度。自动电位滴定的装置如图8-8所示，在滴定管末端连接可通过电磁阀的细乳胶管，此管下端接上毛细管。滴定前根据具体的滴定对象为仪器设置电位（或pH）的终点控制值（理论计算值或滴定实验值）。滴定开始时，电位测量信号使电磁阀断续开关，滴定自动进行。电位测量值到达仪器设定值时，电磁阀自动关闭，滴定停止。

自动电位滴定已广泛采用计算机控制，计算机对滴定过程中的数据自动采集、处理，并利用滴定反应化学计量点前后电位突变的特性，自动寻找滴定终点、控制滴定速度，到达终点时自动停止滴定，因此更加方便快捷。

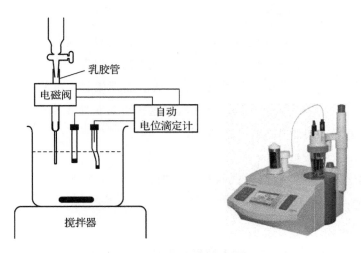

图 8 - 8　自动电位滴定装置

任务二　水质 pH 的测定

水的 pH 是水溶液重要的理化参数之一。凡涉及水溶液的自然现象、化学变化以及生产过程都与 pH 有关，因此，在工业、农业、医学、环保和科研领域都需要测量 pH。

一、主要内容与适用范围

适用于饮用水、地表水及工业废水 pH 的测定。水的颜色、浊度，胶体物质，氧化剂，还原剂及较高含盐量均不干扰测定，但在 pH 小于 1 的强酸性溶液中，会有所谓的酸误差，可按酸度测定。在 pH 大于 10 的碱性溶液中，因有大量钠离子存在，会产生误差，使读数偏低，这种现象通常称为钠差。消除钠差的方法，除了使用特制的低钠差电极外，还可以选用与被测溶液的 pH 相近的标准缓冲溶液对仪器进行校正。温度影响电极的电位和水的电离平衡。须注意调节仪器的补偿装置使之与溶液的温度一致，并使被测样品与校正仪器用的标准缓冲溶液温度误差在 ±1 ℃ 之内。

二、测定原理

以玻璃电极为指示电极、饱和甘汞电极为参比电极组成电池，也可用 pH 复合电极。在 25 ℃ 理想条件下，氢离子活度变化 10 倍，使电动势偏移 59.16 mV，根据电动势的变化测量出 pH。许多 pH 计上有温度补偿装置，用以校正温度对电极的影响，用于常规水样监测可准确和再现至 0.1 pH 单位。较精密的仪器可准确到 0.01 pH。为了提高测定的准确度，校准仪器时选用的标准缓冲溶液的 pH 应与水样的 pH 接近。

三、测定试剂与仪器

1. 试剂

pH 标准溶液甲（pH＝4.008，25 ℃）、pH 标准溶液乙（pH＝6.865，25 ℃）、pH

标准溶液丙（pH＝9.180，25 ℃）。

注意：当被测样品 pH 过高或过低时，应参考相关资料配制与其 pH 相近似的标准溶液校正仪器。标准溶液要在聚乙烯瓶或硬质玻璃瓶中密闭保存。在室温条件下标准溶液一般以保存 1～2 个月为宜，当发现有浑浊、发霉或沉淀现象时，不能继续使用。在 4 ℃ 冰箱内存放，且用过的标准溶液不允许再倒回去，这样可延长使用期限。标准溶液的 pH 随温度变化而稍有差异。可查找相应资料校正。

2. 仪器

酸度计或离子浓度计、玻璃电极与甘汞电极、磁力搅拌器、聚乙烯或聚四氟乙烯烧杯（50 mL）。

四、采样与样品

最好现场测定。否则，应在采样后把样品保持在 0～4 ℃ 环境下，并在采样后 6 小时之内进行测定。

五、测定步骤

1. 仪器校准

操作程序按仪器使用说明书进行。先将水样与标准溶液调到同一温度，记录测定温度，并将仪器温度补偿旋钮调至该温度上。用标准溶液校正仪器。该标准溶液与水样 pH 相差不超过 2 个 pH 单位。从标准溶液中取出电极，彻底冲洗并用滤纸吸干。再将电极浸入第二个标准溶液中，其 pH 大约与第一个标准溶液相差 3 个 pH 单位。如果仪器响应的示值与第二个标准溶液的 pH（S）值之差大于 0.1 pH 单位，就要检查仪器、电极或标准溶液是否存在问题。当三者均正常时，方可用于测定样品。

2. 样品测定

测定样品时，先用蒸馏水认真冲洗电极，再用水样冲洗，然后将电极浸入样品中，小心摇动或进行搅拌使其均匀，静置，待读数稳定时记下 pH。

六、注意事项

① 玻璃电极在使用前先放入蒸馏水中浸泡 24 小时以上。

② 测定 pH 时，玻璃电极的球泡应全部浸入溶液中，并使其稍高于甘汞电极的陶瓷芯端，以免搅拌时碰坏。

③ 必须注意玻璃电极的内电极与球泡之间、甘汞电极的内电极和陶瓷芯之间不得有气泡，以防断路。

④ 甘汞电极中的饱和氯化钾溶液的液面必须高出汞体，在室温下应有少许氯化钾晶体存在以保证氯化钾溶液的饱和，但须注意氯化钾晶体不可过多，以防止堵塞与被测溶液的通路。

⑤ 测定 pH 时，为减少空气和水样中二氧化碳的溶入或挥发，在测水样之前，不应提

前打开水样瓶。

⑥ 玻璃电极表面受到污染时，需进行处理。如果系附着无机盐结垢，可用温稀盐酸溶解；对钙镁等难溶性结垢，可用 EDTA 二钠溶液溶解；沾有油污时，可用丙酮清洗。电极按上述方法处理后，应在蒸馏水中浸泡一昼夜再使用。注意：忌用无水乙醇、脱水性洗涤剂处理电极。

【拓展阅读】 pH 计的前世今生

pH 计是一种精密分析仪器，主要用于测量水溶基液体中的氢离子活度，将它的酸度或碱度表示为 pH。pH 计测量 pH 电极和参比电极之间的电势差，因此 pH 计有时被称为"电位 pH 计"。电势差异与溶液的酸度或 pH 有关。

"pH"的概念最初由丹麦化学家彼得·索伦森在 1909 年提出。索伦森当时在一家啤酒厂工作，经常要化验啤酒中所含氢离子浓度。每次化验结果都要记录许多个零，这使他感到很麻烦。经过长期潜心研究，他发现用负对数来表示氢离子浓度非常方便，并把它称为溶液的 pH。就这样，"pH"成为表述溶液酸碱度的一种重要数据。

第一台 pH 计是由美国的贝克曼在 1934 年设计制造的。他的一位同学尤素福在加利福尼亚的一个水果培育站工作，经常要测定用二氧化硫气体处理过的柠檬汁的 pH。他求助于贝克曼，帮他设计一台能测定溶液 pH 的仪器。贝克曼利用业余时间，制作了一台电子放大器，将其与玻璃电极、灵敏电流计组成一台 pH 计，效果很好。这就是世界上第一台 pH 计。

第一台 pH 计的研制成功使贝克曼很受鼓舞。后来他辞去了教学工作，专门开办了一个 pH 计生产工厂，专心从事 pH 计的设计和制造工作。他发明的 pH 计为研究分析化学和生物化学创造了条件。

随着科技的进步，pH 测量的应用也越来越广。目前，pH 计广泛用于测量自来水水质、土壤，检测游泳池酸碱度是否适合人体皮肤，控制葡萄酒或啤酒的酿造工艺等方面。

【同步测试】

一、选择题

1. 膜电位产生的原因是 （ ）

    A. 电子得失   B. 离子的交换和扩散

    C. 吸附作用   D. 电离作用

2. 为使 pH 玻璃电极对 H^+ 响应灵敏，pH 玻璃电极在使用前应在 （ ）浸泡 24 小时以上。

    A. 自来水中   B. 稀碱中

    C. 纯水中   D. 标准缓冲溶液中

3. 下列关于玻璃电极的叙述中，不正确的是 （　　）

　　A. 未经充分浸泡的电极对 H^+ 不敏感

　　B. 经充分浸泡的电极，不对称电位值趋向稳定

　　C. 测定 pH＞10 的溶液 pH 偏低

　　D. 测定 pH＜1 的溶液 pH 偏低

4. 用玻璃电极测定 pH＞10 的碱液的 pH 时，测定结果会比实际值 （　　）

　　A. 偏高　　　　　　B. 偏低　　　　　　C. 误差最小　　　　D. 不能确定

5. 用普通玻璃电极测定 pH＜1 的酸液的 pH 时，测定结果会比实际值 （　　）

　　A. 偏高　　　　　　B. 偏低　　　　　　C. 误差最小　　　　D. 误差不定

6. 电位分析中，为控制溶液的离子强度而加入的总离子强度调节剂（TISAB）是

（　　）

　　A. 活性电解质　　　B. 活性非电解质　　C. 惰性电解质　　　D. 惰性非电解质

7. 普通玻璃电极不宜用来测定 pH＜1 的酸性溶液的 pH 的原因是 （　　）

　　A. 钠离子在电极上有响应　　　　　　B. 玻璃电极易中毒

　　C. 有酸差，测定结果偏高　　　　　　D. 玻璃电极电阻大

8. 下列关于玻璃电极的叙述中，不正确的是 （　　）

　　A. 未经充分浸泡的电极对 H^+ 不敏感

　　B. 经充分浸泡的电极，不对称电位值趋向稳定

　　C. 膜电位是通过 H^+ 在膜表面发生电子转移产生的

　　D. 玻璃电极不易中毒

9. pH 玻璃电极和饱和甘汞电极组成工作电池，25 ℃时测得 pH＝6.86 的标准溶液电动势是 0.220 V，而未知试液电动势 E_x＝0.186 V，则未知试液的 pH 为 （　　）

　　A. 7.60　　　　　　B. 4.60　　　　　　C. 6.28　　　　　　D. 6.60

10. 电位滴定法中，用高锰酸钾标准溶液滴定 Fe^{2+}，宜选用_____作指示电极。

（　　）

　　A. pH 玻璃电极　　B. 银电极　　　　　C. 铂电极　　　　　D. 氟电极

11. 用 $AgNO_3$ 标准溶液来滴定 I^- 时，指示电极应选用 （　　）

　　A. 铂电极　　　　　B. 氟电极　　　　　C. pH 玻璃电极　　　D. 银电极

12. pH 玻璃电极膜电位的产生是由于 （　　）

　　A. H^+ 透过玻璃膜

　　B. H^+ 得到电子

　　C. Na^+ 得到电子

　　D. 溶液中 H^+ 和玻璃膜水合层中的 H^+ 的交换作用

13. 电位法测定溶液 pH 时，"定位"操作的作用是 （　　）

    A. 消除温度的影响 　　　　　　　　B. 消除电极常数不一致造成的影响

    C. 消除离子强度的影响 　　　　　　　D. 消除参比电极的影响

14. 使 pH 玻璃电极产生"钠差"现象的原因是 （　　）

    A. 玻璃膜在强碱性溶液中被腐蚀

    B. 强碱性溶液中 Na^+ 浓度太高

    C. 强碱性溶液中 OH^- 中和了玻璃膜上的 H^+

    D. 大量 OH^- 占据了玻璃膜上的交换占位

15. 测定溶液 pH 时，采用标准缓冲溶液校正电极，其目的是消除 （　　）

    A. 不对称电位 　　　　　　　　　　B. 液接电位

    C. 不对称电位与液接电位 　　　　　　D. 温度的影响

二、判断题

1. 参比电极的电极电位是随着待测离子的活度的变化而变化的。 （　　）

2. 玻璃电极的优点之一是电极不易与杂质作用而中毒。 （　　）

3. pH 玻璃电极的膜电位是由于离子的交换和扩散而产生的，与电子得失无关。

    （　　）

4. 电极电位随被测离子活度的变化而变化的电极称为指示电极。 （　　）

5. 强碱性溶液（pH＞10）中使用 pH 玻璃电极测定 pH，则测得的 pH 偏低。（　　）

6. pH 玻璃电极可在具有氧化性或还原性的溶液中测定 pH。 （　　）

7. 指示电极的电极电位是恒定不变的。 （　　）

8. 原电池的电动势与溶液 pH 的关系为 $E=k+0.059\,2\,pH$，但实际上用 pH 计测定溶液的 pH 时并不用计算 k 值。 （　　）

9. 普通玻璃电极不宜测定 pH＜1 的溶液的 pH，主要原因是玻璃电极的内阻太大。

    （　　）

10. Ag-AgCl 电极常用作玻璃电极的内参比电极。 （　　）

11. 用玻璃电极测定溶液的 pH 须用电子放大器。 （　　）

12. 在直接电位法中，可测得一个电极的绝对电位。 （　　）

13. 酸度计是专门为应用玻璃电极测定 pH 而设计的一种电子仪器。 （　　）

14. 普通玻璃电极应用在 pH≈11 的溶液中测定 pH，结果偏高。 （　　）

15. 用玻璃电极测定 pH＜1 的酸性溶液的 pH 时，结果往往偏高。 （　　）

16. pH 玻璃电极的膜电位的产生是由于电子的得失与转移。 （　　）

09

项目九　水质总磷的测定（吸光光度法）

》》【知识目标】

1. 了解光吸收定律。
2. 熟悉分光光度计的基本结构和工作原理。
3. 熟悉吸光光度法的原理。
4. 掌握吸收曲线和标准曲线的绘制方法。
5. 掌握定量分析方法和测量条件的选择。
6. 掌握水质总磷的测定方法。

》》【能力目标】

1. 能够绘制吸收曲线和标准曲线。
2. 能够正确选择显色条件和测量条件。
3. 能够利用吸光光度法对水质总磷进行准确测定。
4. 能够准确、简明地记录实验原始数据。

》》【素质目标】

1. 培养严谨求实的工作作风和职业素养。
2. 培养学生创新意识和团队协作精神。

》》【企业案例】

某市人工湖的水面上局部有睡莲和荷花覆盖，有人工放养的金鱼。此人工湖为景观用水，其间也有生活用水排入，造成了一定程度的污染。现今湖水透明度逐渐下降，浊度增加，水中植物有变黄、枯萎趋势，已严重影响其应有功能的发挥。为尽快找到水质变坏原因，现委托检测部门对人工湖水样总磷指标进行检测。检测方法采用水质总磷的测定（吸光光度法），分析检验人员根据检测要求完成水质总磷的测定分析检验任务。

任务一 吸光光度法

一、吸光光度法概述

许多物质都具有颜色，比如高锰酸钾水溶液呈深紫色，硫酸铜溶液呈蓝色。当含有这些物质的溶液的浓度发生变化时，溶液颜色的深浅也会随之变化，浓度越大，颜色越深。因此可以通过比较溶液颜色的深浅来测定物质的浓度，这种测定方法称为比色法。对于本身没有颜色的物质也可加入某种试剂使其变为有色的物质，然后用比色法测定。

随着测试仪器的发展，目前普遍使用分光光度计，以测定物质对光的吸收程度来代替比较颜色的深浅。应用分光光度计的分析方法称为分光光度法。通常所说的吸光光度法特指包括比色法在内的分光光度法。

吸光光度法是在比色分析法的基础上发展起来的一种仪器分析方法，它利用分光光度计，根据物质对不同波长的单色光的吸收程度不同进行定性和定量分析。按照所研究光的波谱区域不同，吸光光度法可以分为紫外吸光光度法（200～400 nm）、可见吸光光度法（400～780 nm）和红外吸收光谱法（780～3.0×10^4 nm）。

吸光光度法是仪器分析中应用最广泛的分析方法之一，具有以下特点：

① 仪器简单，操作简便。

② 准确度高。测定的相对误差一般为2%～5%，精密仪器可达1%～2%，能够满足微量组分测定的准确度要求。

③ 灵敏度高。测定下限可达10^{-6}～10^{-5} mol·L^{-1}，可直接用于微量组分的测定。

④ 应用广泛。几乎所有的无机离子和许多有机化合物都可以直接或间接用吸光光度法测定。因此吸光光度法广泛用于化工、医药、地矿、冶金、环保、食品分析等诸多领域。

二、光吸收基本定律

1. 物质对光的选择性吸收

（1）光的基本性质

光是一种电磁波，具有波动性和粒子性。光是一种波，因而它具有波长（λ）和频率（ν）；光也是一种粒子，由光子构成，因而光子具有能量（E）。它们之间的关系为

$$E=h\nu=h\frac{c}{\lambda}$$

式中：E——光子能量，J；

　　　h——普朗克常量，6.626×10^{-34} J·s；

　　　ν——频率，Hz；

　　　c——光速，真空中约为3×10^{10} cm·s^{-1}；

　　　λ——波长，cm。

从上式可知，不同波长的光能量不同。其波长愈长，能量愈小；波长愈短，能量愈大。若将各种光按其波长大小顺序排列即得到电磁波谱，见表9-1。

表9-1 电磁波谱

名称	波长范围	波数/cm^{-1}	频率/MHz	光子能量/eV	跃迁能级类型
γ 射线	$5\times10^{-3}\sim$ 0.14 nm	$2\times10^{10}\sim7\times10^7$	$6\times10^{14}\sim2\times10^{12}$	$2.5\times10^6\sim8.3\times10^3$	核能级
X 射线	$10^{-3}\sim10$ nm	$10^{10}\sim10^6$	$3\times10^{14}\sim3\times10^{10}$	$1.2\times10^6\sim1.2\times10^2$	内层电子能级
远紫外线	$10\sim200$ nm	$10^6\sim5\times10^4$	$3\times10^{10}\sim$ 1.5×10^9	$125\sim6$	原子及分子的价电子或成键电子能级
近紫外线	$200\sim400$ nm	$(5\sim2.5)\times10^4$	$1.5\times10^9\sim$ 7.5×10^8	$6\sim3.1$	
可见光	$400\sim780$ nm	$(2.5\sim1.3)\times10^4$	$(7.5\sim4.0)\times10^8$	$3.1\sim1.7$	
近红外光	$0.75\sim$ 2.5 μm	$1.3\times10^4\sim$ 4×10^3	$(4.0\sim1.2)\times10^8$	$1.7\sim0.5$	分子振动能级
中红外光	$2.5\sim50$ μm	$4\,000\sim200$	$1.2\times10^8\sim$ 6.0×10^6	$0.5\sim0.02$	
远红外光	$50\sim1\,000$ μm	$200\sim10$	$6.0\times10^6\sim10^5$	$2\times10^{-2}\sim4\times10^{-4}$	分子转动能级
微波	$0.1\sim100$ cm	$10\sim0.01$	$10^5\sim10^2$	$4\times10^{-4}\sim4\times10^{-7}$	
射频	$1\sim1\,000$ m	$10^{-2}\sim10^{-5}$	$10^2\sim0.1$	$4\times10^{-7}\sim4\times10^{-10}$	核自旋能级

（2）单色光、可见光和互补色光

具有同一种波长的光，称为单色光。纯单色光很难获得，激光的单色性虽然很好，但也只接近于单色光。含有多种波长的光称为复合光，白光就是复合光，例如日光、白炽灯光等都是复合光。

人的眼睛对不同波长的光的感觉是不一样的。凡是能被肉眼感觉到的光称为可见光，其波长范围为400～780 nm。凡波长小于400 nm的紫外光或波长大于780 nm的红外光均不能被人的眼睛感觉到，所以这些波长范围的光人眼是看不到的。在可见光的范围内，不同波长的光刺激眼睛会产生不同颜色的感觉，但由于人的视觉分辨能力有限，实际上是一个波段的光给人一种颜色的感觉。

日常见到的日光、白炽灯光等白光就是由这些波长不同的有色光混合而成的。这可以用一束白光通过棱镜后色散为红、橙、黄、绿、青、蓝、紫七色光来证实。如果把适当颜色的两种光按一定强度比例混合，也可成为白光，这两种颜色的光称为互补色光。

图9-1为互补色光示意图。图中处于直线关系的两种颜色的光即为互补色光，如绿色光与紫红色光互补，蓝色光与黄色光互补等，它们按一定强度比混合都可以得到白光，所以日光等白光实际上是由一对对互补色光按适当强度比混合而成的。

图 9-1　互补色光

（3）物质颜色与光的关系

物质呈现的颜色与光有密切的关系。物质之所以呈现不同的颜色，是由于物质对不同波长的光具有不同程度的透射或反射。当白光照射不透明的物质时，某些波长的光被吸收，其余波长的光被反射，人们看到的是物质反射光的颜色。由于色光互补，所以物质呈现出所吸收光的互补色。例如某物质吸收黄色光，则呈现蓝色；若吸收绿色光，则呈现紫色；若吸收所有波长的光，则呈现黑色；若反射所有波长的光，则呈现白色。

物质的溶液之所以呈现不同的颜色，也是因为溶液中的分子或离子选择性地吸收了不同波长的光。例如，高锰酸钾稀溶液呈紫红色，是由于它吸收了 500～560 nm 的绿光，透过溶液的主要是紫红色光，而其他色光两两互补成白光而通过，只剩下紫红色光未被互补，因而人们看到 KMnO₄ 溶液呈紫红色，即 KMnO₄ 溶液呈现的紫红色是它所吸收的绿色光的互补色光的颜色。同样道理，硫酸铜溶液选择性地吸收了白光中的黄色光，所以呈现蓝。溶液浓度愈大，观察到的颜色愈深，这就是比色分析的基础。

有些物质本身无色或颜色很浅，但能与适当的试剂发生显色反应，如 Fe^{2+} 能与有机试剂 1,10-邻二氮菲生成橙红色的 1,10-邻二氮菲亚铁配合物，可于显色之后进行比色或在可见光区进行分光光度分析。表 9-2 列出了物质颜色和吸收光颜色之间的关系。

表 9-2　物质颜色和吸收光颜色的关系

物质颜色	吸收光颜色	吸收光波长范围/nm
黄绿	紫	400～450
黄	蓝	450～480
橙	绿蓝	480～490
红	蓝绿	490～500
紫红	绿	500～560
紫	黄绿	560～580
蓝	黄	580～600
绿蓝	橙	600～650
蓝绿	红	650～750

2. 光吸收的基本定律

(1) 透射比和吸光度

当一束平行的单色光垂直照射溶液时，一部分光被溶液反射，一部分光被溶液吸收，一部分光透过溶液。在分光光度分析中，被测溶液和参比溶液是分别放在同样材料及厚度的吸收池中，所以反射光的影响可以从参比溶液中消除。因此，我们认为其中的吸光物质吸收了光能，光的强度就要减弱，如图 9－2 所示。

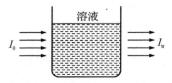

图 9－2　单色光通过盛有溶液的吸收池

设入射光强度为 I_0，透过溶液的光强度为 I_{tr}，则 I_{tr} 与 I_0 的比值称为透射比，也称为透光率，用 T 表示为

$$T = \frac{I_{tr}}{I_0}$$

T 的取值范围为 $0 \sim 1.0$。T 越大，物质对光的吸收越少，透过越多；T 越小，物质对光的吸收越多，透过越少。$T＝0$ 表示光全部被吸收；$T＝1.0$ 表示光全部透过。

透射比有时也用百分数来表示。

溶液对光的吸收程度还可用吸光度 A 表示：

$$A = -\lg T = \lg \frac{I_0}{I_{tr}}$$

A 的取值范围为 $0 \sim \infty$。A 越小，物质对光的吸收越少；A 越大，物质对光的吸收越多。$A＝0$ 表示光全部透过；$A \to \infty$ 表示光全部被吸收。

(2) 朗伯-比尔定律

朗伯-比尔定律是说明物质对单色光吸收的强弱与吸光物质的浓度和液层厚度间关系的定律，是吸光光度法定量分析的理论依据。

朗伯-比尔定律是通过总结实验事实而得来的。1729 年，波格（Bouguer）发现物质对光的吸收与液层厚度有关。1760 年，朗伯（Lambert）进一步研究指出，当一束平行的单色光垂直照射一定浓度的均匀透明溶液时，如果溶液的浓度一定，则光的吸收程度与液层厚度成正比，即朗伯定律：

$$A = \lg \frac{I_0}{I_{tr}} = K_1 b$$

式中：A——吸光度；

K_1——比例常数，它与入射光波长、溶液性质、浓度和温度有关；

b——吸收池（亦称比色皿）液层厚度。

1852 年，比尔（Beer）进行了大量研究工作后指出，当一束平行单色光垂直照射同种物质不同浓度、相同液层厚度的均匀透明溶液时，如果吸收池液层厚度一定，吸光度与物质浓度成正比，即比尔定律：

$$A = \lg \frac{I_0}{I_{tr}} = K_2 c$$

式中：c——吸光物质的浓度；

K_2——比例常数，它与入射光波长、液层厚度、溶液性质和温度有关。

比尔定律表明，当溶液液层厚度和入射光通量一定时，光吸收的程度与溶液浓度成正比。必须指出的是，比尔定律只有在一定浓度范围才适用。因为浓度过低或过高时，溶质会发生电离或聚合而产生误差。

当溶液厚度和浓度都可改变时，就要同时考虑吸光物质的浓度及液层厚度对光吸收的影响，可将上面两个式子结合起来，称为物质对光吸收的基本定律，即朗伯-比尔定律，其数学表达式为

$$A = \lg \frac{I_0}{I_{tr}} = Kbc$$

朗伯-比尔定律是吸光光度法进行定量分析的理论依据。该定律表明，当一束平行单色光垂直照射并通过均匀的、非散射的吸光物质的溶液时，溶液的吸光度与吸光物质浓度 c 和液层厚度 b 的乘积成正比。

（3）吸光系数

上式中的比例常数 K 称为吸光系数，其物理意义是：单位浓度的溶液液层厚度为 1 cm 时，在一定波长下测得的吸光度。

K 值的大小取决于吸光物质的性质、入射光的波长、溶液温度和溶剂性质等，与吸光物质浓度大小和液层厚度无关。但 K 的取值随溶液浓度所采用的单位的不同而异，常用的有摩尔吸收系数和质量吸收系数。

① 摩尔吸收系数 κ。

当溶液的浓度单位以物质的量浓度 mol·L^{-1} 表示，液层厚度单位以 cm 表示时，相应的吸光系数称为摩尔吸收系数，以 κ 表示，其单位为 L·mol^{-1}·cm^{-1}。

摩尔吸收系数的物理意义是：浓度为 1 mol·L^{-1} 的溶液于液层厚度为 1 cm 的吸收池中，在一定波长下测得的吸光度。

此时，吸收定律可表示为

$$A = \kappa bc$$

摩尔吸收系数是吸光物质的重要参数之一，κ 越大，表示该物质对某波长光的吸收能力越强，测定的灵敏度也就越高，大多数 κ 为 $10^4 \sim 10^5$ 数量级。通常选择摩尔吸收系数大的有色化合物进行测定。

② 质量吸收系数 a。

如果溶液浓度单位以质量浓度 $g \cdot L^{-1}$ 表示，液层厚度单位以 cm 表示，相应的吸光系数称为质量吸收系数，以 a 表示，其单位为 $L \cdot g^{-1} \cdot cm^{-1}$。此时，光的吸收定律可表示为

$$A = ab\rho$$

a 与 κ 的关系可以用下式计算：

$$\kappa = aM$$

式中：M——所测物质的摩尔质量，$g \cdot mol^{-1}$。

吸光系数可以通过实验测得。

（4）光吸收定律的应用范围

光吸收定律是吸光光度法定量分析的基础。根据光吸收定律，溶液的吸光度应当与溶液浓度呈线性关系，但在实践中常发现有偏离光吸收定律的情况，这说明光吸收定律的应用是有范围的，超出这个范围，就会引起测量上的误差。光吸收定律的应用范围是：

① 光吸收定律只适用于单色光，可是各种分光光度计入射光都是具有一定宽度的光谱带，这就使溶液对光的吸收偏离了光吸收定律，产生误差。因此要求分光光度计提供的单色光纯度越高越好，光谱带的宽度越窄越好。

② 光吸收定律只适用于稀溶液（一般 $c < 0.01 \, mol \cdot L^{-1}$），因为在较浓的溶液中，吸光物质分子间可能发生凝聚或缔合现象，使吸光度与浓度不成正比关系。当有色溶液浓度较高时，应设法降低溶液浓度，使其回复到线性范围内测试。

③ 光吸收定律只适用于透明溶液对光的吸收和透射情况，不包括散射光，因此不适用于乳浊液和悬浊液等对光的散射情况，这样的溶液不符合光吸收定律。

④ 光吸收定律也适用于那些彼此不相互作用的多组分溶液，它们的吸光度具有加和性，即

$$A_{\text{总}} = A_1 + A_2 + A_3 + \cdots + A_n = \varepsilon_1 c_1 b + \varepsilon_2 c_2 b + \varepsilon_3 c_3 b + \cdots + \varepsilon_n c_n b$$

（5）影响光吸收定律的主要因素

根据光吸收定律，理论上，吸光度对溶液浓度作图所得的直线的截距为零，斜率为 κb。实际上，吸光度与浓度的关系有时是非线性的，或者不通过零点，这种现象称为偏离光吸收定律。如果溶液的实际吸光度比理论值大，则为正偏离吸收定律；吸光度比理论值小，为负偏离吸收定律，如图 9-3 所示。这种现象称为朗伯-比尔定律的偏离现象。偏离的主要原因有以下几点：

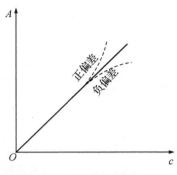

图 9-3　偏离朗伯-比尔定律

① 入射光非单色光引起偏离。光吸收定律成立的前提是入射光是单色光。但实际上，仪器提供的入射光是波长范围较窄的复合光，即单色光的纯度不够，由于吸光物质对不同波长的光吸收程度不相等，就会发生对朗伯-比尔定律的偏离。入射光中不同波长的摩尔吸光系数差别越大，偏离吸收定律就越严重。实验证明，只要所选的入射光，其所含的波长范围在被测溶液的吸收曲线较平坦的部分，偏离程度就比较小。

故通常选择吸光物质的最大吸收波长 λ_{max} 为入射光波长，这样不仅可获得最高的灵敏度，而且吸收光谱在此处有一个较小的平坦区，吸光度变动很小，因此能够得到较好的线性关系。

② 溶液的化学因素引起偏离。溶液中的吸光物质常因解离、缔合、形成新化合物或互变异构等化学变化而改变吸光物质的浓度，导致偏离吸收定律。例如，冶金分析中常利用 SCN^- 与 $Mo(V)$ 形成 $Mo(SCN)_5$ 橙色配合物，在 460 nm 波长下测定，若 SCN^- 的量控制不合适，则配合物不稳定，会发生解离，形成一系列配位数不同的配合物：

$$Mo(SCN)_3^{2+} \rightleftharpoons Mo(SCN)_5 \rightleftharpoons Mo(SCN)_6^-$$

　　　　　浅红　　　　　　　橙红　　　　　　　浅红

因为配位数不同的钼化合物的颜色不同，对光的吸收也不同，所以偏离朗伯-比尔定律。

因此，测量前的化学预处理工作十分重要，如控制好显色反应条件，控制溶液的化学平衡等，以防止产生偏离。

③ 比尔定律的局限性引起偏离。严格地说，比尔定律是一个有限制性的定律。它假定吸光质点（分子或离子）之间是无相互作用的，因此仅在稀溶液的情况下才适用。

在高浓度（通常 $c > 0.01\ mol \cdot L^{-1}$）时，由于吸光粒子间的平均距离减小，每个粒子都会影响其邻近粒子的电荷分布。这种互相作用使它的摩尔吸光系数发生改变，从而改变了它对光的吸收能力，因而导致了 A 与 c 之间线性关系的偏离。因此在实际工作中，溶液浓度应控制在 $0.01\ mol \cdot L^{-1}$ 以下。

三、分光光度计及其组成

1. 分光光度计的组成

用于测定溶液吸光度的仪器称为分光光度计。目前，分光光度计的种类和型号很多，但它们的基本构造相似，都由光源、单色器、吸收池、检测器和信号处理及显示系统五个部分组成，其组成框图见图 9-4。

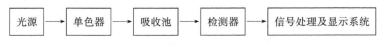

光源 → 单色器 → 吸收池 → 检测器 → 信号处理及显示系统

图 9-4　可见分光光度计的基本结构框图

由光源发出的连续光，经单色器分光后获得一定波长的单色光，照射到试样溶液上，部分被吸收，透射的光则照在检测器上并被转换为电信号，并经信号指示系统调制放大后，显示或打印出吸光度 A 或透射比 T，从而完成测定。

（1）光源

光源的作用是提供符合要求的入射光。分光光度计对光源的要求是：能发出在使用波长范围内具有足够强度的连续辐射光，并在一定时间内保持稳定，使用寿命长。

对于可见分光光度计，用的光源是钨丝白炽灯。它可以发射连续光谱，波长范围在 320～2 500 nm。白炽灯的发光强度和稳定性都与供电电压有密切关系。只要增加供电电压，就能增大发光强度，并且只要保证电源的电压稳定，就能提供稳定的发光强度。钨丝白炽灯的缺点是寿命短，由于采用低电压大电流供电，钨丝的发热量很大，容易烧断。

对于紫外-可见分光光度计，除了由钨丝白炽灯提供可见光外，还可用氢灯或氘灯提供辐射波长范围 200～400 nm 的近紫外光源。氘灯是辉光放电灯，灯的发光强度比氢灯要高 2～3 倍，寿命也比较长。为保证发光强度稳定，也要用稳压电源供电。

（2）单色器

单色器是分光光度计的心脏部分。它的作用是把光源发出的连续光分解为按波长顺序排列的单色光，并能通过出射狭缝分离出所需波长的单色光。单色器主要由狭缝、色散元件和透镜组成，其关键部件是色散元件，起着分光的作用。

狭缝和透镜系统的作用是调节光的强度，控制光的方向并取出所需波长的单色光。图 9-5 为经典的棱镜单色器的工作原理示意图。光源发出的光经透镜聚焦在入射狭缝上，进入单色器后由棱镜分光，再由平面反射镜反射至出射狭缝。棱镜由玻璃或石英制成，玻璃棱镜只适用于可见光范围，紫外区必须用石英棱镜。棱镜和平面反射镜的位置可通过机械装置调整，让所需波长的光通过狭缝。狭缝的宽度也是可调的，通过它可调节光的强度和谱带宽度。

新型的单色器使用光栅作为色散元件。光栅是在玻璃表面刻上等宽度等间隔的平行条痕，每毫米的刻痕多达上千条。一束平行光照射到光栅上，由于光栅的衍射作用，反射出

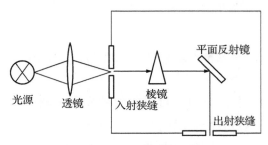

图 9 - 5 棱镜单色器

来的光就按波长顺序分开。光栅的刻痕越多，对光的分辨率越高，现在可达到±0.2 nm。有的新型分光光度计用两个或三个光栅来分光，已不用手工调节波长，而是用微机控制，只要设定好所需的波长，微机会自动转换光栅，调整到所需的波长。

值得提出的是，无论何种单色器，出射光光束常混有少量与仪器所指示波长十分不同的光波，即"杂散光"。杂散光会影响吸光度的正确测量，其产生的主要原因是光学部件和单色器内外壁的反射及大气或光学部件表面上尘埃的散射等。为了减少杂散光，单色器用涂以黑色的罩壳封起来，通常不允许任意打开罩壳。

（3）吸收池

吸收池也叫比色皿，是用于盛放试液和决定透射液层厚度的器件。吸收池一般为长方体（也有圆鼓形或其他形状，但长方体最普遍），其底及两侧为毛玻璃，另两面为光学透光面。根据光学透光面的材质，吸收池分为玻璃吸收池和石英吸收池两种。玻璃吸收池用于可见光光区测定。若在紫外光区测定，则必须使用石英吸收池。吸收池的规格按光程划分，常用的有 0.5 cm、1 cm、2 cm、3 cm 和 5 cm 等，使用时根据需要选择。同一规格的吸收池彼此之间的透射比误差应小于 0.5%。

由于一般商品吸收池的光程精度往往不是很高，与其标示值有微小误差，即使是同一个厂出品的同规格的吸收池也不一定能够完全互换使用。所以，仪器售出前吸收池都经过了检验配套，在使用时不应混淆其配套关系。实际工作中，为了消除误差，在测量前还必须对吸收池进行配套性检验。使用吸收池过程中，也应注意保护两个光学面，特别要注意透光面不受沾污或磨损。为此，必须做到以下几点：

① 拿取吸收池时，只能用手指接触两侧的毛玻璃，不可接触光学面。

② 不能将光学面与硬物或脏物接触，只能用擦镜纸或丝绸擦拭光学面。

③ 凡含有腐蚀玻璃的物质（如 F^-、$SnCl_2$、H_3PO_4 等）的溶液，不得长时间盛放在吸收池中。

④ 吸收池使用后应立即用水冲洗干净。有色物造成的污染可以用 3 mol·L^{-1} HCl 和等体积乙醇的混合液浸泡洗涤。生物样品、胶体或其他在吸收池光学面上形成薄膜的物质要用适当的溶剂洗涤。

⑤ 不得在火焰或电炉上加热或烘烤吸收池。

（4）检测器

测量吸光度时，并非直接测量透过吸收池的光强度，而是将光强度转换成光电流进行测量，这种光电转换器件称为检测器。

检测器又称接收器，其作用是对透过吸收池的光做出响应，并把它转变成电信号输出，其输出电信号大小与透过光的强度成正比。常用的检测器有光电池、光电管及光电倍增管等，它们都是基于光电效应原理制成的。作为检测器，对光电转换器的要求是光电转换有恒定的函数关系，响应灵敏度要高、速度要快、噪声低、稳定性高，产生的电信号易于检测放大等。

① 光电池。光电池是一种光电转换元件，它不需要外加电源而能直接把光能转换为电能。硅光电池具有性能稳定、光谱响应范围宽（300～1 000 nm）、使用寿命长、转换效率高、耐高温辐射等特点，因此在众多种类的光电池中应用最为广泛。

② 光电管。光电管是一个真空二极管，其阳极为金属丝，阴极为半导体材料，两极间加有直流电压。当光线照射到阴极上时，阴极表面放出电子，在电场作用下流向阳极，形成光电流。光电流的大小在一定条件下与光强度成正比。按光电管的阴极材料不同，光电管分蓝敏和红敏两种，前者可用波长范围为 210～625 nm，后者可用波长范围为 625～1 000 nm。光电管的响应灵敏度和波长范围都比光电池优越。

③ 光电倍增管。光电倍增管相当于一个多阴极的光电管，如图 9-6 所示。光线先照射到第一阴极，阴极表面放出电子。这些电子在电场作用下射向第二阴极，并放出二次电子。经过几次这样的电子发射，光电流就被放大了许多倍。

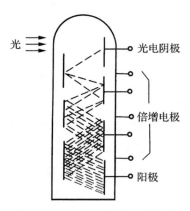

图 9-6　光电倍增管工作原理

因此光电倍增管的灵敏度很高，适用于微弱光强度的测量。

（5）信号处理及显示系统

由检测器产生的电信号，经放大等处理后，用一定方式显示出来以便于计算和记录。信号处理及显示系统的作用就是放大信号并以适当的方式显示或记录下。

信号处理及显示系统有多种，随着电子技术的发展，这些信号显示和记录系统将越来越先进。目前，分光光度计多用数字显示装置，直接显示吸光度或透射比，有些分光光度计还配有微处理机，一方面可以对仪器进行控制，另一方面可以进行图谱储存和数据处理。

2. 分光光度计的分类

分光光度计按使用波长范围可分为可见分光光度计和紫外-可见分光光度计两类。前者的使用波长范围是 400~780 nm，后者的使用波长范围为 200~1 000 nm。可见分光光度计只能用于测量有色溶液的吸光度，而紫外-可见分光光度计可测量在紫外、可见及近红外区有吸收的物质的吸光度。

分光光度计按光路设计分为单光束分光光度计和双光束分光光度计，按测量中提供的波长数分为单波长分光光度计和双波长分光光度计。

（1）单光束分光光度计

所谓单光束是指从光源发出的光，经过单色器等一系列光学元件及吸收池后，最后照在检测器上时始终为一束光。单光束分光光度计的特点是从光源到检测器只有一条光路。光源发出的光经单色器分光后获得一束单色光，通过吸收池后照在检测器上。测量时需首先将参比池推入光路，调节仪器使吸光度示值为零，再将试样池推入光路，读取吸光度。

常用的单光束紫外-可见分光光度计有 751G 型、752 型、754 型、756MC 型等。常用的单光束可见分光光度计有 721 型、722 型、723 型、724 型等。

这种分光光度计结构简单，价格低，适用于常规定量分析。缺点是不具备自动波长扫描功能，每换一次波长需要调节一次吸光度零点，测量结果受光源强度波动等因素影响较大，因而给定量分析结果带来较大误差。

（2）双光束分光光度计

双光束分光光度计的光路示意图如图 9-7 所示。

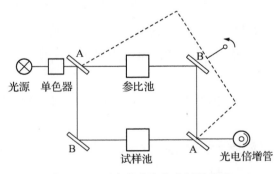

图 9-7 双光束分光光度计的光路

图中 A 为旋转镜，B 为反射镜。通过旋转装置使两个旋转镜交替处于反射和透过位置，因而从单色器出来的入射光交替通过参比池和样品池，再进入检测器。双光束分光光度计可自动扣除参比，自动扫描得到吸收光谱，能消除光源强度变化带来的误差，工作稳定性好。

常用的双光束紫外-可见分光光度计有 UV-2100、UV-2610 等。这类仪器的特点是能连续改变波长，自动地比较样品及参比溶液的透光强度，自动消除光源强度变化引起的误差。对于必须在较宽的波长范围内获得复杂的吸收光谱曲线的分析，此类仪器极为合适。

（3）双波长分光光度计

双波长分光光度计与单波长分光光度计的主要区别在于采用双单色器，以同时得到两束波长不同的单色光。单波长分光光度计采用 1 个单色器分光，而双波长分光光度计采用 2 个单色器分光。

双波长分光光度计的光路设计如图 9-8 所示。光源发出的光经过两个单色器后得到两束不同波长的单色光，利用切光器使两束光交替照射同一吸收池，即可测得两个波长下的吸光度之差。双波长分光光度计可测定高浓度试样、多组分混合试样，而且还可测定浑浊试样，有较高的灵敏度和准确度，在存在背景干扰或共存组分吸收干扰的情况下，有利于提高方法的选择性。双波长分光光度计价格昂贵。

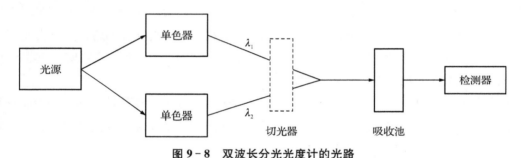

图 9-8　双波长分光光度计的光路

四、分光光度计的基本操作

1. 紫外-可见分光光度计的使用（以 752 型紫外-可见分光光度计为例）

752 型紫外-可见分光光度计采用光栅为分光元件，它的优点是全波段范围色散均匀，光谱带宽小。在波长 200～350 nm 内，使用氘灯为光源，在波长 350～800 nm 内，使用钨灯为光源。

由于玻璃不能透过紫外光，因此在 200～350 nm 内使用石英吸收池，在 350～800 nm 内可使用玻璃吸收池。

752 型紫外-可见分光光度计的操作主要包括以下步骤：

① 插上电源插头，开启电源开关。

② 将测量选择开关置于"T"。

③ 将氘灯、钨灯转换开关置于钨灯位置，预热 20 min。

④ 调节波长手轮至测试波长。选择所需光源灯，点亮，预热 3～5 min。

⑤ 打开试样室盖，调节"0"旋钮，使数值显示为"00.0"。

⑥ 盖上试样室盖，将参比溶液推入光路，调节"100％"旋钮，使数值显示为"100.0"。

⑦ 将试样溶液推入光路，读数即为透射比。

⑧ 吸光度 A 的测量。首先应进行吸光度精度的调整，重复步骤⑤、⑥的操作，当 τ 为100％时，将选择开关置于"A"，此时数字显示应为".000"，将样品池推入光路，显示值即为 A 值。

⑨ 读完读数后应打开样品室盖。

⑩ 测量完毕，取出吸收池，各旋钮置于原来位置，关闭电源开关，切断电源。

2. 紫外-可见分光光度计的维护

（1）温度和湿度

温度和湿度可以引起机械部件的锈蚀，使金属镜面的光洁度下降，引起仪器机械部分的误差或性能下降；还可造成光学部件如光栅、反射镜、聚焦镜等的铝膜锈蚀，使得产生光能不足，出现杂散光、噪声等，甚至使仪器停止工作，从而影响仪器寿命。维护保养时应定期加以校正。在停止工作期间，主机试样室内应放入袋装或筒装硅胶干燥剂。用防尘罩罩住整个仪器，并在防尘罩内放数袋防潮硅胶。务必注意经常保持硅胶的干燥，目的是保护光学元件和光电放大器系统不致受潮损坏而影响仪器的正常工作，如发现有的硅胶由蓝色变为粉红色，应立即更换。通常仪器干燥剂筒有两个：一个装在放大器暗盒上，另一个装在单色器暗盒上。

（2）环境中的尘埃和腐蚀性气体

环境中的尘埃和腐蚀性气体可以影响机械系统的灵活性，降低各种限位开关、按键、光电耦合器的可靠性，也是造成光学部件铝膜锈蚀的原因之一。因此必须定期清洁，保证环境和仪器室内卫生条件符合要求。

仪器使用一定周期后，内部会积累一定量的尘埃，最好由维修工程师或在工程师指导下开启仪器外罩对内部进行除尘，同时将各发热元件的散热器重新紧固，对光学盒的密封窗口进行清洁，必要时对光路进行校准，对机械部分进行清洁和必要的润滑，最后，恢复原状，再进行一些必要的检测、调校与记录。

（3）紫外-可见分光光度计的检验

为保证测试结果的准确可靠，新制造、使用中和修理后的分光光度计都应定期进行检定。在定量分析中，尤其是在紫外光波长测定时，需要对吸收池做校准工作，以消除吸收池的误差。

在测定波长下，将吸收池磨砂面用铅笔编号，在干净的吸收池中装入测定用溶剂，以其中一个为参比，测定其他吸收池的吸光度，若测定的吸光度为零或 2 个吸收池的吸光度差值小于 0.5％，即为配对吸收池。若不能配对，可选出吸光度最小的吸收池作为参比，测定其他吸收池的吸光度，求出修正值。测定样品时，将待测溶液装入校准过的吸收池中，用测得的吸光度值减去该吸收池的修正值即为测定的真实值。

五、测量条件的选择

为了使光度分析有较高的灵敏度和准确度，除了要注意控制合适的显色条件外，还必须选择适宜的光度测量条件，如入射光波长、参比溶液及吸光度读数范围等。

1. 入射光波长的选择

入射光波长应根据吸收曲线确定，通常选择最大吸收波长 λ_{max} 作为入射光波长。因为在 λ_{max} 处 κ 值最大，测定的灵敏度高。同时，在 λ_{max} 附近吸光度变化不大，不会造成对吸收定律的偏离，因而测定的准确度也较高。

如果干扰物质在 λ_{max} 处也有吸收，则应选用其他峰值波长或曲线的相对平坦处对应的波长进行测定。例如，测定镍时，以丁二酮肟为显色剂，丁二酮肟镍配合物的 λ_{max} 为 470 nm，若待测试液中有 Fe^{3+} 存在，需加酒石酸作为掩蔽剂，形成酒石酸铁配合物。但酒石酸铁配合物在 470 nm 处也有吸收，会对镍的测定产生干扰，如图 9-9 所示。此时若在 520 nm 处测定，虽灵敏度有所降低，但酒石酸铁不会干扰，提高了测定的选择性和准确度。

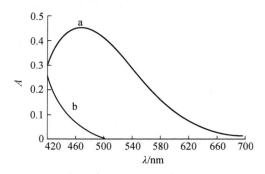

图 9-9 丁二酮肟镍（a）和酒石酸铁（b）的吸收曲线

2. 参比溶液的选择

吸光光度法测定吸光度时，是将待测溶液盛放于比色皿内，放入分光光度计光路中，测量入射光的减弱程度。由于比色皿对入射光的反射、吸收，以及溶剂、试剂等对入射光的吸收也会使光强度减弱，为了使光强度减弱仅与待测组分的浓度有关，需要选择合适组成的参比溶液，将其放入比色皿内并置于光路中，调节仪器，使 $T=100\%$（$A=0$），然后再测定盛放于另一相同规格比色皿中的试液吸光度，这样就消除了由于比色皿、溶剂及试剂等对入射光的反射和吸收带来的误差。

选择参比溶液的原则是使试液的吸光度真正反映待测组分的浓度。常用的参比溶液有以下几种：

① 溶剂空白。当试液、显色剂及所用的其他试剂在测量波长处均无吸收，仅待测组分与显色剂的反应产物有吸收时，可用溶剂作参比溶液，以消除溶剂和比色皿等因素的

影响。

②试剂空白。如果显色剂或加入的其他试剂在测量波长处略有吸收，应采用试剂空白（不加试样而其余试剂全加的溶液）作参比溶液，以消除试剂因素的影响。

③试液空白。如显色剂在测量波长处无吸收，但待测试液中共存离子有吸收，如Co^{2+}、MnO_4^-等，此时可用不加入显色剂的试液作为参比溶液，以消除有色离子的干扰；当显色剂和试液中共存离子都有吸收时，可在试液中加入适当掩蔽剂将待测组分掩蔽后再加显色剂，并以此作为参比溶液。

3. 吸光度读数范围的选择

在吸光光度法测定中，除了各种化学因素引起的误差外，还存在着仪器测量误差。对于一台特定的分光光度计，其透射比的读数误差ΔT为一常数［通常为$\pm（0.2\%\sim 2\%）$］，ΔT与测定结果的相对误差$\Delta c/c$之间的关系为

$$\frac{\Delta c}{c}=\frac{0.434}{T\lg T}\Delta T$$

设$\Delta T=\pm 0.5\%$，代入上式，可算出不同透射比（或吸光度）读数时浓度的相对误差，结果列于表9-3，并图示于图9-10中。

由表9-3和图9-10可知，测定结果的相对误差不仅与仪器精度ΔT有关，还和透射比或吸光度读数范围有关，当$T=36.8\%$即$A=0.434$时，测量的相对误差最小。当T为$70\%\sim 15\%$，即A在$0.2\sim 0.8$时，测量的相对误差$\leqslant\pm 2\%$。吸光度过高或过低，误差都很大，一般吸光度在$0.2\sim 0.8$为测量的适宜范围。

表9-3　不同T时的$\Delta c/c$　　　　　　　　　　　　　（$\Delta T=\pm 0.5\%$）

T	A	$\frac{\Delta c}{c}\times 100$	T	A	$\frac{\Delta c}{c}\times 100$
0.95	0.022	±10.2	0.40	0.399	±1.363
0.90	0.046	±5.30	0.368	0.434	±1.359
0.85	0.071	±3.62	0.350	0.456	±1.360
0.80	0.097	±2.80	0.30	0.523	±1.38
0.75	0.125	±2.32	0.25	0.602	±1.44
0.70	0.155	±2.00	0.20	0.699	±1.55
0.65	0.187	±1.78	0.15	0.824	±1.76
0.60	0.222	±1.63	0.10	1.000	±2.17
0.55	0.260	±1.52	0.05	1.301	±3.34
0.50	0.301	±1.44	0.02	1.699	±6.4
0.45	0.347	±1.39	0.01	2.000	±10.9

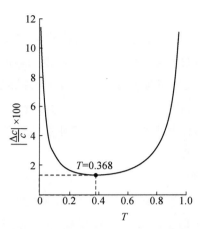

图9-10　相对误差与透射比的关系

　　实际工作中可以通过改变待测溶液的浓度和使用不同厚度的比色皿来调整吸光度，使其在合适的吸光度范围内。

任务二　吸收曲线的制作

　　吸收曲线是在浓度一定的条件下，以波长为横坐标、以吸光度为纵坐标描绘的曲线。不同的物质由于结构不同，吸收曲线不同。其形状及最大吸收波长与溶液的性质有关，吸收峰的高度与溶液的浓度有关，定量测定的准确度与测定所选的波长有关。利用分光光度计能连续变换波长的性质，可以绘制有色溶液在可见光区的吸收曲线。因此吸收曲线是对物质进行定性鉴定和定量测定的重要依据之一。

一、显色反应及显色条件的选择

　　有色化合物在溶液中受酸度、温度、溶剂等的影响，可能发生水解、沉淀、缔合等化学反应，从而影响有色化合物对光的吸收，因此在测定过程中要严格控制显色反应条件，以减少测定误差。

　　1. 显色反应

　　对于没有颜色或颜色很浅的待测组分，可以通过适当的化学处理，使该物质转变成对光有较强吸收的化合物。这种将无色的被测组分转变成有色物质的化学处理过程称为"显色过程"，所发生的化学反应称为"显色反应"，所用试剂称为"显色剂"。

　　显色反应可以是氧化还原反应，也可以是配位反应，或是兼有上述两种反应。例如 Fe^{2+} 无色，不能直接用吸光光度法测定，但它与显色剂 1，10-邻二氮菲作用生成红棕色 1，10-邻二氮菲亚铁后，非常适合用吸光光度法测定。又如钢中微量锰的测定，Mn^{2+} 不能直接进行光度测定，但将 Mn^{2+} 氧化成紫红色的 MnO_4^- 后，可在 525 nm 处进行测定。

　　在吸光光度法定量分析中，选择合适的显色反应，严格控制反应条件是十分重要的实验技术。对于显色反应，一般应满足下列要求：

① 灵敏度高。吸光光度法一般用于微量组分的测定，因此反应生成的有色物质的 κ 应大于 $10^4 \ L \cdot mol^{-1} \cdot cm^{-1}$。

② 选择性好。显色剂最好只与待测组分发生显色反应，若与试样中的其他组分也反应，须有易行的措施消除干扰。

③ 对比度大。生成的有色物质与显色剂之间的颜色差别要大，即显色剂对光的吸收与有色物质的吸收有明显区别，一般要求两者的最大吸收波长之差 $\Delta\lambda$（称为对比度）大于 60 nm。

④ 反应生成的有色物质组成恒定、颜色稳定，显色条件易于控制。

2. 显色条件的选择

吸光光度法是通过测定有色物质的吸光度确定待测组分含量的方法，为了得到准确的结果，必须控制适当的条件，使显色反应完全、稳定。

（1）显色剂用量

显色反应（多为配位反应）一般可用下式表示：

$$M \ + \ R \ \rightleftharpoons \ MR$$
待测组分　显色剂　有色配合物

为了使反应尽可能地进行完全，应加过量的显色剂。但是过量的显色剂有时会引起副反应，如空白值增大、配合物组成改变等。在实际工作中，显色剂的适宜用量是通过实验来确定的。将待测组分的浓度及其他条件固定，然后加入不同量的显色剂，分别测定其吸光度，绘制吸光度（A）-浓度（c_R）关系曲线，一般可得到如图 9-11 所示三种不同的曲线。

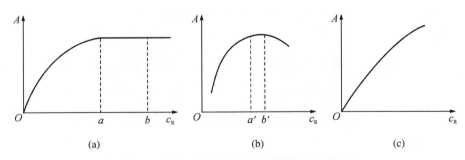

图 9-11　吸光度与显色剂浓度的关系曲线

图 9-11 (a) 中曲线表明，当显色剂浓度 c_R 在 $0 \sim a$ 范围内时，显色剂用量不足，待测组分没有完全转变成有色配合物，随着 c_R 增大，吸光度 A 增大。$a \sim b$ 范围内吸光度最大且稳定，因此可在 $a \sim b$ 范围内选择合适的显色剂用量。这类反应生成的有色配合物稳定，对显色剂浓度控制要求不太严格。

181

图 9-11（b）中曲线表明，当 c_R 在 $a'\sim b'$ 这一较窄的范围内时，吸光度值才较稳定，其余范围吸光度都下降，因此必须严格控制 c_R 的大小。

图 9-11（c）中曲线表明，随着显色剂浓度增大，吸光度不断增大。这种情况下必须十分严格地控制显色剂的用量或另换其他显色剂。

（2）溶液的酸度

许多显色剂都是有机弱酸（碱），溶液的酸度变化，将直接影响显色剂的解离程度和显色反应是否能进行完全。多数金属离子也会因溶液的酸度降低而发生水解，形成各种形态的羟基配合物，甚至析出沉淀。

另外，某些能形成逐级配合物的显色反应，产物的组成也会随溶液酸度变化而改变，如磺基水杨酸与 Fe^{3+} 的显色反应，在 pH 为 2～3 时，生成 1：1 的红紫色配合物；在 pH 为 4～7 时，生成 1：2 的橙红色配合物；在 pH 为 8～10 时，生成 1：3 的黄色配合物。可见，酸度对显色反应的影响是多方面的。显色反应的适宜酸度也是通过实验来确定的。固定待测组分的浓度及显色剂的浓度，改变溶液的 pH，配制一系列显色溶液，分别测定各溶液的吸光度 A，以 pH 为横坐标、吸光度 A 为纵坐标，得到 A-pH 关系曲线，如图 9-12 所示，曲线平坦部分对应的 pH 即为适宜的酸度范围。

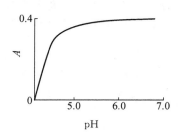

图 9-12　吸光度 A 与溶液 pH 关系曲线

（3）温度

显色反应通常在室温下进行，但有些反应必须加热才能反应完全。例如钢铁分析中用硅钼蓝法测定硅含量，需在沸水浴中加热 30 s 先形成硅钼黄，然后经还原形成硅钼蓝；如果在室温下则要 10 min 才能显色完全。具体实验中，可绘制吸光度与温度的关系曲线来选择适宜的温度。

（4）显色时间

显色反应有的可瞬间迅速完成，有的则要放置一段时间才能反应完全。有些有色物质在放置时，被空气氧化或发生光化学反应，颜色会逐渐减弱。因此适宜的显色时间也要通过实验先得到吸光度与时间的关系曲线再进行选择。

（5）溶剂

有时在显色体系中加入有机溶剂，可降低有色物质的解离度，从而提高显色反应的灵敏度。例如三氯偶氮氯膦与 Bi^{3+} 在 H_2SO_4 介质（或 $HClO_4$ 介质）中显色时，κ 为 9.0×10^4 $L \cdot mol^{-1} \cdot cm^{-1}$，加入乙醇则可使 κ 提高到 1.1×10^5 $L \cdot mol^{-1} \cdot cm^{-1}$，灵敏度提高 22%。

（6）溶液中共存离子的影响

待测试液中往往存在多种离子，若共存离子本身有色，或共存离子能与显色剂反应生成有色物质，均会影响测定的准确度。消除共存离子干扰的常用方法如下：

① 控制溶液的酸度。例如，用二苯硫腙法测定 Hg^{2+} 时，Cu^{2+}、Zn^{2+}、Pb^{2+}、Bi^{3+}、Co^{2+}、Ni^{2+} 等都可能与显色剂反应而显色。但在强酸条件下，这些干扰离子与二苯硫腙不能形成稳定的有色配合物，因此可通过调节酸度消除干扰。

② 加入掩蔽剂。例如，用偶氮氯膦类显色剂测定 Bi^{3+} 时，Fe^{3+} 有干扰，可加入 NH_4F 使之形成 FeF_6^{3-} 无色配合物来消除干扰。

③ 利用氧化还原反应，改变干扰离子的价态。例如，用铬天青 S 测定铝时，Fe^{3+} 有干扰，加入抗坏血酸将 Fe^{3+} 还原为 Fe^{2+} 后，可消除干扰。

④ 利用参比溶液消除显色剂和某些共存离子的干扰。

⑤ 采用适当的分离方法消除干扰。

3. 显色剂

显色剂在分光光度分析中应用很普遍，种类也很多，主要有无机显色剂和有机显色剂两大类。

（1）无机显色剂

无机显色剂与金属离子生成的配合物大多不够稳定，灵敏度不高，选择性也不太好，目前在分光光度分析中应用不多。尚有实用价值的有：硫氰酸盐用于测定铁、钼、钨、铌等元素；钼酸铵用于测定硅、磷、钒，与之形成杂多酸。如磷肥中磷的测定，利用 $(NH_4)_2MoO_4$ 与 PO_4^{3-} 形成 $(NH_4)_2H[PMo_{12}O_4] \cdot H_2O$ 杂多酸。还有利用 H_2O_2 与 Ti^{4+} 在 $1\sim2$ $mol \cdot L^{-1}$ H_2SO_4 介质中形成的 $TiO[H_2O_2]^{2+}$ 黄色化合物，测定矿石中的钛等。

（2）有机显色剂

大多数有机显色剂能与金属离子生成稳定的螯合物。显色反应的选择性和灵敏度都较无机显色剂高，因此被广泛地应用于分光光度分析中。高灵敏度和高选择性的有机显色剂的研制和应用，促进了分光光度分析的发展，目前也仍然是吸光光度法研究方向之一。现将几种常用的有机显色剂列于表 9-4 中。

表 9-4　常用的有机显色剂

试剂		测定离子 *	显色条件	λ_{max}/nm	κ/（L·mol^{-1}·cm^{-1}）
偶氮类	PAN	Zn（Ⅱ）	pH=5~10	550	5.6×10^4
	偶氮胂（Ⅲ）	Th（Ⅳ）	8 mol·L^{-1} HClO$_4$	660	5.1×10^4
			8 mol·L^{-1} HCl	665	1.3×10^4
三苯甲烷类	铬天青 S	Al（Ⅲ）	pH=5.0~5.8	530	5.9×10^4
其他类型	磺基水杨酸	Ti（Ⅳ）	pH=4	375	1.5×10^4
	丁二酮肟	Ni（Ⅱ）	pH=8~10	470	1.3×10^4
	邻二氮菲	Fe（Ⅱ）	pH=5~6	508	1.1×10^4
	二苯硫腙	Pb（Ⅱ）	pH=8~10	520	6.6×10^4

* 测定离子未全部列出，仅举一个作为代表。

二、物质的吸收曲线

为了更准确地描述物质对光的选择性吸收情况，可以用不同波长的单色光依次照射某一固定浓度和液层厚度的溶液，并测量每一波长下溶液对光的吸收程度（称为吸光度，用 A 表示）。以 A 为纵坐标、相应波长 λ 为横坐标作图，所得 A-λ 曲线称为吸收曲线，也称吸收光谱。图 9-13 是四种不同浓度 $KMnO_4$ 溶液的吸收曲线。

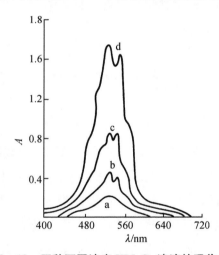

图 9-13　四种不同浓度 $KMnO_4$ 溶液的吸收曲线

（溶液浓度：a＜b＜c＜d）

从图 9-13 中可以看出：

① $KMnO_4$ 溶液对不同波长光的吸收程度不同，对波长 525 nm 绿色光的吸收最多，吸光度最大，此处所对应波长称为最大吸收波长，用 λ_{max} 表示。

② 四种不同浓度的 $KMnO_4$ 溶液对应的四条吸收曲线形状相似，λ_{max} 相同。但在同一波长处的吸光度随溶液浓度的增加而增大，这个特性是吸光光度法定量分析的依据。

若在最大吸收波长下测定，高锰酸钾浓度的微小变化可使吸光度产生较大变化，测定的灵敏度高。因此，吸收曲线是吸光光度法中选择测量波长的重要依据。定量分析时，需先绘制被测溶液的吸收曲线。在没有干扰的情况下，通常选择在 λ_{max} 处测定。

③ 由于物质对光的选择吸收情况与物质的分子结构密切相关，因此每种物质具有自己特征的光吸收曲线。比较不同物质的吸收曲线，就会发现这些曲线的形状、吸收峰的位置和强度都不相同，这是由物质的分子结构决定的。吸收峰的位置和形状对各种物质来讲具有一定的特征，可作为定性鉴定的依据；而吸收峰的强度大小又与物质的浓度有关，浓度越大，吸收峰越强，因此可作为定量分析的依据。

④ 物质对光产生选择性吸收的原因

物质对可见光的吸收与物质分子中电子能级和分子振动、转动能级的跃迁有关。由于这些能级是量子化的，所以分子在这些能级之间的跃迁也只能吸收一定的能量。即只有当入射光的光子能量与分子内两能级之间的能量差相等时，分子才能吸收该光子，分子本身从基态被激发到激发态。不同物质分子的激发态和基态的能量差不同，选择性吸收的光子的波长也不同，这也是物质对光产生选择性吸收的原因。

三、吸收曲线的绘制

1. 配制溶液

移取一定浓度的 $KMnO_4$ 溶液 20 mL 置于 50 mL 的容量瓶中，用纯化水稀释至标线，摇匀。将此溶液与空白液（纯化水）分别盛于 1 cm 厚的吸收池中，并将其放在分光光度计的吸收池架上，按照分光光度计的使用方法操作。

2. 测定吸光度

波长范围在 420～700 nm 内，每隔 20 nm 测定一次吸光度（其中在 510～550 nm 处，每隔 5 nm 测定一次）。每变换一次波长，都需要用纯化水作空白液对照，调节透光度为 100% 后，再测量溶液的吸光度及透光率。

3. 记录溶液在不同波长处的吸光度数值

以波长 λ 为横坐标、吸光度 A 为纵坐标，将测得的吸光度数值逐点连接成光滑曲线，即得 A-λ 吸收曲线。从吸收曲线上可找出最大吸收波长值。

4. 注意事项

① 波长每改变一次，都必须用空白液调节 "0" 和 "100%"，校正好后再测吸光度和透光率。

② 吸收池每次使用前，应用被测溶液润洗 3 次，以免影响被测物的浓度。

③ 吸收池装液以吸收池体积的 4/5 为宜。

④ 将吸收池透光面置于光路中，且不能用手接触其透光面。

任务三 ▶ **标准曲线的制作**

一、标准曲线法概述

标准曲线法又称工作曲线法，是吸光光度法最常用的定量分析方法。

选取与待测物质含有相同组分的标准品，配制一系列不同浓度的标准溶液，按所需条件显色后，选择测定波长和适当的比色皿，分别测定它们的吸光度 A。以 A 为纵坐标、浓度 c 或 ρ 为横坐标，绘制吸光度与浓度的关系曲线，称为标准曲线。

在相同条件下测得试液的吸光度，从标准曲线上查出试液的浓度，再计算试样中待测组分的含量，这就是标准曲线法，如图 9 – 14 所示。

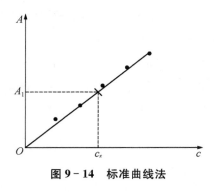

图 9 – 14　标准曲线法

二、标准曲线的绘制

1. 配制标准系列溶液

配制 4 份以上浓度不同的待测组分的标准溶液。

2. 测定吸光度

以不含被测组分的空白溶液作为参比，在选定的波长下，分别测定各标准溶液的吸光度。

3. 作图

以标准溶液浓度为横坐标、吸光度为纵坐标，绘制曲线，所得曲线即为标准曲线（工作曲线），如图 9 – 15 所示。

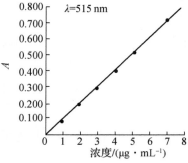

图 9 – 15　标准曲线

实际工作中，为了避免使用时出差错，在所作的工作曲线上还必须标明标准曲线的名称、所用标准溶液名称和浓度、坐标分度和单位、测量条件（仪器型号、入射光波长、吸收池厚度、参比溶液名称）以及制作日期和制作者姓名。

绘制与使用中应注意的问题如下：

① 试液测定条件与绘制工作曲线条件必须一致，且工作曲线必须准确可信。

② 当绘制工作曲线的条件发生变化时，如更换试剂、吸收池或光源灯等，都可能引起工作曲线的变化，应及时校正工作曲线。如果校正的点与工作曲线相差较大，应查找原因并重作曲线。

③ 光吸收定律只适用于稀溶液，工作曲线只在一定浓度范围内呈直线，所以工作曲线不能随意延长。如果试样的浓度超出了工作曲线的线性范围，应采用稀释的方法进行调整。

④ 正常情况下工作曲线应是一条通过原点的直线。若工作曲线不通过原点，一般是由于标样与参比溶液的组成不同，即背景对光的吸收不同造成的。这种情况可选择与标样组成相近的参比溶液。

⑤ 控制适宜的吸光度（读数范围）。应选择适当的测量条件，让工作曲线的吸光度落在 $A=0.20\sim0.80$ 这个范围，减小测量误差。

三、定量分析方法

定量分析的依据是朗伯-比尔定律，即物质在一定波长处的吸光度与它的浓度呈线性关系。下面分别介绍单组分和多组分以及高含量组分的定量方法。

1. 单组分样品的定量方法

单组分是指样品中只含有一种组分，或者混合物中待测组分的吸收峰与其他共存物质的吸收峰无重叠。在这两种情况下，通常应选择在待测物质的最大吸收波长处进行定量分析。

（1）标准对照法

标准对照法是指在相同条件下，测得样品溶液和浓度已知的该物质的标准溶液的吸光度为 A_x 和 A_s，由标准溶液的浓度 c_s 可计算出样品中被测物的浓度 c_x。即

$$A_x=\varepsilon c_x b$$
$$A_s=\varepsilon c_s b$$

则

$$c_x=\frac{A_x}{A_s}\cdot c_s$$

该法比较简单，但误差较大。只有在测定的浓度区间内溶液完全遵守朗伯-比尔定律，并且 c_s 和 c_x 很接近时，才能得到较为准确的结果。此方法适用于个别样品的测定。

（2）标准曲线法

此法又称为工作曲线法，它是实际工作中使用最多的一种定量方法。其方法如下：

选择配制一系列（$n \geqslant 4$）适当浓度的标准溶液，在一定的实验条件下，显色后分别测定其吸光度，以吸光度 A 对浓度 c 作图，得到标准曲线。

按与配制标准溶液相同的方法配制待测溶液，在相同测量条件下测得待测溶液的吸光度，然后在工作曲线上找到与吸光度对应的浓度，即为待测溶液的浓度。

2. 多组分样品的定量方法

多组分是指在被测溶液中含有两个或两个以上的吸光组分。根据其吸收峰的相互干扰情况可将吸收光谱分成 3 种，如图 9-16 所示。

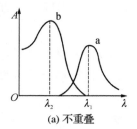 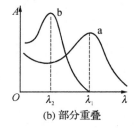 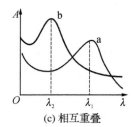

(a) 不重叠　　　　　　(b) 部分重叠　　　　　　(c) 相互重叠

图 9-16　混合物的吸收光谱

若各组分的吸收曲线互不重叠或部分重叠，但在各自最大吸收波长处另一组分没有干扰［图 9-16（a）、（b）］，可按单一组分的方法测定各组分的含量。

若各组分的吸收曲线相互重叠［图 9-16（c）］，则采用以下方法测定各组分的含量：

选定两个波长 λ_1 和 λ_2 测定吸光度为 A^{λ_1}、A^{λ_2}，则根据吸光度的加和性来解以下方程组，得出各组分的含量。

$$A^{\lambda_1} = \varepsilon_{A}^{\lambda_1} bc_A + \varepsilon_{B}^{\lambda_1} bc_B$$
$$A^{\lambda_2} = \varepsilon_{A}^{\lambda_2} bc_A + \varepsilon_{B}^{\lambda_2} bc_B$$

式中：c_A、c_B——分别为 A 组分和 B 组分的浓度；

　　　$\varepsilon_{A}^{\lambda_1}$、$\varepsilon_{B}^{\lambda_1}$——分别为 A 组分和 B 组分在波长为 λ_1 处的摩尔吸光系数；

　　　$\varepsilon_{A}^{\lambda_2}$、$\varepsilon_{B}^{\lambda_2}$——分别为 A 组分和 B 组分在波长为 λ_2 处的摩尔吸光系数。

其中，$\varepsilon_{A}^{\lambda_1}$、$\varepsilon_{B}^{\lambda_1}$、$\varepsilon_{A}^{\lambda_2}$、$\varepsilon_{B}^{\lambda_2}$ 可以用 A、B 的标准溶液分别在 λ_1 和 λ_2 处测定吸光度后计算求得，将 $\varepsilon_{A}^{\lambda_1}$、$\varepsilon_{B}^{\lambda_1}$、$\varepsilon_{A}^{\lambda_2}$、$\varepsilon_{B}^{\lambda_2}$ 代入方程组，可得两组分的浓度。

值得一提的是，如果有 n 个组分相互重叠，就必须在 n 个波长处测定其吸光度的加和值，然后解 n 元一次方程，才能分别求出各组分的含量。但组分数 $n > 3$ 时结果误差增大。

3. 高含量组分的测定（示差法）

吸光光度法一般适用于 $10^{-6} \sim 10^{-2}$ mol·L^{-1} 浓度范围的测定。当待测组分含量较高，溶液的浓度较大时，其吸光度值往往超出适宜的读数范围，引起较大的测量误差，甚至无法直接测定，此时可采用示差法。

示差法又称示差吸光光度法。它与一般吸光光度法的区别仅仅在于它采用一个已知浓度成分与待测溶液相同的溶液作参比溶液（称参比标准溶液），而其测定过程与一般吸光光度法相同。然而正是由于使用了这种参比标准溶液，才大大地提高了测定的准确度，使其可用于测定过高含量的组分，所以我们将这种以改进吸光度测量方法来扩大测量范围并提高灵敏度和准确度的方法称为示差法。

采用示差吸光光度法测定常量组分时，用一个比待测试液浓度稍低的标准溶液作为参比溶液，设参比标准溶液浓度为 c_s，待测试液浓度为 c_x，且 $c_x > c_s$，根据朗伯-比尔定律得到：

$$A_x = \kappa b c_x, \qquad A_s = \kappa b c_s$$

两式相减得

$$A_x - A_s = \kappa b (c_x - c_s)$$

$$\Delta A = \kappa b \Delta c$$

吸光度差值 ΔA（称为相对吸光度）与浓度差值 Δc 成正比关系，这是示差吸光光度法的基本关系式。以浓度为 c_s 的标准溶液作参比溶液，测定一系列浓度已知的标准溶液的相对吸光度 ΔA，作 ΔA-Δc 标准曲线，由待测试液的 ΔA_x 在标准曲线上查出相应的 Δc，则

$$c_x = c_s + \Delta c$$

由于采用浓度 c_s 的标准溶液作参比，测得的相对吸光度的数值将处于 $0.2 \sim 0.8$ 的适宜读数范围内，因而采用示差分光光度法测定高含量的组分时，其测定的相对误差仍然较小，即提高了测定的准确度。

使用示差分光光度法要求仪器光源强度足够大，检测器足够灵敏，以保证将标准参比溶液的透光率调到 100%。

任务四 　 水质总磷的测定

在天然水和废水中，磷几乎都以各种磷酸盐的形式存在，它们分为正磷酸盐、缩合磷酸盐（焦磷酸盐、偏磷酸盐和多磷酸盐）和有机结合的磷酸盐，它们存在于溶液中、腐殖质粒子中或水生生物中。

天然水中磷酸盐含量较小。化肥、冶炼、合成洗涤剂等行业的工业废水及污水中常含有较大量磷。磷是生物生长的必需元素之一。但水体中磷含量过高（超过 $0.2~\text{mg} \cdot \text{L}^{-1}$）会造成水中藻类过量繁殖，直至数量达到有害的程度（称为富营养化），造成湖泊、河流透明度降低，水质变坏，进而使水资源丧失饮用、养殖和观赏等方面的利用价值。为了保护水资源，控制水体的富营养化，我国已将总磷列为正式的环境监测项目，制定了环境质量标准和污水排放标准，作为水质评价的重要指标。

总磷是水样经消解后将各种形态的磷转变成正磷酸盐后测定的结果，以每升水样含磷的毫克数计量（P，$\text{mg} \cdot \text{L}^{-1}$）。

一、主要内容与适用范围

采用钼酸铵吸光光度法进行总磷的测定，即用过硫酸钾（或硝酸-高氯酸）作为氧化剂，将未经过滤的水样消解，用钼酸铵吸光光度法测定总磷的方法。总磷包括溶解的、颗粒的、有机的和无机的磷。

适用于地表水、污水和工业废水。取 25 mL 水样，最低检出浓度为 0.01 mg·L^{-1}，测定上限为 0.6 mg·L^{-1}。在酸性条件下，砷、铬、硫干扰测定。

二、测定原理

在中性条件下用过硫酸钾（或硝酸-高氯酸）使试样消解，将所含磷全部氧化为正磷酸盐。在酸性介质中，正磷酸盐与钼酸铵反应，在锑盐存在下生成磷钼杂多酸后，立即被抗坏血酸还原，生成蓝色的络合物。

三、测定试剂与仪器

1. 试剂

硫酸、硝酸、高氯酸、硫酸（1＋1）、硫酸（约 0.5 mol·L^{-1}）、氢氧化钠溶液（1 mol·L^{-1}）、氢氧化钠溶液（6 mol·L^{-1}）、过硫酸钾溶液（50 g·L^{-1}）、抗坏血酸溶液（100 g·L^{-1}）、钼酸盐溶液、浊度-色度补偿液（100 g·L^{-1}，使用当天配制）、磷标准贮备溶液（50.0 μg·mL^{-1}）、磷标准使用溶液（2.0 μg·mL^{-1}）、酚酞溶液（10 g·L^{-1}）。

2. 仪器

医用手提式蒸汽消毒器或一般压力锅（1.1～1.4 kg·cm^{-2}）、50 mL 比色管、分光光度计。

注：所有玻璃器皿均应用稀盐酸或稀硝酸浸泡。

四、采样与样品

1. 试样的采集

采集 500 mL 水样后加入 1 mL 硫酸调节样品的 pH，使之低于或等于 1，或不加任何试剂于冷处保存。

注：含磷量较少的水样，不要用塑料瓶采样，因磷酸盐易吸附在塑料瓶壁上。

2. 试样的制备

取 25 mL 样品于比色管中。取时应仔细摇匀，以得到溶解部分和悬浮部分均具有代表性的试样。如样品中磷浓度较高，试样体积可以减少。

五、测定步骤

1. 空白试样

按测定的规定进行空白试验，用蒸馏水代替试样，并加入与测定时相同体积的试剂。

2. 测定

(1) 消解

① 过硫酸钾消解：向试样中加 4 mL 过硫酸钾，将比色管的盖塞紧后，用一小块布和

线将玻璃塞扎紧（或用其他方法固定），放在大烧杯中置于高压蒸汽消毒器中加热，待压力达 1.1 kg·cm^{-2}、相应温度为 120 ℃时，保持 30 min 后停止加热。待压力表读数降至零后，取出放冷。然后用水稀释至标线。

注：如用硫酸保存水样，当用过硫酸钾消解时，需先将试样调至中性。

② 硝酸-高氯酸消解：取 25 mL 试样于锥形瓶中，加数粒玻璃珠，加 2 mL 硝酸在电热板上加热浓缩至 10 mL。冷后加 5 mL 硝酸，再加热浓缩至 10 mL，冷却。加 3 mL 高氯酸，加热至高氯酸冒白烟，此时可在锥形瓶上加小漏斗或调节电热板温度，使消解液在瓶内壁保持回流状态，直至剩下 3~4 mL，冷却。

加水 10 mL，加 1 滴酚酞指示剂，滴加氢氧化钠溶液至刚好呈微红色，再滴加硫酸（约 0.5 mol·L^{-1}）使微红刚好褪去，充分混匀，移至具塞刻度管中，用水稀释至标线。

注：① 用硝酸-高氯酸消解需要在通风橱中进行。高氯酸和有机物的混合物经加热易发生危险，需将试样先用硝酸消解，然后再加入高氯酸消解。

② 绝不可把消解的试样蒸干。

③ 如消解后有残渣，用滤纸过滤于具塞刻度管中，并用水充分清洗锥形瓶及滤纸，一并移到具塞刻度管中。

④ 水样中的有机物用过硫酸钾氧化不能完全破坏时，可用此法消解。

（2）发色

分别向各份消解液中加入 1 mL 抗坏血酸溶液混匀，30 s 后加 2 mL 钼酸盐溶液充分混匀。

注：① 试样有浊度或色度时，需配制一个空白试样（消解后用水稀释至标线），然后向试料中加入 3 mL 浊度-色度补偿液，但不加抗坏血酸溶液和钼酸盐溶液。然后从试料的吸光度中扣除空白试料的吸光度。

② 砷大于 2 mg·L^{-1} 干扰测定，用硫代硫酸钠去除。硫化物大于 2 mg·L^{-1} 干扰测定，通氮气去除。铬大于 50 mg·L^{-1} 干扰测定，用亚硫酸钠去除。

（3）分光光度测量

室温下放置 15 min 后，使用光程为 30 mm 比色皿，在 700 nm 波长下，以水做参比，测定吸光度。扣除空白试验的吸光度后，从工作曲线上查得磷的含量。

注：如显色时室温低于 13 ℃，可在 20~30 ℃下水浴显色 15 min。

（4）工作曲线的绘制

取 7 支具塞比色管分别加入 0.0 mL、0.50 mL、1.00 mL、3.00 mL、5.00 mL、10.0 mL、15.0 mL 磷酸盐标准溶液。加水至 25 mL。然后按测定步骤（2）进行处理。以水做参比，测定吸光度。扣除空白试验的吸光度后，和对应的磷的含量绘制工作曲线。

六、测定数据与处理

总磷含量以 c（mg·L^{-1}）表示，按下式计算：

$$c = \frac{m}{V}$$

式中：m——试样测得含磷量，μg；

V——测定用试样体积，mL。

>>> 【拓展阅读】 比色分析法

　　早在公元初，古希腊人就曾用五倍子溶液测定醋中的铁。1795年，俄国人也曾用五倍子的酒精溶液测定矿泉水中的铁。但是比色法作为一种定量分析方法大约开始于19世纪三四十年代。由于这种分析方法快速简便，首先在工厂和实验室得到推广。起初，人们只是利用金属水合离子溶液本身的颜色，用简单的目视法与标准样进行比较，从而得出结论。由于有色金属水合离子种类有限，灵敏度也不高，应用起来并不很有效。后来发展了有机显色剂，分析的灵敏度、普遍性才有了很大提高。为了使比色分析更为精确，化学家曾设计出奈斯勒比色管和实用的蒲夫利希目视比色仪。这两种比色仪器都是将比色的待测溶液与标准液固定在比较特殊的管子里进行目测。

　　1873年，德国化学家菲罗尔特设计了用分光镜取得单色光的目视分光光度计。不久，另一德国化学家又以有色玻璃滤光片代替分光镜，简化了上面的目视比色法，就这样，比色分析在应用中不断地被改进而日益完善、精确。

　　目视比色法是靠人的眼睛来观察颜色的深度，有主观误差，因而准确度较差。进入20世纪后，光电比色法替代了目视比色法。光电比色法借助光电比色计来测量一系列标准溶液的吸光度，绘制工作曲线，然后根据被测试液的吸光度，从工作曲线上求得其浓度或含量，这样就避免了眼睛观察造成的主观误差。由于具有简单、快速、灵敏度高等特点，比色分析法被广泛应用于微量组分的测定。

>>> 【同步测试】

一、选择题

1. 利用吸光光度法测定样品时，下列哪个因素不是导致测定结果偏离朗伯-比尔定律的主要原因？　　　　　　　　　　　　　　　（　　）

   A. 所用试剂的纯度不够的影响　　　　　B. 非吸收光的影响

   C. 非单色光的影响　　　　　　　　　　D. 被测组分发生解离、缔合等化学因素

2. 下列哪个不是分光光度计的主要组成部分？　　　　　　　　　　（　　）

   A. 光源　　　　　B. 高压泵　　　　　C. 单色器　　　　　D. 检测器

3. 朗伯-比尔定律中，摩尔吸光系数愈大，表示该物质对某波长光的吸收能力愈强，比色测定的灵敏度就（　　　）。

   A. 愈大　　　　　B. 愈小　　　　　C. 大小一样　　　　　D. 不确定

4. 在分光光度计中，能将复合光转化为单色光的装置是（　　　）。

    A. 光源   B. 单色器   C. 吸收池   D. 检测器

5. 一般常把（　　　）nm 波长的光称为紫外光。

    A. 200～800   B. 200～400   C. 100～600   D. 600～800

6. 一般常把（　　　）nm 波长的光称为可见光。

    A. 200～800   B. 400（或 380）～800（或 780）

    C. 400～860   D. 200～400

7. 朗伯-比尔定律中，摩尔吸光系数与（　　　）无关。

    A. 入射光的波长   B. 显色溶液温度

    C. 测定时的取样体积   D. 有色溶液的性质

8. 朗伯-比尔定律只适用于（　　　）。

    A. 白光   B. 复合光   C. 单色光   D. 多色光

9. 在一定浓度范围内，有色溶液的浓度越大，对光的吸收也越大，但吸收峰波长（　　　）。

    A. 不变   B. 越大   C. 越小   D. 有时大，有时小

10. 光的吸收、散射及光电效应都说明光具有（　　　）性。

    A. 粒子   B. 波动   C. 粒子和波动   D. 颗粒

二、判断题

1. 总磷消解只可采用过硫酸钾。   （　　　）

2. 测定水质总磷的水样采集后，可加入盐酸调节样品的 pH。   （　　　）

3. 朗伯-比尔定律只适用于单色光。   （　　　）

4. 在一定浓度范围内，有色溶液的浓度越大，对光的吸收也越大，但吸收峰波长不变。   （　　　）

5. 在一定的光强照射下，光电流与射入的光量近似成正比。   （　　　）

6. 分光光度计无须预热，开机后可以直接测定。   （　　　）

7. 样品室应密封良好，无漏光现象。   （　　　）

8. 任何型号的分光光度计都由光源、单色器、吸收池和显示系统四个部分组成。   （　　　）

9. 检定可见分光光度计时，可不进行外观检查。   （　　　）

10. 可见分光光度计处于正常工作状态下，当波长置于 580 nm 处时，在样品室内应能看到绿色光斑。   （　　　）

10 项目十 水质金属离子的测定（原子吸收分光光度法）

>>> **【知识目标】**

1. 了解原子吸收分光光度法的原理和特点。
2. 熟悉原子吸收分光光度计的结构和作用。
3. 掌握原子吸收分光光度法定量分析方法。
4. 掌握水质金属离子的测定方法。

>>> **【能力目标】**

1. 能够对原子吸收分光光度法待测样品进行预处理。
2. 能够正确选择原子吸收分光光度计测定条件。
3. 能够利用原子吸收分光光度计对水质金属离子进行准确测定。
4. 能够对原子吸收分光光度计进行日常维护和保养。
5. 能够准确、简明地记录实验原始数据。

>>> **【素质目标】**

1. 培养学生安全意识和团队协作能力。
2. 培养学生精益求精、一丝不苟的职业素养。

>>> **【企业案例】**

　　随着工业的不断发展，某市大量的城市生活污水和工业废水排放进水体，造成了对大自然中水体的污染。生活污水，工业生产排放的废水，农业灌溉排水，工业生产排放的烟尘被雨水淋洗或直接沉降到水体，造成污染。环境检测部门委托检测机构对一批地表水样进行金属离子的测定，检测该水样中的锰离子、硒离子等含量。检测方法需采用水质金属离子的测定（原子吸收分光光度法）。分析检验人员根据检测要求完成水质金属离子的分析检验任务。

任务一　原子吸收分光光度法

一、原子吸收分光光度法概述

原子吸收分光光度法（AAS）也称原子吸收光谱法，它是基于元素的基态原子蒸汽对特征谱线的吸收程度来进行定量分析的方法。原子吸收分光光度法作为现代仪器分析中一种重要的元素测定方法，具有灵敏度高、检出限低（可达 $\mu g \cdot mL^{-1}$ 甚至 $ng \cdot mL^{-1}$ 级）、选择性好、干扰少、分析速度快、试样用量少、准确度高等优点，广泛应用于化工、农业、食品和医药卫生等各个领域。目前，原子吸收分光光度法可以有效地测定几乎所有的金属元素。不足的是，每测定一种元素得换一次灯，对难汽化的元素测定效果较差。

1. 共振线和分析线

所有元素的原子都是由原子核和绕核运动的电子组成的，原子核外电子按其能量的高低分层分布而形成不同的能级，因此，一个原子核可以具有多种能级状态。能量最低的能级状态称为基态能级（$E_0 = 0$），其余能级称为激发态能级，而能量最低的激发态则称为第一激发态。正常情况下，原子处于基态，核外电子在各自能量最低的轨道上运动。如果将一定外界能量（如热能、光能）提供给该基态原子，该原子将吸收这一特征波长的光，外层电子由基态跃迁到相应的激发态，从而产生原子吸收光谱。

当电子从第一激发态跃回基态时，则会发射出相同频率的光辐射，其对应的谱线称为共振发射线，也简称为共振线，如图 10-1 所示。

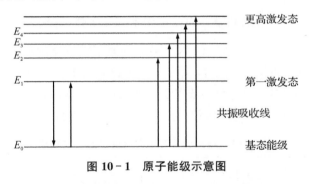

图 10-1　原子能级示意图

当外界光能量恰好等于该基态原子中基态和某一较高能级之间的能级差 ΔE_j 时，该原子将吸收这一特征波长的光，外层电子由基态跃迁到相应的激发态，从而产生原子吸收光谱。能级差 ΔE_j 的计算公式见下式，式中 E_j 和 E_0 分别为激发态和基态能量。即

$$\Delta E_j = E_j - E_0 = h\nu = h\frac{c}{\lambda}$$

电子跃迁到较高能级以后处于激发态，但激发态电子是不稳定的，大约经过 10^{-8} s 以后，激发态电子将返回基态或其他较低能级，并将电子跃迁时吸收的能量以光的形式释放出去，这个过程称为原子发射光谱。可见，原子吸收光谱过程吸收辐射能量，而原子发射光谱过程则释放辐射能量。核外电子从基态跃迁至第一激发态所吸收的谱线称为共振吸收线，简称共振线。电子从第一激发态返回基态时所发射的谱线称为第一共振发射线。由于基

态与第一激发态之间的能级差最小，电子跃迁概率最大，故共振吸收线最易产生。对多数元素来讲，它是所有吸收线中最灵敏的，在原子吸收光谱分析中通常以共振线为分析线。

2. 基态与激发态原子的分配

在进行原子吸收测定时，试液在高温下挥发并解离成原子蒸汽，待测元素转化为基态原子（原子化过程）。其中有一部分基态原子进一步被激发成激发态原子。在一定条件的热平衡状态下，激发态原子数 N_j 和基态原子数 N_0 的比值服从玻尔兹曼分布定律：

$$\frac{N_j}{N_0} = \frac{g_j}{g_0} e^{-\frac{E_j - E_0}{kT}}$$

式中：N_j、N_0——分别为激发态和基态的原子数；

$\quad\quad E_j$、E_0——分别为激发态和基态原子的能量；

$\quad\quad T$——热力学温度；

$\quad\quad k$——玻尔兹曼常数；

$\quad\quad g_j$、g_0——分别为激发态和基态的统计权重。

对共振线来说，电子是从基态（$E_0 = 0$）跃迁到第一激发态，上式可以写成

$$\frac{N_j}{N_0} = \frac{g_j}{g_0} e^{-\frac{E_j}{kT}}$$

所以只要火焰温度 T 确定，就可求得 $\dfrac{N_j}{N_0}$ 值。

由于大多数元素的共振线波长都小于 600 nm，且通常原子蒸汽的温度都在 3 000 K 以下，所以 $\dfrac{N_j}{N_0}$ 值都很小，N_j 可以忽略。因此可用基态原子数 N_0 代表吸收辐射的原子总数。

表 10-1 列出了一些元素共振线的 N_j/N_0。在原子吸收光谱法中，原子化温度一般在 3 000 K 以下。即使在如此大的温度范围内，大多数元素的 N_j/N_0 值仍小于 1‰，也就是说，与基态的原子数目相比，处于激发态的原子数目可以忽略不计。通常在原子吸收光谱测定条件下，可用基态原子数代表吸收辐射的被测元素的原子数 N，即 $N_0 \approx N$。

表 10-1　各种元素在不同温度下的 N_j/N_0 值

元素	谱线 λ/nm	激发能 E_j/eV	g_j/g_0	N_j/N_0		
				2 000 K	2 500 K	3 000 K
Na	589.0	2.104	2	0.99×10^{-5}	1.14×10^{-4}	5.83×10^{-4}
Mg	285.2	4.346	3	3.35×10^{-11}	5.20×10^{-9}	1.50×10^{-7}
Cu	324.8	3.817	2	4.82×10^{-10}	4.04×10^{-5}	6.65×10^{-7}
Ca	422.7	2.932	3	1.22×10^{-7}	3.65×10^{-6}	3.55×10^{-5}
Pb	283.3	4.375	3	2.83×10^{-11}	4.55×10^{-9}	1.34×10^{-7}
Zn	213.9	5.795	3	7.45×10^{-15}	6.22×10^{-12}	5.50×10^{-10}

3. 原子吸收分光光度法的定量基础

（1）谱线轮廓及谱线变宽

理论上讲，原子光谱应是线状光谱即理想的几何线，但实际并非如此。无论发射线还是吸收线，都是有一定宽度的峰形，即谱线强度随频率或波长不同而改变，称之为谱线轮廓。常用吸收系数 K_ν 随频率 ν 的变化曲线来描述吸收线轮廓，如图 10-2 所示。

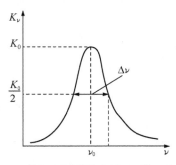

图 10-2　吸收线轮廓与半宽度

（2）积分吸收与峰值吸收

从图 10-2 可见，当频率为 ν_0 时吸收系数有极大值，称为最大吸收系数或峰值吸收系数，以 K_0 表示。最大吸收系数所对应的频率 ν_0 称为中心频率。最大吸收系数之半 $\left(\dfrac{K_0}{2}\right)$ 时的频率范围 $\Delta\nu$ 称为吸收线的半宽度，约为 0.005 nm。

原子蒸汽层中的基态原子吸收共振线的全部能量为积分吸收。根据爱因斯坦理论，图 10-2 中吸收线下面所包围的面积即积分吸收与基态原子数目有如下关系：

$$\int K_\nu \mathrm{d}\nu = \frac{\pi e^2}{mc} f \cdot N_0$$

式中：e、m——分别为电子的电荷和质量；

c——光速；

N_0——基态原子数；

f——振子强度。

如果能求出积分吸收值 $\int K_\nu \mathrm{d}\nu$，即吸收轮廓的面积，则可求得基态原子数 N_0。但是，要测量半宽度只有千分之几纳米的吸收线轮廓的积分吸收值，需要高分辨率的单色器。现有技术难以制造出这样高分辨率单色器的光谱仪。这也是原子吸收现象被发现 100 多年来，一直未能在分析上得到实际应用的原因。

澳大利亚物理学家瓦尔什提出可用峰值吸收代替积分吸收。小电流、低气体压力的空心阴极灯所产生的很窄波长范围的发射光谱线称为锐线光源。为了测量峰值吸收，必须使光源发射线中心频率与吸收线的中心频率一致，而且发射线的半宽度（$\Delta\nu_e$）必须比吸收线的半宽度（$\Delta\nu_a$）小得多，如图 10-3 所示。在实际工作中，用一个与待测元素相同的纯金属或纯化合物制成的空心阴极灯来做锐线光源，这样不仅可得到很窄的锐线发射线，而且使发射线与吸收线的中心频率一致。

通过运算可测得峰值吸收系数 K_0 为

$$K_0 = \frac{2}{\Delta\nu}\sqrt{\frac{\ln2}{\pi}}\frac{\pi e^2}{mc}f \cdot N_0$$

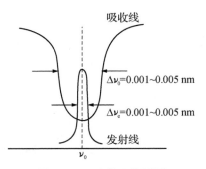

图 10 - 3　峰值吸收测量

根据前面的叙述，可以把基态原子数看作吸收辐射的原子总数。在使用锐线光源的情况下，原子蒸汽对入射光的吸收程度和分光光度法一样，是符合朗伯-比尔定律的。设入射光的强度为 I_0，所透过的原子蒸汽的厚度为 b，被原子蒸汽吸收后透过光的强度为 I，则吸光度 A 与试样中基态原子数目 N_0 的关系为

$$A = \lg\frac{I_0}{I} = KN_0 b$$

上式表明吸光度与待测元素吸收辐射的原子总数成正比。实际分析要求测定的是试样中待测元素的浓度，而此浓度是与待测元素吸收辐射的原子总数成正比的。在一定范围和一定吸收光程的情况下，吸光度与待测元素的浓度关系可以表示为

$$A = K' \cdot c$$

在上式中，K' 在一定实验条件下是常数。上式即为原子吸收分光光度法进行定量分析的基本公式。

二、原子吸收分光光度计的组成

原子吸收分光光度计主要由光源、原子化系统、分光器和检测器及数据处理系统四个部分组成，如图 10 - 4 所示。

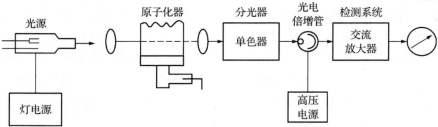

图 10 - 4　火焰原子吸收分光光度计基本结构

1. 光源

光源是原子吸收分光光度计的重要部件，它的性能直接影响分析的灵敏度和结果的重现性。用于原子吸收的光源应符合以下要求：它能提供待测元素的特征锐线光谱，谱线半宽度比吸收线半宽度窄很多，谱线纯度高、背景小，有足够高的光强度，稳定性好。

由锐线光源发出的待测元素的特征谱线通过原子化器，被火焰中待测元素的基态原子吸收后，进入分光系统，经单色器分光后照在检测器上，由检测器转化为电信号，最后经放大再读数系统读出。

目前常用光源是空心阴极灯。空心阴极灯是一种特殊形式的低压辉光放电锐线光源，满足了原子吸收光谱法对光源的要求。它是一种低压气体放电管，主要有一个阳极（钨棒）和一个空心圆筒形阴极（由被测元素的金属或合金化合物构成）。阴极和阳极密封在带有光学窗口的玻璃管内，内充低压（几百帕）的惰性气体（氖气或氩气）。其结构如图 10-5 所示。

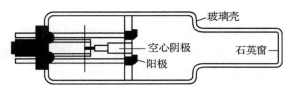

图 10-5 空心阴极灯

当在正负电极间施加适当电压时，阴极会产生辉光放电，在电场作用下，电子在飞向阳极的途中，与载气原子碰撞并使之电离，放出二次电子，使电子与正离子数目增加，以维持放电。正离子从电场获得动能。如果正离子的动能足以克服金属阴极表面的晶格能，当其撞击在阴极表面时，就可以将原子从晶格中溅射出来。除溅射作用之外，阴极受热也要导致阴极表面元素的热蒸发。溅射与蒸发出来的原子进入空腔内，再与电子、原子、离子等发生第二类碰撞而受到激发，发射出相应元素的特征的共振辐射。

在正常工作条件下，空心阴极灯是一种实用的锐线光源。空心阴极灯发射的光谱主要是阴极元素的光谱，因此用不同的被测元素作阴极材料，可制成各种被测元素的空心阴极灯。空心阴极灯的一个优点是只有一个操作参数（即电流），发射的光强度大而稳定，谱线宽度窄，而且灯也容易更换；缺点是测一种元素换一个灯，使用不便。

另一种锐线光源叫作无极放电灯，是在石英管内放入少量金属或金属卤化物，并充入低压惰性气体。其工作原理是在低压的惰性气氛下，用高频电场激发来产生特征谱线。它的光强度是空心阴极灯的 10～300 倍。但是大多数元素由于蒸气压较低，难以制成无极放电灯。较常见的有 As、Cd、Se、Zn、Pb、Hg、Sn、P、Tl、Te 等元素的无极放电灯。它弥补了一些元素空心阴极灯光亮度低的不足。

2. 原子化系统

原子化系统是原子吸收分光光度计的核心部分。其作用是将被测元素转化为基态原子蒸汽，使其对光源发出的特征光谱产生吸收。因此，原子化效率的高低直接影响元素测定的灵敏度。其稳定性和重现性又影响测定的精密度和准确度。

待测元素由试样中的化合物解离为基态原子的过程称为原子化。

实现原子化的方法可分为三大类：火焰原子化法、石墨炉原子化法和化学原子化法。火焰原子化法具有简单、快速、对大多数元素有较高的灵敏度和较低的检出限等优点，所以至今仍广泛使用。但是近年来石墨炉原子化技术有了很大改进，它比火焰原子化技术具有更高的原子化效率、灵敏度和更低的检出限，因而发展也很快。

（1）火焰原子化装置

火焰原子化器是利用火焰将试样中待测元素变为原子蒸气的装置，它具有稳定性高、使用方便等优点。火焰原子化装置包括雾化器和燃烧器两部分。

雾化器是将试液雾化，并除去较大的雾滴，使试液的雾滴均匀化。对雾化器的要求是喷雾稳定和雾化效率高。目前普遍采用的是同心型雾化器，该装置安装在雾化室中。在雾化器的喷嘴处，由于助燃气和燃气高速通过，形成负压区，从而将试液沿毛细管吸入，并被高压气流分散成雾滴，喷在撞击球上，进一步分散为更小的雾滴。

图 10-6 为预热型燃烧器。试液雾化后在预混合室（也叫雾化室）与燃气（如乙炔、丙烷等）充分混合。其中较大的雾滴凝结在壁上，经预混合室下方废液管排出，而小的雾滴进入火焰中。

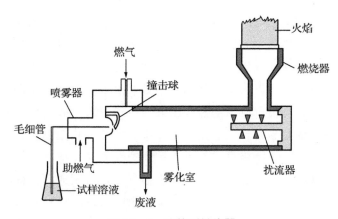

图 10-6　预热型燃烧器

在火焰原子化中，通过混合助燃气（气体氧化物）和燃气（气体燃料），将液体试样雾化并带入火焰中进行原子化。将试液引入火焰并使其原子化经历了复杂的过程。这个过程包括雾粒的脱溶剂、蒸发、解离等阶段，产生大量基态原子。在解离过程中，大部分分子解离为气态原子。在高温火焰中，也有一些原子电离。与此同时，燃气与助燃气以及试样中存在的其他物质也会发生反应，产生分子和原子。被火焰中的热能激发的部分分子、原子和离子也会发射分子、原子和离子光谱。

在原子吸收分析中最常用的火焰有空气-乙炔火焰和氧化亚氮-乙炔火焰两种。前者最高使用温度达 2 300 ℃ 左右，是用途最广的一种火焰，能用于测定 35 种以上的元素；后者温度高达 3 000 ℃ 左右，这种火焰不但温度高，而且形成强还原性气氛，可用于测定空气-乙炔火焰所不能分析的难解离元素，如铝、硅、硼、钨等，并且可以消除在其他火焰中可能存在的化学干扰现象。

需要指出的是，在火焰的不同部位，火焰的温度也是不同的，火焰由下而上分为干燥区、蒸发区、原子化区和电离区。对于同一种类型的火焰，随着燃气和助燃气的流速不同，火焰的燃烧状态也不同，在实际测定中经常要通过控制不同的燃助比来选择火焰的燃烧状态。

火焰原子化法的优点是操作简便，重现性好，有效光程大，对大多数元素有较高灵敏度，应用广泛。但是由于火焰原子化器的雾化效率低，原子化效率也低，基态原子蒸汽在火焰吸收区停留时间短，同时，原子蒸汽在火焰中被大量气体稀释，使得它的灵敏度不够高。而且测定时，试样消耗量在 0.5 mL 以上，使得浓度低、试样量少的试样分析受到限制。

（2）石墨炉原子化装置

石墨炉原子化法也称无火焰原子化法，是利用通电加热的方法使试样原子化。它克服了火焰原子化器温度较低、试样消耗量大、原子化效率低的缺点，把测定的灵敏度提高了百倍以上，绝对检出量达到皮克（pg）级，所需试样量也非常少（液体为 5～20 μL，固体为几纳克），原子化效率达到 90% 以上，是分析痕量元素的较好方法。

石墨炉原子化器又称高温石墨管原子化器（如图 10-7 所示），是一种结构简单、性能好、使用方便、应用广泛的无焰原子化器。其基本原理是利用电流通过高阻值的石墨管时产生的高温，使置于其中的少量溶液或固体样品蒸发并原子化。

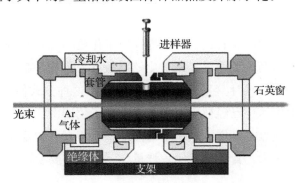

图 10-7　电热高温石墨管原子化器

普通石墨管（HGA）升华点低（3 200 ℃），易被氧化，使用温度必须低于 2 700 ℃，因此 HGA 系列石墨炉使用温度仅限于 2 700 ℃ 以下。原子化器为一管长约 28 mm 的石墨管，中间的小孔为进样孔，直径小于 2 mm。热解石墨管（PGT）是在普通石墨管中通入甲烷蒸气（10%甲烷与90%氩气混合），在低压下热解，使热解石墨（碳）沉积在石墨管（棒）上，沉积不断进行，在石墨管壁上沉积一层致密坚硬的热解石墨。热解石墨具有很好的耐氧化性能，升华温度高，可达3 700 ℃，致密性能好，不渗透试液，热解石墨的渗气速度是 $6\sim10~\mathrm{cm\cdot s^{-1}}$。热解石墨还具有良好的惰性，因而不易与高温元素（如 V、Ti、Mo 等）形成碳化物从而影响原子化。此外，热解石墨具有较好的机械强度，使用寿命明显优于普通石墨管。

电热高温石墨管原子化器测定过程分干燥、灰化、原子化和净化四个阶段，如图10-8所示。

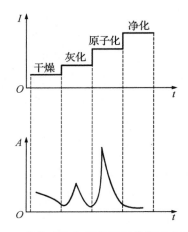

图 10-8　电热高温石墨管原子化的四个阶段

干燥的目的是蒸发除去试样中的溶剂；灰化的作用是在不损失待测元素的前提下，进一步除去有机物或低沸点无机物，以减少基体组分对待测元素的干扰；原子化就是使待测元素转变为基态原子；净化是进一步提高温度，以除去石墨管中残留物质，消除记忆效应，便于下一个试样的测定。

目前广泛运用高温热解涂层石墨管，以提高原子化效率和延长寿命。为了克服因纵向加热造成管内温度中间高两头低而引起原子化效率低下的影响，李沃夫研制了平台式石墨炉，即在石墨管内加一个石墨片（平台）来盛接样品。这种方式使得管内的温度更均匀。另外，一种横向加热的技术也已经被应用到石墨炉原子化器中。

石墨炉原子化法的缺点是试样组成不均匀性的影响较大，测定精密度较低，共存化合物的干扰比火焰原子化法大，背景干扰比较严重，一般都需要校正背景。

3. 分光系统

原子吸收分光光度计中分光系统的作用和组成元件与其他分光光度法中的分光系统基本相同。不过在红外、可见和紫外等分子吸收光谱仪器中，分光系统多在光源辐射被吸收之前，而原子吸收分光光度计的分光系统却在光源辐射被吸收之后。原子吸收分光光度计的分光系统（也叫单色器）主要由聚焦透镜、切光器、反射镜、狭缝、光栅等组成。由于原子吸收法使用的是锐线光源，所用光栅的分辨率不需要很高。光栅放置在原子化器之后，以阻止来自原子化器内所有不需要的辐射进入检测器。同时，为了得到较大信号（光电流），降低信噪比，狭缝也不必太小，一般设置在 0.5 nm 左右。在原子吸收分光光度计中，狭缝及单色器放在原子化器的后面，除了可以消除其他非吸收谱线的干扰外，还可防止原子化器产生的强光直接照射到光电倍增管上，造成光电管疲劳及损伤。

分光系统中色散元件是关键部件，作用是将复合光分解成单色光（将待测元素的共振线与邻近谱线分开）。入射狭缝用于限制杂散光进入单色器，准直镜将入射光束变为平行光束后进入色散元件。物镜将出自色散元件的平行光聚焦于出口狭缝。出射狭缝用于限制通带宽度。分光系统如图 10-9 所示。光源入射光从狭缝 S_1 入射后被凹面镜 M 反射成平行光到光栅 G 上进行分光，分光后的光束再反射到凹面镜 M 上经狭缝 S_2 出射。此时转动光栅，可以对射出狭缝的平行光进行波长选择（各波长光按顺序从出射狭缝射出）。

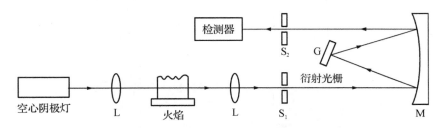

图 10-9　原子吸收分光光度计的分光系统

4. 检测系统

检测系统主要由检测器、放大器和信号处理显示系统组成。

原子吸收分光光度计采用光电倍增管做检测器，其作用是将单色器分出的光信号转换为电信号，再经放大器放大后，显示在读数装置上。

现在，原子吸收分光光度计采用最新的电子技术，使仪器显示数字化、进样自动化，计算机数据处理系统使整个分析实现自动化。

我国在 1963 年开始对原子吸收分光光度法有一般性介绍。1965 年，复旦大学电光源实验室和冶金工业部有色金属研究所分别成功研制空心阴极灯光源。1970 年，北京科学仪器厂试制成 WFD-Y1 型单光束火焰原子吸收分光光度计。现在我国已有多家企业生产多种型号、性能较先进的原子吸收分光光度计。

三、原子吸收分光光度计的类型

原子吸收分光光度计按照光束形式分为单光束、双光束两类，按波道数目分为单波道、双波道和多波道三类。

分光光度计样品室中的光束为 1 条时叫单光束，2 条时叫双光束，如图 10-10 所示。双光束分光光度计以两束光一束通过样品、另一束通过参考溶液的方式来分析样品。这种方式可以克服光源不稳定性、某些杂质干扰等因素的影响，还可以检测样品随时间的变化等。单光束分光光度计是由一束经过单色器的光，轮流通过参比溶液和样品溶液，以进行光强度测量。这种分光光度计的特点是结构简单、价格便宜，主要适用于定量分析，缺点是测量结果受电源的波动影响较大，容易给定量结果带来较大误差。此外，这种仪器操作麻烦，不适于做定性分析。一般单光束测试和双光束测试的结果应该一样的，但是双光束测试样品的浓度范围更广，精度更高，稳定性更好。

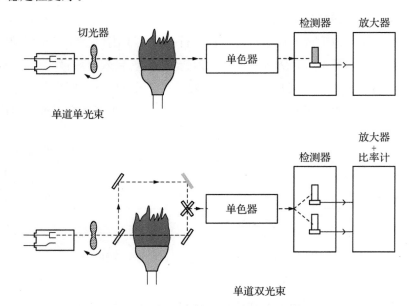

图 10 - 10　单光束、双光束原子吸收分光光度计原理

多道原子吸收分光光度计又称多波道原子吸收分光光度计，分双波道、四波道、六波道等，可同时测定两种或两种以上元素。几个波道就相当于几台原子吸收光谱仪器组装在一起，但仅有一个公用的原子化器，几个光道均通过它，故试样一次原子化，可同时测定几种元素。一般用于稀有试样的分析，但仪器昂贵，调节困难。

四、原子吸收分光光度计的基本操作

1. 试样预处理

原子吸收分光光度计能测定几乎所有的金属及某些非金属元素。虽然用石墨炉法可以采用程序升温直接分析固体样品，但干扰较大，用火焰原子吸收法时，样品要被吸喷雾化后才能被分析。为了使测量的结果有代表性，必须保证样品均匀分布在溶液中。所以许多样品必须经过前处理才能用来测定。而不同的样品有不同的前处理方法，同一样品也有多种前处理方法。选择不同方法的依据就是方便快捷，同时又要尽量减少样品的用量，减少有效成分的流失。

对于微量元素分析来说，所用器皿的质量以及洁净与否对分析结果至关重要。因此在选择用于保存及消化样品的器皿时，要考虑到其材料表面吸附性和器具表面的杂质等因素可能对样品带来的污染。一般来说，实验室分析测定所用仪器大部分为玻璃制品，但是由于一般软质玻璃有较强的吸附力，会吸附待测溶液中的某些离子而造成误差，因此试剂瓶及容器避免使用软质玻璃而使用硬质玻璃。另外，目前微量元素分析常用的还有塑料、石英、玛瑙等材料制成的器皿，可根据测定元素的种类以及测定条件来选择适用的器皿。

2. 标准溶液的配制

样品的分离与富集主要分为萃取法和离子交换法。另外，值得一提的是，目前在环境、生物、食品研究中广泛应用的预处理方法有干法灰化、常压湿法消化、微波消解和脉冲悬浮法，其中微波消解技术方便快捷、节约试剂、污染少、样品溶解完全，是常用的一种方法。

配制标准溶液可以直接溶解相应的高纯（99.99%）金属丝、棒、片于合适的溶剂中，然后稀释成所需浓度的标准溶液，但不能使用海绵状金属或金属粉末来配制。

在原子吸收分光光度法分析中，酸试剂以硝酸、高氯酸和盐酸最为常用。其中浓硝酸和高氯酸为强氧化剂，常被用于样品的消解。因为无机酸中一般都含有少量金属离子，因此应选择纯度较高的试剂。一般来说，各种酸试剂应使用优级纯制剂。另外，用以配制标准溶液的标准物质应选用基准试剂。总之，以选用的试剂不污染待测元素为准则。在实践中，如果在仪器灵敏度范围内检测不出待测元素吸收信号就可以使用。贮备液应为浓溶液（一般来说，浓度$\geqslant 1 \text{ mg} \cdot \text{mL}^{-1}$的贮备液在一年内使用，其结果不受影响）。标准曲线工作液因为质量浓度很小（$<1 \text{ } \mu\text{g} \cdot \text{mL}^{-1}$），应当天使用，久放则其曲线斜率会有改变。

3. 测定条件的选择

原子吸收测定条件的选择对能否得到准确结果非常重要，应该在选定的最佳测定条件下进行定量分析。

（1）分析线的选择

选择分析线需要综合考虑灵敏度、抗干扰性能等因素。但是，并不是在任何情况下都一定要选用共振吸收线作为分析线。在共振线受干扰严重时应选用其他线作为分析线。

例如，Hg、As、Se等的共振吸收线位于远紫外区，火焰组分对其有明显吸收，故用火焰法测定这些元素时就不宜选择其共振吸收线作分析线。又如，分析较高浓度的试样时，有时宁愿选取灵敏度较低的谱线，以便得到合适的吸收值来改善校正曲线的线性范围。而对于微量元素的测定，就必须选用最强的共振吸收线。另外，当被测定元素的共振吸收线与其他共存杂质元素的发射或吸收线重合时，将产生干扰，应加以注意。最适宜的分析线，视具体情况由实验决定。

（2）灯电流的选择

空心阴极灯上都标有使用电流。对大多数元素，日常原子吸收光谱仪分析的工作电流应保持在额定电流的$40\%\sim60\%$较为合适，可保证有稳定、合适的锐线光强输出。通常来讲，对于高熔点的镍、钴、钛、锆等，空心阴极灯使用的电流可大些，对于低熔点、易溅射的铋、钾、钠、铷、锗、镓等，空心阴极灯使用的电流以小些为宜。

一般而言，灵敏度和精密度两者都应兼顾。原子吸收光谱仪灯电流的选择可通过实验确定，其方法是在不同的灯电流下测量一个标准溶液的吸光度，绘制灯电流和吸光度的关系曲线，通常选用灵敏度较高、稳定性较好的灯电流。

（3）原子化条件的选择

火焰原子化条件：火焰类型和特性是主要影响因素。对低、中温元素，宜采用空气-乙炔火焰；对高温元素宜采用氧化亚氮-乙炔高温火焰；对分析线位于短波区（200 nm）以下的元素，采用空气-氢气火焰是合适的。对于确定类型的火焰，稍富燃的火焰（燃气量大于化学计量）是有利的。对氧化物不十分稳定的元素如 Cu、Mg、Fe、Co、Ni 等，用化学计量火焰（燃气与助燃气的比例与它们之间的化学反应计量相近）或贫燃火焰（燃气量小于化学计量）也是可以的。为了获得所需特性的火焰，需要调节燃气与助燃气的比例。

燃烧器的高度选择：在火焰区内，自由原子的空间分布不均匀，且随火焰条件而改变。因此，应调节燃烧器的高度，以使来自空心阴极灯的光束从自由原子浓度最大的火焰区域通过，以期获得高的灵敏度。

程序升温的条件选择：在石墨炉原子化法中，合理选择干燥、灰化、原子化及净化温度与时间是十分重要的。干燥应在稍低于溶剂沸点的温度下进行，以防止试液飞溅。灰化的目的是除去基体和局外组分，在保证被测元素没有损失的前提下应尽可能使用较高的灰化温度。原子化温度的选择原则是，选用达到最大吸收信号的最低温度作为原子化温度。原子化时间的选择应以保证完全原子化为准。原子化阶段停止通保护气，以延长自由原子在石墨炉内的平均停留时间。净化的目的是消除残留物产生的记忆效应，净化温度应高于原子化温度。

（4）光谱通带的选择

光谱通带又称单色器通带，是指入射狭缝所含的波长范围。确定通带宽度以能将共振线与邻近的非吸收线分开为原则。

$$\Delta\lambda = D \times S$$

式中：$\Delta\lambda$——通带；

    D——线色散率倒数；

    S——出口狭缝宽度。

选择的原则：在能将邻近分析线的其他谱线分开的情况下，应尽可能采用较宽的通带，可提高信噪比，对测定有利。对于有复杂谱线的元素来说，如铁、钴、镍等，要求选择较窄的通带，否则会带来光谱干扰，使得灵敏度下降、工作曲线弯曲。

（5）进样量的选择

进样量过小，吸收信号弱，不便于测量；进样量过大，在火焰原子化法中，对火焰产生冷却效应。在实际工作中，进样量一般在 $3 \sim 6$ mL · min^{-1}。

（6）火焰的分类选择

吸入一个标准溶液，固定助燃气的流速，逐步改变燃气的流速，使得到最大的吸收值和稳定的火焰，也有利于减少干扰。

（7）燃烧器高度

选择燃烧器高度也就是选择火焰的区域。首先从灵敏度和稳定性来考虑选择适宜的高度；遇到干扰时，再改变其高度以设法避免干扰。若干扰仍然存在，应考虑采用其他消除干扰的方法。

4. 干扰及消除方法

虽然原子吸收光谱法有较高的选择性，但也不可避免地存在着某些干扰，特别是石墨炉法测定痕量元素时影响较大。原子吸收分光光度法中的干扰及消除、抑制的方法主要有以下几种：

（1）物理干扰及消除

物理干扰又叫基体干扰，是指试样在转移、蒸发和原子化过程中，由于试样物理特征（如黏度、表面张力、密度等）的变化而引起的原子吸收强度下降的效应。物理干扰是非选择性干扰，对试样各种元素的影响基本是相似的。

配制与待测试样组成相似的标准试样，是消除物理干扰最常用的方法。在不知道试样组成或无法匹配标准试样时，可采用标准加入法或稀释法来减小或消除物理干扰。

（2）化学干扰及其抑制

化学干扰是指待测元素与共存的其他物质发生了化学反应，影响了原子化效率。这类干扰对试样中各种元素的影响各不相同，具有选择性，并随火焰温度、火焰状态和部位、其他组分的存在、雾滴大小等条件的不同而变化。化学干扰是原子吸收分光光度法中的主要干扰来源。化学干扰主要有阳离子干扰和阴离子干扰。

在阳离子干扰中，有很大一部分是因为待测元素与干扰离子形成难熔混合晶体而引起的。例如在 HCl 介质中测定 Ca、Mg 时，如果伴随有 Al、Ti 等的阳离子存在，则会形成一些耐高温的氧化物晶体，如 $MgO \cdot Al_2O_3$、$3CaCO_3 \cdot 5Al_2O_3$ 等，抑制待测元素 Ca、Mg 的原子化。

阴离子干扰比阳离子干扰复杂。这种干扰或形成热稳定化合物（碱土金属的硫酸盐、磷酸盐），其熔点很高，或形成特殊的化合物（如 Nb、Ta 在硝酸-氢氟酸溶液中，能与碱金属形成 $K_2NbOF_5 \cdot H_2O$ 及 K_2TaF_7 复盐晶体），它们都会使待测元素的原子化受到抑制。

为了有效地进行测定，必须用相应的方法消除化学干扰，最常用的方法如下：

① 加入释放剂。加入一种过量的金属盐类，与干扰元素反应生成更稳定的或更难挥发的化合物，从而使待测元素释放出来。常用的释放剂有 La、Sr 等的盐。

② 加入保护剂。保护剂能使待测元素不与干扰元素反应生成难挥发化合物。例如加

入 EDTA、8-羟基喹啉、氰化物等。

③ 加入缓冲剂。在试液和标准溶液中，均加入超过缓冲量（缓冲量即干扰不再变化的最低限量）的干扰元素化合物。如用氧化亚氮-乙炔火焰测钛时，可在试液和标准溶液中均加入 $200\ \mu g \cdot mL^{-1}$ 以上的铝盐，使铝对钛的干扰趋于稳定。

④ 除了采用上述方法外，还可以用标准加入法抑制化学干扰，这是一种简便而有效的方法。如果用这些方法都不能奏效，则应考虑用其他的分离方法，其中以有机溶剂萃取法用得最多。

（3）光谱干扰及其抑制

光谱干扰主要来自光源和原子化器。

和光源有关的干扰主要有以下几种情况：① 多谱线元素（如 Fe、Co、Ni）在分析线附近往往还有其他发射线，由于这些谱线不被该元素吸收，将导致测定灵敏度下降，工作曲线弯曲。可通过减小狭缝宽度改善或消除这种影响。② 如果光源材料不纯，有时在分析线附近会产生非待测元素的谱线。如果此谱线是该元素的非吸收线，也将导致测定灵敏度下降，工作曲线弯曲；如果此谱线是该元素的吸收线，将产生"假吸收"，使结果产生误差。选用合适的惰性气体、纯度较高的单元素灯，可避免这种干扰。

和原子化器有关的干扰主要有以下几种情况：① 原子化器发射时，来自火焰本身或者原子蒸汽中待测元素的发射。原子吸收分光光度计采用调制方式工作时，这一影响能得到减免。② 背景吸收的影响。背景吸收是由气态分子对光的吸收以及高浓度盐的固体微粒对光的散射引起的，是一种宽带吸收。火焰中 OH、CH、CO 等分子或基团对光有吸收，波长越短越严重，但这种干扰对分析结果影响不大，一般可以通过零点调节消除；金属卤化物、氧化物、氢氧化物及部分硫酸盐和磷酸盐对光也有吸收，可以通过改变火焰的温度和性质来改善。

（4）电离干扰

一些电离电位较低的元素（碱金属、碱土金属），在温度较高的火焰中有较高的电离度，结果使基态原子的数目减少，测定灵敏度降低。消除电离干扰的方法通常是改变火焰类型或加入消电离剂。例如，Na 在氧化亚氮-乙炔火焰中的电离度达 79%，而在空气-乙炔火焰中电离度可降为 9%。消电离剂是比待测元素更容易电离的元素，它在火焰中首先电离，产生大量的自由离子，从而抑制待测元素的电离。如测定 K 或 Na 时，可加入 Cs 作为消电离剂。

（5）背景干扰

背景干扰主要包括分子吸收和光散射干扰。在火焰中存在的某些基态分子及火焰产物或半产物都可以产生分子吸收，并且是一种宽带吸收。火焰中的一些熔点偏高、难挥发的物质以固体形式存在，会对光进行散射和折射，使测定结果偏高。例如，海水试样、动物体液等含有碱金属或碱土金属的卤化物，产生 200～400 nm 范围的背景吸收。硫酸、磷酸及未完全燃烧的燃气分子碎片会产生小于 250 nm 的背景吸收，生物试样中的蛋白质等也会产生较严重的背景吸收。

石墨炉法的背景干扰比火焰法严重。可通过减少进样量、提高灰化温度、延长灰化时间、增大气流、加入基体改进剂等方法减少背景干扰。

另外，利用仪器的特殊装置也可以有效地消除背景干扰。常用方法有氘灯校正法、塞曼效应校正法、自吸效应校正法等。

5. 定量分析方法

在一定浓度范围内（稀溶液），吸光度与浓度之间的线性关系是定量分析的基础。

（1）标准曲线法

标准曲线法又称工作曲线法，是用标准物质配制一系列标准溶液，在标准条件下，测定各标准样品的吸光度值 A_i。以吸光度值 A_i（$i=1，2，3，\cdots$）对被测元素的含量 c_i（$i=1，2，3，\cdots$）建立工作曲线 $A=f(c)$。在同样条件下，测定样品的吸光度值 A_x，根据被测元素的吸光度值 A_x 利用工作曲线求得其浓度 c_x。如图 10-11 所示。

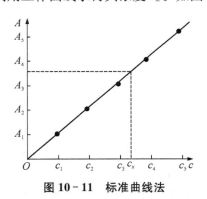

图 10-11 标准曲线法

标准曲线法成功应用的基本条件在于标准系列与被分析样品组成的精确匹配，标样浓度的准确标定，吸光度值的准确测量与标准曲线的正确制作和使用。

用标准样品配制成不同浓度的标准系列，在与待测组分相同的色谱条件下，等体积准确进样，测量各峰的峰面积或峰高。用峰面积或峰高对样品浓度绘制标准曲线，此标准曲线应是通过原点的直线。若标准曲线不通过原点，则说明存在系统误差。标准曲线的斜率即为绝对校正因子。

标准曲线法简便、快速，适用于组成比较简单的批量试样的分析。

（2）标准加入法

标准加入法是将一定量已知浓度的标准溶液加入待测样品中，测定加入前后样品的浓度，加入标准溶液后的浓度将比加入前的高，其增加的量应等于加入的标准溶液中所含的待测物质的量。标准加入法又称为标准增量法或直线外推法。是一种被广泛使用的检验仪器准确度的测试方法。这种方法尤其适用于检验样品中是否存在干扰物质。当很难配制与样品溶液相似的标准溶液，或样品基体成分很高且变化不定，或样品中含有固体物质而对吸收的影响难以保持一定时，采用标准加入法是非常有效的。

标准加入法的具体操作是将待测试样分成等量的五份溶液，依次加入浓度为 0、c_0、$2c_0$、$3c_0$、$4c_0$ 的标准溶液及 c_x、c_x+c_0、c_x+2c_0、c_x+3c_0、c_x+4c_0（$c_x \approx c_0$）稀释到一定体积，在固定条件下测定吸光度，以加入待测元素浓度为横坐标、对应吸光度为纵坐标绘制吸光度-浓度曲线，延长曲线与横轴延长线交于 c_x，此点与原点的距离即为试样中待测元素的浓度。如图 10-12 所示。

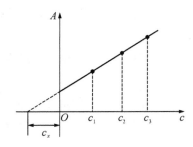

图 10-12 标准加入法

使用标准加入法时应注意以下几点：

① 该法仅适用于吸光度和浓度呈线性关系的区域、标准曲线通过原点的曲线。

② 为得到精确的外推结果，至少用 4 点（包括未加标准试样本身），同时首次加入标准浓度（c_0）最好与试样浓度大致相当，然后按 $2c_0$、$3c_0$、$4c_0$ 分别配制三份，最后一份加入标准溶液 c_0 过大或过小将会加大试液浓度（c_x）读数相对误差或吸光度读数相对误差，均会影响外推精度。

③ 标准加入法只能消除物理干扰和与浓度无关的轻微化学干扰，不能消除与浓度有关的化学干扰、电离干扰、光谱干扰、背景干扰等。

总之，测定要在线性范围内，线不直不能延长。其次加入标准要适当，否则直线斜率过大或过小均会引起误差。

6. 原子吸收分析的灵敏度、检出限和回收率

灵敏度和检测限是衡量原子吸收光谱仪性能的两个重要的指标。

（1）灵敏度

在火焰原子吸收光谱分析中，把产生 1% 吸收（或 0.004 4 吸光度值）时被测元素在水溶液中的浓度（$\mu g \cdot mL^{-1}$），称为特征（相对）灵敏度 S 或特征浓度，可用（$\mu g \cdot mL^{-1}$）× 10^2 表示。

在无焰（石墨炉）原子吸收光谱分析中，把产生 1% 吸收（或 0.004 4 吸光度值）时被测元素在水溶液中的质量（μg）称为绝对灵敏度。测定时被测试液的最适宜浓度应选在灵敏度的 15～100 倍的范围内。同一种元素在不同的仪器上测定会得到不同的灵敏度，因而灵敏度是仪器性能优劣的重要指标。

（2）检测限

在灵敏度测定中未考虑仪器噪声的影响，因此不能衡量仪器的最低检测限。

检测限是指产生一个能够确证在试样中存在某元素的分析信号所需要的该元素的最小量。在原子吸收光谱分析中，将待测元素能给出 3 倍于标准偏差的读数时所对应的浓度或质量称为最小检测浓度 D_c（相对检测限）或最小检测质量 D_m（绝对检测限）。

根据 IUPAC（国际纯粹与应用化学联合会）规定，检出限 D 是指待测元素能产生 3 倍于空白标准偏差时所需要的浓度或质量。对于火焰原子化法，则

$$D_c = \frac{\rho_B}{A \cdot 3\sigma}$$

$$D_m = \frac{\rho_B V}{A \cdot 3\sigma}$$

式中：σ——用空白溶液进行 10 次以上的吸光度测量计算得到的标准偏差；

D_c——相对检出限，单位为 $mg \cdot L^{-1}$，石墨炉法中常用绝对检出限 D_m 表示，单位为 g。

A——待测试液的吸光度；

ρ_B——待测试液的质量浓度，在 D_c 中单位为 $mg \cdot L^{-1}$，在 D_m 中单位为 g。

（3）回收率

当进行原子吸收光谱测定时，为评价测定方法的准确度和可靠性，通常需测定待测元素的回收率，回收率测定有以下两种方法：

① 用标准物质进行测定。在与测定试样完全相同的实验条件下对含有待测元素的标准物质进行测定，实验测出的标准物质中待测元素的含量与标准物质的示值之比即为回收率。这是测定回收率的标准方法。

② 用标准加入法进行测定。在不能获得标准物质的情况下可使用标准加入法进行测定。在完全相同的实验条件下，先测定试样中待测元素的含量，然后再向另一份相同量的试样中准确加入一定量的待测元素纯物质（纯物质是指纯度在分析纯以上的化学试剂或基准试剂），再次测定待测元素的含量。两次测定待测元素含量之差与待测元素加入量之比即为回收率。

从回收率的两种测定方法可知，当回收率的测定值接近 100％时，表明所用的测定方法准确、可靠。

任务二 ▶ 水质铁锰的测定

一、主要内容与适用范围

1. 主要内容

用火焰原子吸收分光光度法直接测定水和废水中的铁、锰，操作简便、快速，结果

准确。

2. 适用范围

适用于地表水、地下水及工业废水中铁、锰的测定。铁、锰的检测限分别是 $0.03\ \mathrm{mg \cdot L^{-1}}$ 和 $0.01\ \mathrm{mg \cdot L^{-1}}$，标准曲线的浓度范围分别为 $0.1\sim5\ \mathrm{mg \cdot L^{-1}}$ 和 $0.05\sim3\ \mathrm{mg \cdot L^{-1}}$。

二、测定原理

将样品或消解处理过的样品直接吸入火焰中，铁、锰的化合物易于原子化，可分别于 $248.3\ \mathrm{nm}$ 和 $279.5\ \mathrm{nm}$ 处测量铁、锰基态原子对其空心阴极灯特征辐射的吸收。在一定条件下，吸光度与待测样品中金属浓度成正比。

三、测定试剂与仪器

1. 试剂

硝酸、盐酸、硝酸溶液（1＋1）、硝酸溶液（1＋99）、盐酸溶液（1＋99）、盐酸溶液（1＋1）、氯化钙溶液（$10\ \mathrm{g \cdot L^{-1}}$）、铁标准贮备液（$1\ \mathrm{g \cdot L^{-1}}$）、锰标准贮备液（$1\ \mathrm{g \cdot L^{-1}}$）、铁锰混合标准操作液（铁、锰的浓度分别为 $50.0\ \mathrm{mg \cdot L^{-1}}$ 和 $25.0\ \mathrm{mg \cdot L^{-1}}$）。

2. 仪器

原子吸收分光光度计（配铁、锰空心阴极灯）、乙炔钢瓶或乙炔发生器、空气压缩机（应备有除水、除油、除尘装置）。

所用玻璃及塑料器皿用前在硝酸溶液（1＋1）中浸泡 24 小时以上，然后用水清洗干净。

四、采样与样品

① 采样前，所用聚乙烯瓶先用洗涤剂洗净，再用硝酸（1＋1）浸泡 24 小时以上，然后用水冲洗干净。

② 若仅测定可过滤态铁、锰，样品采集后尽快通过 $0.45\ \mu\mathrm{m}$ 滤膜过滤，并立即加硝酸酸化滤液，使 pH 为 $1\sim2$。

③ 测定铁、锰总量时，采集样品后立即按上述步骤的要求酸化。

五、测定步骤

1. 试料

测定铁、锰总量时，样品通常需要消解。混匀后分取适量实验室样品于烧杯中。每 100 mL 水样加 5 mL 硝酸，置于电热板上在近沸状态下将样品蒸至近干，冷却后再加入硝酸重复上述步骤一次。必要时再加入硝酸或高氯酸（优级纯），直至消解完全，应蒸近干，加盐酸溶液（1＋99）溶解残渣，若有沉淀，用定量滤纸滤入 50 mL 容量瓶中，加氯化钙溶液 1 mL，以盐酸溶液（1＋99）稀释至标线。

2. 空白实验

用水代替试料做空白实验。采用相同的步骤，且与采样和测定中所用的试剂用量相同。在测定样品的同时，测定空白试样。

3. 干扰

① 影响铁、锰原子吸收分光光度法准确度的主要干扰是化学干扰，当硅的浓度大于 20 mg·L⁻¹ 时，对铁的测定产生负干扰；当硅的浓度大于 50 mg·L⁻¹ 时，对锰的测定也产生负干扰，这些干扰的程度随着硅的浓度的增加而增加。如试样中存在 200 mg·L⁻¹ 氯化钙时，上述干扰可以消除。一般来说，铁、锰的火焰原子吸收法的基体干扰不严重，由分子吸收或光散射造成的背景吸收也可忽略，但遇到高矿化度水样，有背景吸收时，应采用背景校正措施，或将水样适当稀释后再测定。

② 铁、锰的光谱线较复杂，为克服光谱干扰，应选择小的光谱通带。

4. 标准曲线的绘制

分别取铁、锰混合标准操作液于 50 mL 容量瓶中，用盐酸稀释至标线，摇匀。至少应配制 5 个标准溶液，且待测元素的浓度应落在这一标准系列范围内。根据仪器说明书选择最佳参数，用盐酸溶液（1+99）调零后，在选定的条件下测量其相应的吸光度，绘制标准曲线。在测量过程中，要定期检查标准曲线。

5. 测量

在测量标准系列溶液的同时，测量样品溶液及空白溶液的吸光度。用样品吸光度减去空白吸光度，从标准曲线上求得样品溶液中铁、锰的含量。测量可过滤态铁、锰时，将制备的试样直接喷入进行测量。测量铁、锰总量时，用制备好的试料。

六、测定数据与处理

实验室样品中的铁、锰浓度 c（mg·L⁻¹）按下式计算：

$$c = \frac{m}{V}$$

式中：c——实验室样品中铁、锰浓度，mg·L⁻¹；

　　　m——试料中的铁、锰含量，μg；

　　　V——分取水样的体积，mL。

任务三　水质硒的测定

一、主要内容与适用范围

适用于石墨炉原子吸收分光光度法测定水或废水中的硒。

二、测定原理

将试样或消解处理过的试样直接注入石墨炉，在石墨炉中形成的基态原子对特征电磁辐射产生吸收，对测定的试样吸光度与标准溶液的吸光度进行比较，确定试样中被测元素的浓度。

三、测定试剂与仪器

1. 测定试剂

硝酸、氩气（纯度不低于 99.99%）、硝酸溶液（1+1）、硝酸溶液（1+49）、硝酸溶液（1+499）、硒粉（高纯，99.999%）、硒标准储备液（1 000 mg·L^{-1}）、硒标准使用液（0.4 mg·L^{-1}）、硝酸镍 [Ni（NO$_3$）$_2$·6H$_2$O]、硝酸镍溶液（16 g·L^{-1}）。

2. 测定仪器

原子吸收分光光度计及相应的辅助设备（配有石墨炉和背景校正器）、空心阴极灯。

注：实验用的玻璃或塑料器皿用洗涤剂洗净后在硝酸溶液（1+1）中浸泡过夜，使用前用水冲洗干净。

四、采样与样品

1. 采样

用聚乙烯塑料瓶采集样品，分析样品的硒总量，采集后立即加硝酸酸化至 pH 为 1～2。正常情况下，每 1 000 mL 样品中加入 2 mL 硝酸。常温下可保存半年。

2. 试样制备

分析溶解硒时，样品采集后立即用 0.45 μm 滤膜过滤，滤液按上述方法酸化后储存于聚乙烯瓶中。

五、测定步骤

1. 试样的预处理

① 测定溶解硒或硒总量时，用上述方法制备试样。若试样不需要消解，可直接测定。

② 若试样需消解，取均匀混合的试样 50～200 mL，加入 5～10 mL 硝酸在电热板上加热蒸发至 1 mL 左右。若试液浑浊不清，颜色较深，再补加 2 mL 硝酸，继续消解至试液清澈透明，呈浅色或无色，并蒸发至近干。取下稍冷，加入 20 mL 硝酸（1+49），温热，溶解可溶性盐类，若出现沉淀，用中速滤纸滤入 50 mL 容器中，用去离子水稀释至标线。

2. 空白试样溶液的制备

在测定试样的同时，测定空白试样。取适量去离子水代替试样置于 250 mL 烧杯中，按试样的预处理要求制备空白试样。

3. 标准系列的制备

参照表 10-2，在 10 mL 具塞比色管中加入硒标准使用液配制至少 5 个工作标准溶液，加入 0.1 mL 硝酸溶液和 0.5 mL 硝酸镍溶液，用去离子水定容至 10 mL。试样被测元素的浓度应在标准系列浓度范围内。

表 10 - 2　试样被测元素的浓度标准系列浓度范围

硒标准使用液加入体积/mL	0	1.00	2.00	3.00	4.00	5.00
工作标准溶液浓度/（mg·L⁻¹）	0	0.040	0.080	0.120	0.160	0.200

六、测定数据与处理

1. 绘制标准曲线

仪器测试的各项参数见表 10 - 3、表 10 - 4。

表 10 - 3　仪器参数

元素	波长/nm	灯电流/mA	狭缝宽度/nm	载气
硒	196.0	8	1.3	氩气

表 10 - 4　仪器测试各项参数

阶段	温度/℃	时间/s
干燥	120	20
灰化	400	10
原子化	2 400	5
净化	2 600	Z

根据表 10 - 3 和表 10 - 4 选择波长等条件以及设置石墨炉升温程序，空烧至石墨炉稳定。向石墨管内注入制备的空白和工作标准溶液，记录吸光度。用测得的吸光度与相对应的浓度绘制标准曲线。

2. 试样测定

① 按上述步骤测定制备的试样。

② 根据扣除空白吸光度后的试样吸光度，在标准曲线上查出试样中硒的浓度。

注：① 在测量时，应确保硒空心阴极灯有 1 小时以上的预热时间。

② 在每次测定前，须重复测定空白和工作标准溶液，及时校正仪器和石墨管灵敏度的变化。

3. 结果的表述

硒的浓度按下式计算：

$$c = c' \times \frac{V'}{V}$$

式中：c——试样中硒的浓度，mg·L⁻¹；

　　　c'——标准曲线上查得的硒浓度，mg·L⁻¹；

　　　V——试样的体积，mL；

　　　V'——测定时定容体积，mL。

报告结果中，要指明测定的是溶解硒还是硒总量。

>> **【拓展阅读】** 原子吸收分光光度计的使用与维护

一、实验室环境

安装原子吸收分光光度计的实验室应远离剧烈的振动源和强烈的电磁辐射源。室内温度应保持在 20～35 ℃之间，并保证室温不在短时间内发生大幅度变化。室内相对湿度应小于 85％。实验室墙壁应做刷漆、贴纸等防尘处理。采用石墨炉法进行痕量分析时，室内应以正压送风，送入的空气应除尘处理。实验室不能同时用作化学处理间。安放仪器的工作台应坚固稳定，能长期承重不变形。为防振防腐，台面上应铺设橡皮板或塑胶板。为防止有害气体在室内扩散，应在原子化器上方位置安装局部强制排风罩。排风罩下口尺寸一般为 350 mm×300 mm，其下口距仪器顶面以 300～400 mm 为宜。风机的排风量不宜过大，否则会引起火焰飘动，影响测定的稳定性；风量过小，排风效果不好。根据经验，以手能在风口处明显感觉出气体流动为宜。实验室内应具备 220 V 电源。如果电网电压波动较大，应另行配备稳压器。火焰法使用的乙炔、液化石油气等燃气钢瓶应放在距离不远、出入方便的其他房间内。

二、性能测试

仪器技术性能的好坏直接影响分析结果的可靠性。无论是新购置的仪器还是经过长期使用的仪器，都必须进行全面的性能测试，并做出综合评价。测试的主要项目有波长指示值误差、波长指示值重复性、分辨率、基线稳定性、边缘能量、火焰法测定及石墨炉法测定的检出限、背景校正能力以及绝缘电阻等。各种技术项目的指标和检测方法可参照国家相关技术部门颁布的原子吸收分光光度计检定规程。

三、使用与维护

在操作仪器之前，必须认真阅读仪器使用说明书，详细了解仪器各部件的功能，严格按照仪器说明书给出的方法操作。在使用仪器的过程中，重要的是注意安全，避免发生人身、设备事故。使用火焰法测定时，要特别注意防止回火，要特别注意点火和熄火时的操作顺序。点火时一定要先打开助燃气，然后再开燃气；熄火时必须先关闭燃气，待火熄灭后再关助燃气。新安装的仪器和长时间未用的仪器，千万不要忘记在点火之前检查雾化室的水封。使用石墨炉时，要特别注意先接通冷却水，确认冷却水正常后再开始工作。同时，仪器的日常维护保养也是不容忽视的。这不仅关系到仪器的使用寿命，还关系到仪器的技术性能，有时甚至直接影响分析数据的质量。对仪器进行日常维护与保养是分析人员必须承担的职责。这项工作归纳起来大体上有如下几个方面：

① 应保持空心阴极灯灯窗清洁，不小心被沾污时，可用酒精棉擦拭。

② 定期检查供气管路是否漏气。检查时可在可疑处涂一些肥皂水，看是否有气泡产生，千万不能用明火检查是否漏气。

③ 在空气压缩机的送气管道上应安装气水分离器，经常排放气水分离器中集存的冷凝水。冷凝水进入仪器管道会引进喷雾不稳定，进入雾化器会直接影响测定结果。

④ 经常保持雾化室内清洁、排液通畅。测定结束后应继续喷水 5～10 min、吸空气 3 min，将其中存残的试样溶液冲洗出去。

⑤ 燃烧器缝口积存盐类，会使火焰分叉，影响测定结果。遇到这种情况应熄灭火焰，用滤纸插入缝口擦拭，也可以用刀片插入缝口轻轻刮除，必要时可用水冲洗。

⑥ 测定溶液应经过过滤或彻底澄清，防止堵塞雾化器。金属雾化器的进样毛细管堵塞时，可用软细金属丝疏通。玻璃雾化器的进样毛细管堵塞时，可用洗耳球从前端吹出堵塞物，也可以用洗耳球从进样端抽气，同时从喷嘴处吹水，洗出堵塞物。

⑦ 不要用手触摸外光路的透镜。当透镜有灰尘时可以用洗耳球吹，也可以用氮气吹干净。

⑧ 单色器内的光栅和反射镜多为表面有镀层的器件，受潮容易霉变，故应保持单色器的密封和干燥。不要轻易打开单色器。当确认单色器发生故障时，应请专业人员处理。

⑨ 长期使用的仪器，因内部积尘太多，有时会导致电路故障，必要时可用洗耳球吹净或用毛刷刷净，有条件的可以用吸尘器吸出灰尘。处理积尘时务必切断电源。

⑩ 长期不使用的仪器应保持其干燥，潮湿季节应定期通电（半个月）。

四、紧急情况处理

工作中如遇突然停电，应迅速熄灭火焰。用石墨炉分析时，应迅速关断电源，然后将仪器的各部分恢复到停机状态，待恢复供电后再重新启动。进行石墨炉分析时，如遇突然停水，应迅速切断主电源，以免烧坏石墨炉。进行火焰法测定时，万一发生回火，千万不要慌张，首先要迅速关闭燃气和助燃气，切断仪器的电源。如果回火引燃了供气管道和其他易燃物品，应立即用二氧化碳灭火器灭火。发生回火后，一定要查明回火原因，排除引起回火的故障。在未查明回火原因之前，不要轻易再次点火。在重新点火之前，切记检查水封是否有效，雾化室防爆膜是否完好。

》》【同步测试】

一、选择题

1. 原子吸收是由什么产生的？ （ ）

    A. 气态物质中基态原子的内层电子   B. 气态物质中基态原子的外层电子

    C. 液态物质中激发态原子的内层电子   D. 液态物质中激发态原子的外层电子

2. 在原子吸收光谱法的理论中，吸收值的关键条件是 （ ）

    A. 光谱辐射的特征谱线与原吸收谱线比较，中心频率一样，而半峰宽要小得多

    B. 光谱辐射的特征谱线与原吸收谱线比较，中心频率和半峰宽均一样

C. 光谱辐射的特征谱线与原吸收谱线比较，只有中心频率一样，半峰宽要较大

D. 光谱辐射的特征谱线与原吸收谱线比较，只有中心频率一样，半峰宽大小都没有影响

3. 在原子吸收光谱法分析中，目前最常用的光源是 （   ）

 A. 钨灯   B. 氙弧灯   C. 空心阴极灯   D. 无极放电灯

4. 在原子吸收光谱法分析中，原子化器的作用是 （   ）

 A. 把待测元素转变为气态激发态原子

 B. 把待测元素转变为气态激发态离子

 C. 把待测元素转变为气态基态原子

 D. 把待测元素转变为气态基态离子

5. 原子吸收分光光度计单色器的作用为 （   ）

 A. 获得单色光   B. 将待测元素的共振线与邻近谱线分开

 C. 获得连续光   D. 以上都不是

6. 原子吸收分光光度法适用于 （   ）

 A. 元素定性分析   B. 痕量定量分析

 C. 常量定量分析   D. 半定量分析

7. 石墨炉原子吸收分光光度法的特点是 （   ）

 A. 灵敏度高   B. 速度快   C. 操作简单   D. 效率高

8. 在原子吸收分光光度法中，原子化器的分子吸收属于 （   ）

 A. 光谱线重叠的干扰   B. 化学干扰

 C. 背景干扰   D. 物理干扰

9. 石墨炉的升温程序为 （   ）

 A. 灰化、干燥、原子化、净化   B. 干燥、灰化、净化、原子化

 C. 干燥、灰化、原子化、净化   D. 净化、干燥、灰化、原子化

10. 原子吸收光谱法分析中，乙炔是 （   ）

 A. 燃气-助燃气   B. 载气   C. 燃气   D. 助燃气

二、判断题

1. 当基态原子受到外界能量（如热能、光能）作用时，其外层电子会吸收一定的能量跃迁到不同的高能态，称为激发态，其中能量最高的激发态称为第一激发态。

（   ）

2. 在使用锐线光源的情况下，原子蒸气对入射光的吸收程度和分光光度法一样，是符合朗伯-比尔定律的。 （   ）

3. 原子吸收分光光度计主要由光源、原子化系统、分光系统和检测系统四个部分组成。 （   ）

4. 原子吸收分光光度计的原子化系统的作用是将试样中待测元素转变成固态的基态原子。 （　　）

5. 在原子吸收分析中最常用的火焰有空气-乙炔火焰和氧化亚氮-乙炔火焰两种。 （　　）

6. 配制标准溶液可以使用海绵状金属或者金属粉末直接溶解于合适的试剂中。 （　　）

7. 每种元素都有若干条特征谱线，常选择最灵敏的共振线作为分析线。当存在光谱干扰、待测元素浓度过高或最灵敏线位于远紫外或者红外区时，也可选用次灵敏线或其他谱线进行测定。 （　　）

8. 物理干扰是指试样在转移、蒸发和原子化过程中，由于试样物理特征（如黏度、表面张力、密度等）的变化而引起的原子吸收强度下降的效应。 （　　）

9. 用原子吸收分光光度法进行铁、锰离子测定时，将样品或消解处理过的样品直接吸入火焰中，可分别于 248.3 nm 和 279.5 nm 处测量铁、锰基态原子对其空心阴极灯特征辐射的吸收。 （　　）

10. 水质硒测定时，将试样或消解处理过的试样直接注入石墨炉，在石墨炉中形成的基态原子对特征电磁辐射产生吸收，对测定的试样吸光度与标准溶液的吸光度进行比较，确定试样中被测元素的浓度。 （　　）

11 项目十一　水质苯系物的测定（气相色谱法）

>>> 【知识目标】

>>> 【知识目标】

1. 了解色谱法的由来及分类。
2. 熟悉气相色谱法基本原理和相关术语。
3. 熟悉气相色谱仪的各组成部分及工作原理。
4. 掌握气相色谱仪的分离条件。
5. 掌握水质苯系物的测定方法。

>>> 【能力目标】

1. 能够正确使用氢火焰离子化检测器进行分析测定。
2. 能够使用气相色谱法进行定性和定量分析。
3. 能够选择气相色谱法分离操作条件。
4. 能够利用气相色谱法对水质苯系物进行准确测定。
5. 能够对气相色谱仪器进行日常维护和保养。
6. 能够准确、简明地记录实验原始数据。

>>> 【素质目标】

1. 培养学生的社会责任担当和环境保护的意识。
2. 培养学生绿色、环保、敬业等价值观。

>>> 【企业案例】

　　苯系物中的苯是世界卫生组织公布的具有致癌、致畸、致突变作用的有害污染物。苯系物在自然环境中是不存在的，主要通过化工生产的废水和废气进入水环境和大气环境。因此，苯系物的含量可在一定程度上反映原水、废水与工业生产用水的水质污染状态。

　　环境检测部门委托检测机构对一批地表水样进行苯系物的测定，检测该水样中的苯系物含量。检测方法采用水质苯系物的测定（顶空气相色谱法）。分析检验人员根据检测要求完成水质苯系物的分析检验任务。

任务一 ▶ 气相色谱法

一、气相色谱法概述

1. 色谱法的概念

1906 年，俄国植物学家茨维特在研究绿叶中色素时使用了一个分离装置，如图 11 - 1 所示，他将植物叶片的石油醚提取液注入装填有碳酸钙细粒的直立玻璃管上端，然后用石油醚自上而下地淋洗。石油醚携带植物叶片提取液不断向下移动，由于不同色素物质被碳酸钙吸附的能力有所不同，因此随石油醚移动速度快慢不同。经过一段时间的淋洗后，各种色素物质彼此分离开来，在管内形成了具有不同颜色的谱带。这就是色谱分析法的雏形，茨维特使用的装置成为经典的液固分配色谱装置。后来色谱分析法不断发展，不仅仅用于有色物质的分离，更多地用于无色物质的分离，但仍沿用了色谱分析这个名称。

石油醚

碳酸钙

色谱带

图 11 - 1 绿叶色素分离装置

2. 色谱法的分类

色谱法有许多类型，按照不同分类标准有不同的分类方法。根据流动相的状态不同可分为气相色谱法和液相色谱法。气相色谱法是利用气体作为流动相的色谱法。在气相色谱法中，根据固定相的不同又可分为气液色谱和气固色谱两类。气液色谱法是将固定液涂渍在载体上作为固定相的气相色谱法。气固色谱法是用固体（吸附剂）作为固定相的气相色谱法。色谱分析的分离机理按两相所处状态的不同可分为吸附色谱、分配色谱、离子交换色谱和凝胶过滤色谱。

在实际操作中，不同分离机理常同时存在。例如，在硅胶薄层色谱中，同时包含吸附作用和分配作用；在生物大分子的离子交换色谱分离中，有时会包含离子交换作用、吸附作用、分子筛作用和生物亲和作用等机理。此外，离子交换作用和亲和作用也可看作特殊的吸附作用，因而也可把离子交换色谱和亲和色谱归类于吸附色谱。因此，上述分类仅具有相对意义。气相色谱法主要是应用吸附色谱和分配色谱。

3. 气相色谱法的特点

气相色谱法能够成为近代重要分离分析方法之一，是因为它有如下优点：

（1）分离效率高，分析速率快

由于气体黏度小，用其作为流动相时，样品组分在两相之间可很快进行分配。气相色谱法能分析沸点十分接近的复杂化合物，例如用毛细管色谱柱分析汽油样品，在 2 小时内就可获得 200 多个色谱峰。

（2）样品用量少，检测灵敏度高

由于样品是在气态下分离和在气体中进行检测，气相色谱法有许多高灵敏度的检测器可供使用，样品用量少也能被检测出来。如气体样品可为 1 mL，液体样品可为 1 μL，固体样品可为几微克，用热导检测器可检测出百万分之十几的杂质，氢火焰离子化检测器可检测出百万分之几的杂质，电子捕获检测器与火焰光度检测器可检测出十亿分之几的杂质。

（3）选择性好

气相色谱法可选择对样品组分有不同作用的液体、固体做固定相，在适当的操作条件下，可将物理、化学性质相近的组分分离开。

（4）应用范围广

气相色谱法可以分析气体试样，也可分析易挥发或可衍生转化为易挥发的液体和固体。现代气相色谱法可应用于石油工业、环境保护、临床医学、药物与药剂、农药、食品工业等。

气相色谱法虽有上述许多优点，但也有局限性。它的分离效能虽高，但分离后各未知组分的定性分析是比较困难的，必须用已知物或与其他方法联用（如质谱方法）才能获得比较可靠的定性结果；在定量时，常需要对检测器输出信号进行校正才能获得较精确的定量结果。

4. 气相色谱分析的固定相

气相色谱分析中，混合组分分离的好坏，在很大程度上取决于固定相的选择是否合适。毛细管色谱柱最常用的固定相是聚硅氧烷和聚乙二醇，另外还有一类是小的多孔粒子组成的聚合物或沸石（例如氧化铝、分子筛等）。

（1）聚硅氧烷固定相

聚硅氧烷由于用途广泛、性能稳定，是最常用的固定相。标准的聚硅氧烷由许多单个的聚硅氧烷连接而成，每个硅原子与两个功能团相连，最常见的功能团为甲基和苯基，此外还有氰丙基和三氟丙基。这些功能团的类型和数量决定了色谱柱固定相的性质。最基本的聚硅氧烷是由 100％甲基取代的，相应的柱子牌号有 HP-1、BP-1、DB-1、SE-30 等。若有其他取代基取代甲基，牌号相应为 HP-5、BP-5、DB-5、SE-54 等，表示有 5％的甲基被取代。

（2）聚乙二醇固定相

聚乙二醇是另外一类广泛应用的固定相，有些被称为"WAX"或"FFAP"。聚乙二醇的稳定性、使用温度范围都比聚硅氧烷要差一些。聚乙二醇固定相色谱柱的寿命短，而且容易受温度和环境（有氧环境）的影响。但由于它的极性较强，对极性物质有特殊的分离效能，所以仍是常用的固定相之一。常见的牌号有 FFAP、HP-Wax、DB-Wax、Carbo-wax-10、OV-351 等。

（3）气-固固定相

另外一类由小的多孔粒子组成的聚合物或沸石的固定相称为气-固固定相。气-固固定相就是在管壁表面黏合很薄一层的小颗粒物质，通常叫多孔层开口管（PLOT）柱。试样是通过在气-固固定相上产生吸附-脱附作用来分离的，它们常用来分离各种气体及低沸点溶剂。最常用的 PLOT 柱固定相有苯乙烯衍生物、氧化铝和分子筛等。相应的柱子牌号有 HP PLOT Al_2O_3、HP PLOTQ、HP PLOTU 等。由于固体吸附剂种类不多，所以气-固色谱法的应用受到限制。

（4）键合和交联固定相

为了改善柱子的性能，常用键合和交联的方式。交联是将多个聚合物链单体通过共价键进行连接，键合是将其再通过共价键与管壁表面相连。这样处理使得固定相的热稳定性和溶剂稳定性都有较大的提高。所以，键合交联固定相色谱柱可以通过溶剂的浸洗从而除去柱内的污染物。

5. 色谱流出曲线及基本术语

气相色谱法主要利用物质的沸点、极性及吸附性质的差异来实现混合物的分离，其分析过程是待分析样品在汽化室汽化后被惰性气体（即载气，一般是 N_2、He 等）带入色谱柱，柱内含有液体或固体固定相。由于样品中各组分的沸点、极性或吸附性能不同，每种组分都倾向于在流动相和固定相之间形成分配或吸附平衡。但由于载气是流动的，这种平衡实际上很难建立起来，也正是由于载气的流动，样品组分在运动中进行反复多次的分配或吸附/解附，结果在载气中分配浓度大的组分先流出色谱柱，而在固定相中分配浓度大的组分后流出。组分流出色谱柱后，立即进入检测器，检测器能够将样品组分的存在与否转变为电信号，而电信号的大小与被测组分的含量或浓度成比例。当将这些信号放大并记录下来时，它包含了色谱的全部原始信息。在没有组分流出时，色谱图记录的是检测器的本底信号，即色谱图的基线。

（1）色谱流出曲线

样品分离后的组分依次从色谱柱中流出进入检测器，检测器将各组分的含量转换成电信号记录下来，得到一条电信号随时间变化的曲线，称为色谱流出曲线，也叫色谱图，如图 11-2 所示。当待测组分流出色谱柱时，检测器就可检测到其组分的浓度，在流出曲线上表现为峰状，叫色谱峰。色谱流出曲线纵坐标是检测器输出的电信号（电压或电流），反映流出组分在检测器内的含量，横坐标一般是流出时间。色谱流出曲线反映了样品在色谱柱内分离的结果，是判断测定条件是否合适及对样品中各组分进行定性和定量分析的依据。

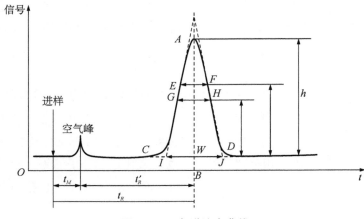

图 11-2　色谱流出曲线

（2）基线

在实验条件下，色谱柱后仅有纯流动相进入检测器时的流出曲线称为基线。基线在稳定的条件下应是一条水平的直线。它的平直与否可反映出实验条件的稳定情况。实际操作中，常会出现由各种因素引起的基线波动（称为基线噪声）和基线随时间定向的缓慢变化（称为基线漂移），如图 11-3 所示。因此，各种类型的色谱仪器在开机预热后，一定要待基线稳定成一条水平直线后方可进样分析。

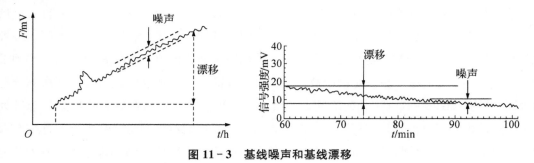

图 11-3　基线噪声和基线漂移

（3）保留值

死时间 t_M：不与固定相作用的物质从进样到出现峰极大值时的时间，它与色谱柱的空隙体积成正比。由于该物质不与固定相作用，因此，其流速与流动相的流速相近。由 t_M 可求出流动相平均流速。

$$\overline{u} = \frac{L}{t_M}$$

式中：$\overline{u}$——平均流速；

224

　　L——色谱柱长。

　　保留时间 t_R：试样从进样到出现峰极大值时的时间，它包括组分随流动相通过柱子的时间和组分在固定相中滞留的时间。

　　调整保留时间 t'_R：某组分的保留时间扣除死时间后的保留时间，它是组分在固定相中的滞留时间。即 $t'_R = t_R - t_M$。

　　（4）峰高和峰面积

　　色谱峰顶点与基线的垂直距离叫峰高。色谱峰与峰底基线所围成区域的面积叫峰面积。色谱峰高或峰面积的大小与样品中对应组分的含量成正比，因此是定量分析的依据。

　　（5）选择性因子

　　色谱流出曲线上相邻两组分的调整保留时间之比为选择性因子，其大小反映了固定相对难分离组分的分离选择性。

　　（6）分配系数

　　在一定温度和压力下，组分在两相间达到分配平衡时，组分在固定相中的浓度与组分在流动相中的浓度之比。当温度、压力一定时，分配系数与组分性质、固定相和流动相性质有关。

　　（7）分配比

　　分配比指在一定温度和压力下，组分在两相间达到分配平衡时，组分在固定相中的质量与组分在流动相中的质量之比，是衡量色谱柱对被分离组分保留能力的重要参数。

　　（8）分离度（R）

　　分离度也称分辨率，是反映柱效能和选择性的综合性指标。R 等于相邻色谱峰保留时间之差与两色谱峰峰宽均值之比，表示相邻两峰的分离程度。R 越大，表明相邻两组分分离越好。分离度是色谱柱的总分离效能指标，其大小按下式计算：

$$R = \frac{2\,(t_{R_2} - t_{R_1})}{w_1 + w_2}$$

式中：t_{R_2}——相邻两峰中后一峰的保留时间；

　　　　t_{R_1}——相邻两峰中前一峰的保留时间；

　　　　w_1、w_2——相邻两峰的峰宽。

　　一般来说，当 $R<0.8$ 时，两组分不能完全分离；当 $R=1.0$ 时，分离程度可达 98%；当 $R=1.5$ 时，分离程度可达 99.7%。所以，通常用 $R=1.5$ 作为相邻两峰完全分离的标准。

　　6. 气相色谱定性分析方法

　　色谱定性分析就是要确定色谱图上每个峰代表的是什么物质。可以依靠色谱分析强有力的分离能力，结合色谱流出曲线提供的信息或者与质谱仪、红外检测器等仪器联用技术，最终确定各组分。一般常用的方法有以下几种：

（1）标准物质定性

在一定色谱条件下，根据各组分的保留时间为一定值的原理进行定性，这是色谱中最简单的定性方法。在相同的色谱条件下，将组分的纯标准样品与待测组分的样品分别放入色谱柱分离，如纯标准样品和待分析样品的某个色谱峰保留时间一致，可初步判断待分析样品中的色谱峰为该标准品（需进一步确认）。如果保留时间不一致，可排除色谱峰为该标准品的可能。

（2）利用加入法定性

将标准纯物质加入未知样品中，分别对未知样品和加入标准纯物质的样品进样，得到两张样品 TIC（总离子色谱图）和加标样品 TIC，通过比较观察两张色谱图中色谱峰的相对变化来进行定性。当加标样品 TIC 比样品 TIC 多出现一个峰时，说明未知样品中不含有标准纯物质；当加标样品 TIC 中某个色谱峰峰高增加时，说明未知样品中含有标准纯物质，并确定了标准纯物质保留时间。

（3）用经验规律和文献值进行定性

在利用标准物质直接对照定性时，得到已知标准往往是一个很困难的问题，一个实验室不可能有很多标准物质，这时可用文献值或用气相色谱中的经验规律定性。文献值定性即利用已知的文献值与未知物的测定保留值进行比较对照。由于不同仪器和色谱条件（如压力、温度等）的微小波动，保留值有所不同，可用相对保留值定性，更为方便和可靠。用相对保留值定性时，只要保持柱温不变即可。要求选用一个基准物质，基准物质的保留值尽量接近样品组分的保留值，一般选用苯、正丁烷、环己烷等作为基准物质。

（4）与其他分析仪器联用定性

气相色谱法具有很高的分离能力，但不能对已分离的每一组分进行直接定性。如果色谱技术与具有很强定性能力的质谱法、红外光谱和核磁共振波谱法联用，可以很好地解决组成复杂的混合物的定性分析问题。

7. 气相色谱定量分析方法

气相色谱定量分析的基础是检测器对溶质产生的信号与溶质的量成正比的规律，通过色谱图上的面积或峰高计算样品中溶质的含量。由于同一检测器对含量相同的不同组分的响应信号不同，因而组分峰面积之比不一定等于相应组分的含量之比。为准确定量，需对峰面积或峰高进行校正，因此，引入校正因子的概念。常用的定量计算方法有归一化法、外标法、内标法和标准加入法。

（1）校正因子

校正因子的意义为单位峰面积（或峰高）所代表的组分含量，即

$$f_i = \frac{W_i}{A_i}$$

式中：W_i——组分含量；

A_i——被测组分峰面积；

f_i——组分的定量校正因子。

因组分含量的计算单位不同，定量校正因子有质量校正因子 f_m、摩尔校正因子 f_M 和体积校正因子 f_V 之分。

由于色谱条件的波动及进样量的微小差异带来的偏差，很难准确测定 f_i。因而，一般使用相对定量校正因子 f_i'，其定义为被测样品中各组分的定量校正因子与标准物质的定量校正因子之比，即

$$f_i' = \frac{f_i}{f_s} = \frac{A_s W_i}{A_i W_s}$$

式中：i 和 s——分别表示组分和内标物质。

（2）归一化法

归一化法是气相色谱分析中最常用的一种定量方法。运用这种方法的前提条件是试样中各组分必须全部流出色谱柱，并在色谱图上都出现色谱峰，如各组分的校正因子不同，组分的含量可按下式计算：

$$c_i（\%）= \frac{A_i f_i'}{\sum_{i=1}^{n} A_i f_i'}$$

式中：f_i'——相对质量校正因子，如果被测组分的校正因子相近，可直接用峰面积归一法进行定量。

归一法的优点是简单准确，操作条件如进样量、载气流速等的变化对结果影响较小，适用于对多组分中各组分含量的分析，常用于氢火焰离子检测器及热导检测器。缺点是各组分必须全部出峰且在检测器能被定量检测。对于选择性检测器如电子捕获检测器、火焰光度检测器，不宜采用该方法。

（3）外标法

外标法是所有定量分析中最常用的一种方法，即所谓校准曲线法。将含有已知质量的各纯样配成不同含量的标准样品，在相同色谱条件下，进相同体积的不同浓度样品，绘制各组分响应值（一般选峰面积）与其含量的校正曲线，然后进相同量的待测样品，从色谱图上的峰面积即可测得组分含量。外标法简便，不需要校正因子，但进样量要求十分准确，操作条件也需要严格控制。它适用于日常控制的分析和大量同类样品的分析。但在实际中，色谱条件很难绝对稳定，进样量很难绝对一致，使得外标法容易引起较大误差。为减小误差，需经常对曲线进行校正。如还无法得到准确的数据，可考虑采用内标法定量。

（4）内标法

为了克服外标法的缺点，可采用内标校准曲线法。这种方法的特点是不要求所有组分全部流出色谱柱并被检测。选择一内标物质，以固定的浓度加入标准溶液和样品溶液中，以抵消实验条件和进样量变化带来的误差。选用的内标物质必须是在被分析样品中不存在

的，纯度高且有好的化学稳定性和热稳定性，其结构、性能、保留时间和浓度尽量与被测组分相似，但互相要完全分离。按下式计算组分含量：

$$c_i\ (\%)\ =\frac{m_s}{m_i} \cdot f_i' \cdot \frac{A_i}{A_s} \cdot 100\%$$

式中：m_s，m_i——分别表示内标物质和被测物质的质量；

A_i，A_s——分别为被测物质和内标物质的峰面积；

f_i'——相对质量校正因子。

二、气相色谱仪

气相色谱仪分离分析样品的工作流程如图 11-4 所示，载气由高压气瓶提供，经压力调节器降压、净化器脱水和有机物等，由稳压阀调至适宜的流速，经过样品室将汽化后的样品带入加热的色谱柱。组分在柱中实现差速运动，分离后随载气依次进入检测器。检测器将组分的浓度（或质量）变化转化为电信号，电信号再经放大后，由记录仪记录下电压（或电流）随时间的变化曲线，即得色谱流出曲线，又称色谱图。利用色谱流出曲线提供的信息可进行定性、定量分析。可应用计算机和相应的色谱软件处理数据并控制实验条件。

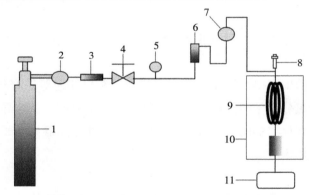

1—高压气瓶；2—减压阀；3—净化器；4—稳压阀；5—压力表；6—稳流阀；
7—压力表；8—进样口；9—色谱柱；10—温度控制系统；11—检测器

图 11-4 气相色谱仪工作流程

气相色谱仪分为通用型气相色谱仪和专用型气相色谱仪，一般情况下指通用型气相色谱仪。如图 11-5 所示。

目前国内外的气相色谱仪器均由 6 大系统组成：气路系统、进样系统、分离系统、温度控制系统、检测系统和数据处理系统。样品中各组分能否分开，关键在分离系统，即色谱柱；分离后各组分能否检定出来，关键在检测系统。因此，分离系统和检测系统是气相色谱仪的核心结构。

1. 气路系统

气路系统是指流动相连续运行的密闭管路系统，它包括气源、净化器和管路三大块。

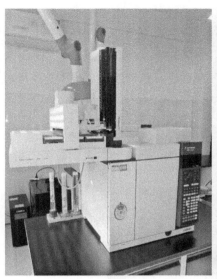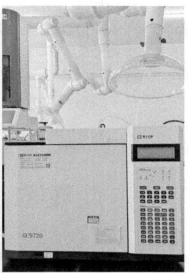

图 11-5　气相色谱仪

通过该系统可以获得纯净的、流速稳定的载气。它的气密性、载气流速的稳定性对分析结果有很大的影响。

（1）气源

气源包括载气和辅助气，载气是输送样品气体运行的气体，是气相色谱分析的流动相。常用的载气有氮气、氢气。氦气和氩气由于价格高，应用较少。辅助气是检测器的工作气体，常用氢气作为燃气，空气作为助燃气。

气源的种类有气体发生器（如图 11-6 所示）和钢瓶（如图 11-7 所示）两种，不管何种类型的气源，提供的气体必须为高纯气体，即纯度为 99.999%，如果检测器为氢火焰离子化检测器（FID），载气纯度可略低。

图 11-6　气体发生器

图 11-7　气体钢瓶和减压阀

（2）气路系统主要部件

载气如果由高压气体钢瓶提供，气体钢瓶要求放置在气瓶柜内（如图 11-8 所示）。一般气相色谱仪使用的载气压力为 0.1～0.5 MPa，因此需要减压阀、稳流阀或自动流速控制装置来确保流速恒定。载气进入气相色谱系统前必须经过净化处理，除去烃类物质、水分和氧气。常用净化剂有活性炭、硅胶和分子筛等。

图 11-8　气瓶柜

2. 进样系统

进样系统由进样装置和汽化室构成，它的作用是把样品瞬间转化为气体，然后由载气将样品气体快速带入色谱柱。进样的多少、进样时间的长短、试样的汽化速率都会影响分离效果。

（1）进样器

① 气体进样：大量重复气体分析进样应采用六通阀手动进样或自动进样，气体进样阀流路图如图 11-9 所示，进样阀一般装在进样器前端。如果不用气体进样阀，也可以用气密性注射器手动进样，但进样重复性与进样阀相比较差。

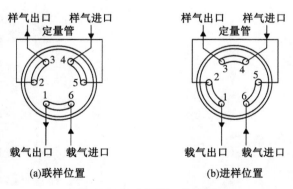

图 11-9　六通阀工作原理

② 液体进样：一般采用 $1\ \mu L$、$10\ \mu L$ 或 $50\ \mu L$ 微量注射器，用手动方式插入进样器至针底部，快速注射并快速拔出注射器。或采用仪器配置的自动进样器进样。使用时要用待测样品润洗 3 次以上，对某些易污染样品要清洗 10 次以上，每次用完要及时清洗进样针。

③ 顶空进样器：顶空进样器是气相色谱法中一种方便快捷的样品前处理方法，其原理是将待测样品置入一密闭的容器中，通过加热升温使挥发性组分从样品基体中挥发出来，在气液（或气固）两相中达到平衡，直接抽取顶部气体进行色谱分析，从而检验样品中挥发性组分的成分和含量。使用顶空进样技术可以免除冗长烦琐的样品前处理过程，避免有机溶剂对分析造成的干扰，减少对色谱柱及进样口的污染。顶空进样器可以和国内外各种型号的气相色谱仪相连接。

④ 热解析仪：热解析仪是将待测的样品注入填充有吸附剂的吸附管中（热解析仪吸附管中的填充剂须根据取样的样品性质来确定），其中挥发性成分被吸附消除，并将吸附管中剩余样品加热，解吸收集到的挥发性有机化合物，待测样品随惰性载气进入配备氢火焰离子化检测器的毛细管柱气相色谱仪进行分析。

（2）汽化室

气相色谱分析要求汽化室温度足够高，当用微量注射器直接将样品注入汽化室时，样品瞬间汽化，然后由载气将汽化的样品带入色谱柱内分离。汽化室内不锈钢套管中插入的石英玻璃衬管能起到保护色谱柱的作用。进样口使用硅橡胶材料的密封隔垫，其作用是防止漏气。硅橡胶密封隔垫使用一段时间后会失去密封作用，应注意更换。

使用毛细管柱时，由于柱内固定相量少，柱容量比填充柱低。为防止色谱柱超负荷，要使用分流进样器。样品在分流进样器中汽化后，只有一小部分样品进入毛细管柱，而大部分样品随载气由分流气体出口放空。在分流进样时，进入毛细管柱内的载气流速与放空的载气流速（即进入色谱柱的样品量与放空的样品量）的比称为分流比。毛细管柱分析时使用的分流比一般在（1∶10）～（1∶100）之间。

3. 分离系统

分离系统的核心是色谱柱，其作用是将试样中混合在一起的多个组分逐次分离成单一组分而从检测器流出。色谱柱一般可分为填充柱和毛细管柱。

（1）填充柱

填充柱由不锈钢或玻璃材质制成，柱长一般为 1～10 m，内径一般为 2～4 mm，有 U 形和螺旋形两种（如图 11-10 所示）。填充柱制备简单，柱容量大，可供选择的固定相种类多（活性炭、硅胶、氧化铝、分子筛等），分离效率足够高，应用很普遍。

（2）毛细管柱

毛细管柱由不锈钢、玻璃或石英材质制成，柱长一般为 25～100 m，内径一般为0.1～5 mm，内部涂有固定相（如图 11-11 所示）。毛细管柱与填充柱相比，具有分离效率高、分析速度快、色谱峰窄、峰形对称等优点，可解决填充柱难以分离复杂样品的问题，是近代色谱发展的趋势。但毛细管柱的柱容量小，对检测器的灵敏度要求也高。

图 11 - 10　填充柱　　　　　图 11 - 11　毛细管柱

（3）色谱柱的选择与安装

任何类型的色谱柱都有极性强弱之分，要根据样品的特性来选择。色谱柱是气相色谱仪的心脏，样品分离效果的好坏主要取决于色谱柱，因此要合理选择色谱柱。目前使用最多的色谱柱为毛细管柱。

选择好合适的毛细管柱之后，就应该进行正确的安装工作。安装时先将毛细管柱的两端截取一段（如果是已经使用过的柱子，安装之前一定要分清楚哪端与进样口相连，哪端与检测器相连），然后安装。注意螺帽不要拧得太紧，并按以下注意事项完成色谱柱的安装和老化：

① 检查气体过滤器、载气、进样垫和衬管等，保证辅助气和检测器的用气畅通有效。如果以前做过较脏或活性较高的化合物，需要将进样口的衬管清洗干净或更换。

② 将螺母和密封垫装在色谱柱上，并将色谱柱两端小心切平。

③ 将色谱柱连接于进样口上，色谱柱在进样口中插入的深度随气相色谱仪器的不同而有所差异。正确合适的插入能保证实验结果的重现性。通常来说，色谱柱的入口应保持在进样口的中下部，当进样针穿过隔垫完全插入进样口后，把连接螺母拧上，拧紧后（用手拧不动了）用扳手再多拧 1/4～1/2 圈，保证安装的密封程度。如果安装不紧密，不仅会引起装置的泄漏，而且有可能对色谱柱造成永久损坏。

④ 将色谱柱连接于检测器上，其安装和所需的注意事项与色谱柱和进样口连接大致相同。

⑤ 保证载气流速后，再对色谱柱的安装进行检查。注意：如果不通入载气就对色谱柱进行加热，会快速且永久性地损坏色谱柱。

⑥ 色谱柱安装和系统检漏工作完成后，可以对色谱柱进行老化。毛细管柱特别是新的柱子，使用之前的老化是很重要的。老化的目的就是使涂层固定相中的低沸点物质挥发

干净，使固定液分配均匀。老化时，毛细管柱的一端接进样口，另一端不接检测器，放置于柱温箱内。老化的最高温度应低于柱子最高使用温度 20～30 ℃，老化时应该采用程序升温，升温的速率尽量小，然后在最高温度保持 4 h 左右。老化时载气流速不宜太大（一般为 30 mL · min⁻¹ 左右），否则在填充柱中会把固定相压到一头，易造成柱效下降和峰拖尾。第一次老化结束后，将连接检测器的一端毛细管柱截取一段，安装后查看基线是否正常，若不正常还需要继续老化。

4. 温度控制系统

温度控制系统指对汽化室、色谱柱和检测器进行温度控制的系统。在气相色谱仪中，温度直接影响色谱柱的分离选择性、检测器的灵敏度和稳定性及样品汽化程度。进样器温度设定应高于样品组分沸点，以使样品进入进样器后瞬间汽化，快速进入色谱柱。一般高于柱温 20～50 ℃。对色谱柱的温度控制方式有恒温和程序升温两种。如样品组分少（10 余个）且沸程范围小，大多采用恒温操作，柱箱温度设定应高于组分平均沸点。对于宽沸程、复杂多组分（20 个以上）的样品需选择程序升温，包括初温、前恒时间、升温速率、阶数、终温、后恒时间等。为防止样品在检测器中冷凝和污染，保证检测器正常工作，检测器温度一般设定为高于色谱柱最终温度 20～30 ℃。

5. 检测系统

混合组分经色谱柱分离后，按次序先后进入检测器。检测器的作用是将各组分在载气中的浓度（或质量）转变为电信号。目前检测器的种类较多，最常用的检测器为热导检测器和氢火焰离子化检测器，其次是电子捕获检测器、火焰光度检测器。检测器又叫鉴定器，它是测量从色谱柱流出物质的浓度（或质量）变化的器件。即利用被分离的样品各组分的特征，用检测器将各组分的由物理或化学特性决定的各物理量转化成相应的电信号，通过电子仪器进行测定。检测器输出信号，最常见的是电压和电流。

根据检测器原理的不同，可将检测器分为浓度型和质量型两类。浓度型检测器的响应信号正比于载气中组分的浓度，如热导检测器（TCD）、电子捕获检测器（ECD）。质量型检测器的响应信号正比于单位时间组分进入检测器的质量，如氢火焰离子化检测器（FID）、火焰光度检测器（FPD）。根据应用范围，可将检测器分为通用型检测器和选择型检测器。通用型检测器对所有物质都有响应，如热导检测器、氢火焰离子化检测器等。选择型检测器对特定物质有高灵敏响应，如电子捕获检测器、火焰光度检测器、氮磷检测器等。根据工作过程，可将检测器分为破坏型检测器和非破坏型检测器。在破坏型检测器检测过程中，样品遭到破坏，不能回收，如氢火焰离子化检测器、火焰光度检测器等。在非破坏型检测器检测过程中，样品不遭到破坏，可以回收，如热导检测器、电子捕获检测器等。

对检测器的要求是灵敏度高，响应快，稳定性好，检测限低，线性范围宽。其中主要指标是灵敏度。检测器的灵敏度亦称响应值，是评价检测器质量高低的重要指标。组分进入检测器后，经检测器转换，输出信号可以是电压或电流，也可以用色谱峰的峰面积或峰高表示。

6. 数据处理系统

早期的气相色谱仪使用记录仪记录色谱图，后来出现了色谱数据处理机，现在绝大多数气相色谱仪使用计算机来进行数据的采集和处理。它能记录色谱数据、描绘色谱图并进行运算。作为常规分析，可进行保留时间、峰高、峰面积的记录和各种定量计算。计算机控制自动进样，显示柱温、检测器工作参数和结果，并可直接打印等。计算机控制色谱仪大大提高了色谱分析的效率和准确度。

三、气相色谱检测器

1. 常用检测器性能指标

一个优良的检测器要求灵敏度高、检测限低、死体积小、响应速度快、线性范围宽并且稳定。通用型检测器要求适用范围广，选择性检测器要求选择性好。

（1）灵敏度

气相色谱检测器的灵敏度（S）是指某物质通过检测器时浓度或质量的变化率引起检测响应值的变化率。即

$$S = \frac{\Delta R}{\Delta Q}$$

式中：ΔR——检测器响应值的变化；

ΔQ——组分的浓度变化或质量变化。

检测器灵敏度越高，检测器检测组分的浓度或质量下限越低，检测器噪声往往也较大。

（2）线性与线性范围

检测器的线性是指检测器内载气中组分浓度或质量与响应信号成正比的关系；线性范围是指被测物质的质量与检测器响应信号呈线性关系的范围，以线性范围内最大进样量与最小进样量的比值表示。检测器的线性范围越宽，所允许的进样量范围就越大。

（3）检出限

检出限是指在样品中能检出的被测组分的最低含量（浓度），即产生信号（峰高）为基线噪声标准差 K 倍时的样品浓度，通常将产生 3 倍噪声信号时单位体积载气中或单位时间内进入检测器的组分量称为检测限（D），对其测定的准确度和精密度没有确定的要求。其定义可用下式表示：

$$D = \frac{3N}{S}$$

灵敏度和检测限是从两个不同方面衡量检测器对物质的敏感程度的指标。灵敏度越大，检测限越小，则表明检测器性能越好。

（4）响应时间

样品在载气中的浓度（或质量流速）发生阶跃变化时，检测器输出由零开始增大到最

大值时所需时间的 63% 定义为响应时间，又称时间常数。样品中各组分通过流动和扩散才能到达检测器敏感区，响应时间就是对这个过程快慢的度量。响应时间直接影响检测器跟踪组分含量（浓度或质量流速）变化的快慢，响应时间太长，会使色谱峰失真、峰形变矮变宽，使已被分离的组分在色谱图上分离不开，影响定量。

2. 热导检测器

（1）工作原理

热导检测器的工作原理是不同气体具有不同的热导率。热丝具有电阻随温度变化的特性。当有一恒定直流电通过热导池时，热丝被加热。载气的热传导作用使热丝的一部分热量被载气带走，一部分传给池体。当热丝产生的热量与散失热量达到平衡时，热丝温度就稳定在一定数值。此时， 热丝阻值也稳定在一定数值。由于参比池和测量池通入的都是纯载气，同一种载气有相同的热导率，因此两臂的电阻值相同，电桥平衡，无信号输出，记录系统记录的是一条直线。当有试样进入检测器时，纯载气流经参比池，载气携带着组分气流经测量池。由于载气和待测量组分二元混合气体的热导率与纯载气的热导率不同，测量池中散热情况发生变化，使参比池和测量池孔中热丝电阻值之间产生了差异，电桥失去平衡，检测器有电压信号输出，记录仪画出相应组分的色谱峰。载气中待测组分的浓度越大，测量池中气体热导率改变就越显著，温度和电阻值改变也越显著，电压信号就越强。此时输出的电压信号与样品的浓度成正比，这正是热导检测器定量分析的基础。

载气与样品的热导率相差越大，检测器灵敏度越高，不同化合物的热导率值不同。热导检测器常用 H_2 或 He 作载气，灵敏度高，线性范围宽。载气的纯度也影响热导检测器的灵敏度。另外，增大电桥工作电流可以提高检测器灵敏度。但是，桥电流增加，噪声也随之增大。并且，桥电流越高，热丝越易被氧化，使用寿命越短。一般商品热导检测器均有不同检测器温度下推荐使用的桥电流值，实际工作中可参考设置。

（2）特点

热导检测器结构简单，通用性好，线性范围宽，价格便宜，不破坏样品，应用范围广。热导检测器对任何可以汽化的物质均有响应（待测组分和载气的热导率有差异，即可产生响应），是通用型的检测器，且是唯一能测水的检测器。热导检测器定量准确，操作维护简单，主要缺点是灵敏度相对较低。

3. 氢火焰离子化检测器

（1）工作原理

氢火焰离子化检测器简称氢焰检测器，是气相色谱检测器中使用最广泛的一种检测器，它是典型的破坏性、质量型检测器，主要用于含碳有机化合物的检测。

进样后，样品随载气进入检测器，并在氢火焰中发生电离，产生的正、负离子和电子在外加电场的作用下向两极运动，形成微弱电流，此电流与引入氢火焰的样品的质量流速成正比。微弱电流经过高阻放大，送至记录仪记录下相应的色谱峰，因此可以根据信号的大小对有机物进行定量分析。

为了使氢火焰离子化检测器灵敏度更高，氮气（载气＋尾吹）与氢气比控制在（1：1）～（1：1.5）（为了较易点燃火焰，点火时可加大 H_2 流速）。增大氢气流速，氮氢比下降至 0.5 左右，灵敏度将会有所降低，但可使线性范围得到扩大。

空气是氢气的助燃气，为火焰燃烧和电离反应提供必要的氧，同时把燃烧产生的二氧化碳、水等产物带出检测器。空气流速通常为氢气流速的 10 倍左右。流速过小，氧气供应量不足，灵敏度较低；流速过大，扰动火焰，噪声增大。一般空气流速选择在 300～500 mL·min^{-1} 之间。

极化电压会影响氢火焰离子化检测器的灵敏度，正常操作时，极化电压一般为 150～300 V。

（2）特点

氢火焰离子化检测器的特点是灵敏度高（比 TCD 的灵敏度高约 10^3 倍）、检出限低（可达 10^{-12} g·s^{-1}）、线性范围宽（可达 10^7）、结构简单，既可以用于填充柱，也可以用于毛细管柱。氢火焰离子化检测器对能在火焰中燃烧电离的有机化合物都有响应，是目前使用最为广泛的气相色谱检测器之一。它的主要缺点是不能检测永久性气体、水、一氧化碳、二氧化碳、氮氧化物、硫化氢等物质。

4. 其他类型检测器

除了热导检测器和氢火焰离子化检测器是常用的检测器外，电子捕获检测器、火焰光度检测器等也是重要的检测器，不同类型检测器的应用对比见表 11－1。

电子捕获检测器只对具有电负性的物质，如含 S、P、卤素的化合物，金属有机物及含羰基、硝基、共轭双键的化合物有响应，而对电负性很小的化合物，如烃类化合物，只有很小或没有输出信号。电子捕获检测器对电负性大的物质检出限可达 10^{-14}～10^{-12} g，所以特别适合用于分析痕量电负性化合物。

火焰光度检测器是一种高灵敏度和高选择性的检测器，对含有硫、磷的化合物有较高的选择性和灵敏度，常用于分析含硫、磷的农药及在环境监测中分析含微量硫、磷的有机污染物。

表 11－1 不同类型检测器的应用对比

检测器类型	工作原理	载气种类	应用范围
热导（TCD）	热导系数差异	氢、氦、氩、氮	所有化合物
氢火焰离子化（FID）	火焰电离	氦、氮	有机化合物
电子捕获（ECD）	化学电离	氮	电负性化合物
火焰光度（FPD）	分子发射	氦、氮	硫、磷化合物

四、气相色谱仪的基本操作

本节内容以 GC 9790Ⅱ型气相色谱仪，FL 9720 色谱工作站为例简要介绍气相色谱仪的操作过程（其他仪器厂家产品的操作可以参考其仪器和工作站说明书）。

1. 色谱仪的开机和调试

① 打开载气（N_2）钢瓶总阀，调节输出压力为 0.4 MPa。打开空气发生器开关、氢气发生器开关，等待压力稳定。

② 打开色谱仪载气开关，调节载气至合适柱前压，如 0.1 MPa，控制载气流速约 30 mL·min^{-1}。

③ 打开色谱仪电源开关，等待仪器自检完成。

④ 打开电脑及工作站 FL 9720，进入 FID 通道。设置相应项目名称（如 BXW），设置柱温为 95 ℃、汽化室温度为 140 ℃和检测器温度为 120 ℃，发送项目（BXW）仪器条件，等待毛细进样口、柱箱、FID 检测器温度稳定。

⑤ 待柱温、汽化室和检测器温度达到设定值并稳定后，打开空气压缩机与氢气发生器，调节空气开关柱前压力为 0.1 MPa、氢气柱前压力为 0.15 MPa。

⑥ 点击软件上点火图标进行点火。点着氢火焰后，缓缓将氢气压力降至 0.05 MPa，控制其流速约为 30 mL·min^{-1}。

⑦ 让色谱仪走基线，待基线稳定。

2. 测试标样的准备

分别取适量的二硫化碳中 5 种苯系物混合样，稀释到 1.00 mL 的二硫化碳中，配制成质量浓度依次为 0.5 μg·mL^{-1}、1.0 μg·mL^{-1}、10 μg·mL^{-1}、20 μg·mL^{-1}和 50 μg·mL^{-1}的标准系列。取三支 1 μL 微量注射器，以溶剂（二硫化碳）清洗完毕后，备用。

3. 标准曲线的制作和定性定量分析

① 打开色谱工作站，观察基线是否稳定，并设置分析方法。

② 待基线平直后，用 1 μL 清洗后的微量注射器准确吸取标样 1 μL 按规范进样，启动色谱工作站，待 5 个组分均出峰后停止采集数据，记录色谱图保存路径，以便查找分析结果。

③ 按相同的方法再测定 2 次上述 5 个浓度混合标准样品，记录色谱图。

④ 在相同色谱条件下分别对甲苯、乙苯、对二甲苯、间二甲苯、邻二甲苯单标样进样分析，比较标准物与混合标准溶液中各组分的保留时间，确定混合标样中的哪个峰是待测组分。

4. 校准曲线的建立及结果分析

① 双击打开相应项目→定量参数（校正方法选空白）→组分表（清空组分）→手动事件（清空）→确定。

② 校正→选出已有校正名→删除→关闭校正窗口，双击打开标样谱图→手动事件→点 "谱图"（激活左下角手动事件项）→删除峰→添加峰→组分表→套取峰→组分名更改→确认→分析→保存→是→分析结果（查看峰面积大小，是否定性）。

③ 点校正→新建：校正名、外标法→确认→直线→增加标样→找到刚处理好标样→打开→输入浓度→浓度单位修改→确认→增加→找到刚处理好标样→打开→输入浓度→确认→重复上述步骤（仪器上显示为黄色，就是重复操作，将标样设置完）添加完其他标样，移去不适合标样，线性相关系数在 0.99 以上→关闭校正窗口。

④ 双击打开任意一张建立校正曲线标样→定量参数→校正方法（选出刚建立校正方法）→分析→参数→保存→是→分析结果→关闭谱图窗口。

5. 关机

① 显示中将柱箱、毛细进样器、检测器开启加热的 "ON" 状态改为 "OFF" 状态，进行降温。

② 调节氢气流速为 0，熄灭火焰。

③ 等待检测器温度降至 80 ℃ 以下，毛细进样器降至 80 ℃ 以下，柱箱降至 50 ℃ 以下，关闭主机电源，关闭氢气发生器和空气发生器电源。

④ 关闭氮气钢瓶。

6. 结束工作

实验完成后，清洗进样器，并清理仪器台面，填写仪器使用记录。

7. 注意事项

① 用微量注射器移取溶液时，必须注意液面上气泡的排除，抽液时应缓慢上提针芯。若有气泡，可将注射器针尖向上，使气泡上浮推出。不要来回空抽。

② 实验使用 H_2 作燃气，在操作时一定要注意通风，在仪器附近不得有明火，应时刻关注氢气是否处于点燃状态。

五、分离操作条件的选择

1. 色谱柱的选择和使用

（1）固定液的选择

固定液的选择采用相似相溶原理。

① 非极性试样一般选择非极性固定液，如 OV-101、SE-30、HP-1、BP-1 色谱柱等。

② 中等极性的试样一般首选中等极性的固定液，如 OV-17、HP-50、AC10、OV-225、BP-225、HP-225 等。

③ 强极性试样应选用强极性固定液，如 AC20、PEG20M 等。

④ 其他情况，如酸碱性、氢键等都要具体考虑。

（2）柱长的选择

柱长的选择原则是在能满足分离目的的前提下，尽可能地选择较短的柱，有利于缩短分离时间。在不知道最佳柱长时，一般选择 20～30 m 长的色谱柱。

（3）色谱柱膜厚的选择

色谱柱的液膜厚度直接影响各个组分的保留特性和柱容量。膜厚度增加，组分保留值也增加。相反，柱的膜厚度减少则会降低保留值。易挥发组分选择厚膜柱，高相对分子质量的组分选择薄膜柱。

2. 载气的选择

（1）载气种类的选择

载气种类的选择首先要考虑使用何种检测器。比如使用热导检测器，选用氢气或氦气作载气，能提高灵敏度；使用氢火焰离子化检测器则常选用氮气作载气。

（2）载气流速的选择

根据速率理论，气相色谱仪载气流速高时，传质阻力项是影响柱效的主要因素，流速越高，柱效越低。当载气流速低时，分子扩散项是影响柱效的主要因素，流速越高，柱效越高。由于流速对这两项起完全相反的作用，流速对柱效的总影响使得存在一个最佳流速值，最佳流速时柱效最高。最佳流速一般通过实验来选择。使用最佳流速虽然柱效高，但分析速率慢，因此实际工作中为了加快分析速率，一般采用稍大的流速进行测定。

3. 操作温度的选择

（1）汽化室（进样口）温度

汽化温度越高对分离越有利，一般选择比柱温高 30～70 ℃。进样量大的话，一般比柱温高 50～100 ℃。气体样品本身不需要汽化，但为了防止水分凝结，习惯设置在 100 ℃以上。

正确选择液体样品的汽化温度十分重要，尤其对高沸点和易分解的样品，要求在汽化温度下，样品能瞬间汽化而不分解。一般仪器的最高汽化温度为 350～420 ℃，有的可达450 ℃，大部分气相色谱仪应用的汽化温度在 400 ℃以下。

（2）柱温

柱温是影响分离最重要的因素，选择柱温主要是考虑试样沸点和对分离的要求。柱温的选择原则是既使样品中各个组分的分离满足定性、定量的分析要求，又不使峰形扩张、拖尾。柱温一般选择在接近或略低于组分平均沸点的温度。对于复杂、沸程宽的试样，采用程序升温。控制柱温的注意事项如下：

① 应使柱温控制在固定液的最高使用温度（超过该温度固定液会流失）和最低使用温度（低于该温度固定液以固体形式存在）之间。

② 柱温升高，分离度会下降，色谱峰变窄变高。柱温越高，组分挥发度越大，低沸点组分的色谱峰易出现重叠。柱温越低，分离度越大，但保留值也变大，一定程度上可以

改善组分的分离。

（3）检测器温度

一般要求检测器温度比柱温高 20～50 ℃。对于氢火焰离子化检测器，为了防止水蒸气在检测器中冷凝成水，降低灵敏度，增加噪声，要求氢火焰离子化检测器温度必须在120 ℃以上。

4. 进样量的选择

在进行气相色谱分析时，进样量要适当。若进样量过大，超过柱容量，将使色谱峰峰形不对称程度增加，峰变宽，分离度变小，保留值发生变化。峰高和峰面积与进样量不成线性关系，无法定量。若进样量太小，又会因检测器灵敏度不够，不能准确检出。一般对于内径 3～4 mm、固定液用量为 3%～15% 的色谱柱，检测器为热导检测器时液体进样量为 0.1～10 μL，检测器为氢火焰离子化检测器时进样量一般不大于 1 μL。

5. 检测器的选择

一般以氢火焰离子化检测器居多，对于氢火焰离子化检测器不能检测的无机气体及水的分析常选择热导检测器。

六、仪器的日常维护与保养

1. 气路系统

① 气源至气相色谱仪的连接管线应定期用无水乙醇清洗，并用干燥 N_2 吹扫干净。如果用无水乙醇清洗后管路仍不通，可用洗耳球加压吹洗。加压后仍无效，可考虑用细钢丝捅针疏通管路。

② 干燥净化管中的活性炭、硅胶、分子筛应定期进行更换或烘干，以保证气体的纯度。

③ 稳压阀不工作时，必须放松调节手柄；针形阀不工作时，应将阀门置于"开"状态。

2. 进样系统

（1）汽化室进样口的维护

由于长期使用，硅橡胶微粒可能会积聚从而造成进样口管路阻塞，或气源净化不够使进样口污染，此时应注意清洗进样口。

（2）微量注射器的维护

微量注射器使用前要先用丙酮等溶剂洗净，使用后立即清洗处理，以免芯子被样品中高沸点物质沾污而阻塞。切忌用重碱性溶液洗涤，以免玻璃和不锈钢零件受腐蚀而漏水漏气。

3. 分离系统

① 新安装色谱柱使用前必须进行老化。

② 新购买的色谱柱一定要在分析样品前先测试柱性能是否合格，如不合格可以退货或更换新的色谱柱。每次测试结果都应该保存起来作为色谱柱使用寿命的记录。

③ 色谱柱平时不使用的时候应该妥善保管，柱子的两端都应该封好（可用废旧的进样垫），主要是防止固定液被氧化和杂物进入。放置时也应该标明柱子的哪一端连接检测器，哪一端连接进样口。

④ 每次关机前都应将柱温降到室温，然后再关电源和载气。

⑤ 对于毛细管柱，如果使用一段时间后柱效有大幅度的降低，往往表明固定液流失太多，有时也可能是由于一些高沸点的极性化合物的吸附使色谱柱丧失了分离能力，这时可以在高温下老化，用载气将污染物冲洗出来。若柱性能仍不能恢复，就得从仪器上卸下柱子，将柱头截去 10 cm 或更长，去除掉最容易污染的柱头后再安装测试，此时往往能恢复性能。如果还不起作用，可再反复注射溶剂进行清洗，常用的溶剂依次为丙酮、甲苯、乙醇和二氯甲烷。每次可进样 5～10 μL，这一办法常能奏效。如果色谱柱性能还不好，就只有卸下柱子，用二氯甲烷冲洗，溶剂用量依柱子污染程度而定，一般为 20 mL 左右。如果这一办法仍不起作用，说明该色谱柱已无法继续使用，需更换新的色谱柱。

4. 检测器

（1）热导检测器

① 尽量采用高纯气源，载气与样品气中应无腐蚀性物质、机械性杂质或其他污染物。

② 载气至少通入半小时，保证气路中的空气都被赶走后方可通电，以防止热丝元件被氧化，未通载气严禁加载桥电流。

③ 根据载气的性质，桥电流不允许超过额定值。载气为 N_2 时，桥电流应低于 150 mA，载气为 H_2 时，桥电流应低于 270 mA。

④ 检测器不允许有剧烈振动，热导池高温分析时，如果停机，除首先切断桥电流外，最好等检测器温度低于 100 ℃时再关闭气源，这样可以延长热丝的使用寿命。

⑤ 热导池使用一段时间或被沾污后，必须进行清洗。

（2）氢火焰离子化检测器

① 尽量采用高纯气源，空气必须经过 5 A 分子筛充分净化。

② 在最佳的 N_2 与 H_2 流速比以及最佳空气流速的条件下使用。

③ 离子室要避免外界干扰，保证处于屏蔽、干燥和清洁的环境中。长期使用会使喷嘴堵塞，造成火焰不稳、基线不准等故障，所以实际操作过程中应经常对喷嘴进行清洗。

5. 温度控制系统

一般来说，温度控制系统只需每月检查一次，就足以保证其工作性能。实际使用过程中，为防止温度控制系统受到损害，应严格按照仪器的说明书操作，不能随意乱动。

6. 色谱柱的老化

色谱柱使用一段时间后，色谱峰出现较多杂质或基线不稳的情况时，应对色谱柱进行老化。

任务二 ▶ 水质苯系物的测定

苯系物指含苯环的系列芳香烃化合物，苯系物毒性大，难降解，易挥发，人如果短时间内吸入高浓度苯系物，可对中枢神经系统产生麻醉作用，轻则头晕、恶心、头痛、胸闷等，重则导致昏迷以致呼吸、循环衰竭而死亡。水质中的苯系物除了对人体造成危害以外，对水体中的生物也会造成严重不良影响。苯系物的工业污染源主要是石油、化工、炼焦、油漆、农药、医药、有机化工等行业的废水。因此，测定水质中的苯系物，对人们和生物的健康具有重要的意义。

一、主要内容与适用范围

适用于地表水、地下水、生活污水和工业废水中苯、甲苯、乙苯、对二甲苯、间二甲苯、邻二甲苯、异丙苯和苯乙烯等8种苯系物的测定。当取样体积为10.0 mL时，测定水中苯系物的方法检出限为 $2\sim3\ \mu g\cdot L^{-1}$，测定下限为 $8\sim12\ \mu g\cdot L^{-1}$。

二、测定原理

将样品置于密闭的顶空瓶中，在一定的温度和压力下，顶空瓶内样品中挥发性组分向液面上空间挥发，产生蒸气压，在气液两相达到热力学动态平衡，在一定的浓度范围内，苯系物在气相中的浓度与水相中的浓度成正比。定量抽取气相部分用气相色谱仪分离，氢火焰离子化检测器检测。根据保留时间定性，工作曲线外标法定量。

三、测定试剂与仪器

1. 试剂

色谱纯甲醇、优级纯氯化钠、抗坏血酸、盐酸溶液（1＋1）、苯系物标准溶液（$\rho\approx$ $100\ \mu g\cdot mL^{-1}$）、高纯氮气（纯度≥99.999%）、高纯氢气（纯度≥99.999%）等。

2. 仪器

气相色谱仪（具有分流/不分流进样口和氢火焰离子化检测器），自动顶空进样器（温度控制精度为±1 ℃），色谱柱Ⅰ（规格为 30 m×0.32 mm×0.5 μm，100%聚乙二醇固定相毛细管柱，或其他等效毛细管柱），色谱柱Ⅱ（规格为 30 m×0.25 mm×1.4 μm，6%腈丙苯基＋94%二甲基聚硅氧烷固定相毛细管柱，或其他等效毛细管柱），采样瓶(40 mL棕色螺口玻璃瓶，具硅橡胶-聚四氟乙烯衬垫螺旋盖)，顶空瓶（22 mL）。

四、采样与样品

1. 样品采集

采样前，测定样品的 pH，根据 pH 测定结果，在采样瓶中加入适量盐酸溶液(1＋1)并加入 25 mg 抗坏血酸，使采样后样品的 pH≤2。若样品加入盐酸溶液后有气泡产生，须重新采样，重新采集的样品不加盐酸溶液保存，样品标签上须注明未酸化。

采集样品时，应使样品在样品瓶中溢流且不留液上空间。取样时应尽量避免或减少样品在空气中暴露。所有样品均采集平行双样。

注：样品瓶应在采样前用甲醇清洗晾干，采样时不需要用样品进行荡洗。将实验用水带到采样现场，按与样品采集相同的步骤采集全程序空白样品。

2. 样品保存

样品采集后，应在 4 ℃以下冷藏运输和保存，14 天内完成分析。样品存放区域应无挥发性有机物干扰，样品测定前应将样品恢复至室温。未酸化的样品应在 24 小时内完成分析。

3. 试样的制备

在顶空瓶中预先加入 3 g 氯化钠，加入 10.0 mL 采集好的样品立即加盖密封，摇匀，待测。

4. 实验室空白试样的制备

用实验用水代替样品，按照与试样的制备相同的步骤进行实验室空白试样的制备。

五、测定步骤

1. 仪器参考条件

（1）顶空进样器参考条件

加热平衡温度：60 ℃；加热平衡时间：30 min；进样阀温度：100 ℃；传输线温度：100 ℃；进样体积：1.0 mL（定量环）。

（2）气相色谱仪条件

进样口温度：200 ℃；检测器温度：250 ℃；色谱柱升温程序：40 ℃（保持 5 min），以 5 ℃·min^{-1}速率升温到 80 ℃（保持 5 min）；载气流速：2.0 mL·min^{-1}；燃气流速：30 mL·min^{-1}；助燃气流速：300 mL·min^{-1}；尾吹气流速：25 mL·min^{-1}；分流比为 10：1。

2. 工作曲线的建立

分别向 7 个顶空瓶中预先加入 3 g 氯化钠，依次准确加入 10.0 mL、10.0 mL、10.0 mL、9.8 mL、9.6 mL、9.2 mL 和 8.8 mL 水，然后再用微量注射器和移液管依次加入 5.00 μL、20.0 μL、50.0 μL、0.20 mL、0.40 mL、0.80 mL 和 1.2 mL 标准使用液，配制成目标化合物质量浓度分别为 0.050 mg·L^{-1}、0.200 mg·L^{-1}、0.500 mg·L^{-1}、2.00 mg·L^{-1}、4.00 mg·L^{-1}、8.00 mg·L^{-1}、12.0 mg·L^{-1}的标准系列，立即密闭顶空瓶，轻振摇匀。按照仪器条件，从低浓度到高浓度依次进样分析，记录标准系列目标物的保留时间和响应值。以目标化合物浓度为横坐标，以其对应的响应值为纵坐标，建立工作曲线。

3. 试样测定

按照与工作曲线的建立相同的条件进行试样的测定。

注：若样品浓度超过工作曲线的最高浓度点，需从未开封的样品瓶中重新取样，稀释后重新进行试样的制备。

4．实验室空白试验

按照与试样测定相同的步骤进行实验室空白试样的测定。

六、结果计算与表示

1．定性分析

根据样品中目标物与标准系列中目标物的保留时间进行定性分析。

样品分析前，建立保留时间窗 $t\pm3S$。t 为校准时各浓度级别目标化合物的保留时间均值，S 为初次校准时各浓度级别目标化合物保留时间的标准偏差。样品分析时，目标物应在保留时间窗内出峰。在规定的测定条件下，苯系物的标准参考色谱图见图 11-12。

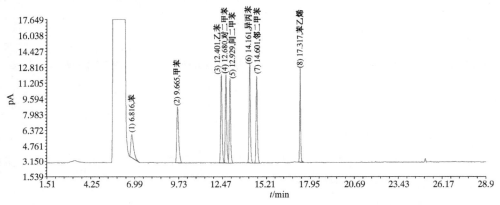

1—苯；2—甲苯；3—乙苯；4—对二甲苯；5—间二甲苯；6—异丙苯；7—邻二甲苯；8—苯乙烯

图 11-12　顶空法测定苯系物的标准色谱图（200 μg·L⁻¹）

2．结果计算

样品中目标化合物的质量浓度（μg·L⁻¹）按照下式进行计算：

$$\rho_I = \rho_i \times D$$

式中：ρ_I——样品中目标化合物的质量浓度，μg·L⁻¹；

ρ_i——从工作曲线上得到的目标化合物的质量浓度，μg·L⁻¹；

D——样品的稀释倍数。

七、注意事项

① 在采样、样品保存和预处理过程中，应避免接触塑料和其他有机物。

② 在测定含盐量较高的样品时，氯化钠的加入量可适量减少，避免样品析出盐而引起顶空样品瓶中气液两相体积变化。样品与标准系列溶液加入的盐量应一致。

》》【拓展阅读】 吹扫捕集

由于环境样品具有被测物浓度较低、组分复杂、干扰物多、同种元素以多相形式存在和易受环境影响而变化等特点，通常都要经过复杂的前处理后才能进行分析测定。经典的前处理方法，如沉淀、络合、衍生、吸附、萃取、蒸馏、干燥、过滤、透析、离心和升华等，重现性差，工作强度大，处理周期长，又要使用大量有机溶剂等。同时，处理复杂样品还需多种方法配合，操作步骤更多，更易产生系统与人为误差。若把整个分析全过程划分为取样、样品制备与处理、分析测定、数据处理和总结报告五部分，则样品处理所需时间占整个分析过程的61%，而分析测定的时间只占6%，样品制备时间竟是分析测定时间的10倍。因此样品前处理预分离是环境分析中最薄弱的环节，也是环境分析化学乃至分析化学中一个重要的关键环节，开发准确度高、快速简单且无溶剂化的前处理方法非常迫切。

吹扫捕集技术适用于从液体或固体样品中萃取沸点低于200 ℃、溶解度小于2%的挥发性或半挥发性有机物，广泛用于食品与环境监测、临床化验等部门。特别是随着商业化吹扫捕集仪器的广泛使用，吹扫捕集法在挥发性和半挥发性有机化合物分析、有机金属化合物的形态分析中将起到越来越重要的作用。吹扫捕集法作为样品的无有机溶剂的前处理方式，对环境不造成二次污染，而且具有取样量少、富集效率高、受基体干扰小及容易实现在线检测等优点。

由于吹扫捕集技术具有可排除样品基质中非挥发组分干扰、无须有机萃取溶剂、可直接与气相色谱系统联用、较高的富集效率和再现性等优点，得到了较快的发展。将它与不同的仪器联用，例如与气相色谱-电子捕获检测器、气相色谱-氢火焰离子化检测器、气相色谱-质谱检测器及气相色谱-电感耦合等离子体发射光谱检测器等联用，可以测定饮用水、地表水、海水中每升微克级甚至每升纳克级的挥发性有机物。因此，在我国大力发展吹扫捕集和其他仪器联用测定水或其他介质中的多种挥发性有机物分析方法是非常必要的。

》》【同步测试】

一、选择题

1. 色谱法有许多类型，从不同的角度出发，有各种色谱分类方法。根据（ ）可分为气相色谱法和液相色谱法。

    A. 流动相的状态   B. 两相所处的状态

    C. 吸附作用   D. 离子交换作用

2. 一般气相色谱法适用于 （ ）

    A. 任何气体的检测

    B. 任何有机和无机化合物的分离、测定

    C. 无腐蚀性气体与在汽化温度下可以汽化的液体的分离与测定

    D. 任何无腐蚀性气体与易挥发的液体、固体的分离与鉴定

3. 下列哪个不是气相色谱法的特点 （　　）

    A. 分离效率高，分析速度快

    B. 样品用量少，检测灵敏度高

    C. 选择性好

    D. 专属性好，可以准确地对物质进行定性

4. 气相色谱法作为分析方法的最大特点是 （　　）

    A. 进行定性分析   B. 进行定量分析

    C. 分离混合物   D. 分离混合物并同时进行分析

5. 下列气相色谱检测器中，属于浓度型检测器的有 （　　）

    A. 热导检测器（TCD）   B. 氢火焰离子化检测器（FID）

    C. 氮磷检测器（NPD）   D. 火焰光度检测器（FPD）

6. 通常把色谱柱内不移动的、起分离作用的固定物质叫 （　　）

    A. 担体   B. 载体   C. 固定相   D. 固定液

7. 在气相色谱分析中，用于定性分析的参数是 （　　）

    A. 峰面积   B. 保留时间   C. 分离度   D. 峰高

8. 在气相色谱分析中，用于定量分析的参数是 （　　）

    A. 保留时间   B. 保留体积   C. 半峰宽   D. 峰面积或峰高

9. 使用热导检测器时，下列哪种气体作为载气效果最好 （　　）

    A. 氢气   B. 氦气   C. 氩气   D. 氮气

10. 气相色谱法不能用（　　）作载气。

    A. 氢气   B. 氦气   C. 氧气   D. 氮气

11. 使用氢火焰离子化检测器，选用下列哪种载气最合适 （　　）

    A. 氢气   B. 氦气   C. 氩气   D. 氮气

12. 色谱分析中，相邻两峰完全分离的标准是多少 （　　）

    A. $R=0.1$ B. $R=0.7$ C. $R=1.0$ D. $R=1.5$

13. 下列选择中，不能靠（　　）来评价气相色谱检测器的性能好坏。

    A. 基线噪声与漂移   B. 检测器的线性范围

    C. 灵敏度与检测限   D. 检测器体积的大小

14. 气相色谱仪的主要部件包括 （　　）

    A. 载气系统、分光系统、色谱柱、检测器

    B. 载气系统、进样系统、色谱柱、检测器、数据处理系统

    C. 载气系统、原子化装置、色谱柱、检测器

    D. 载气系统、光源、色谱柱、检测器

15. 气相色谱分析的仪器中，色谱柱分离系统的主要部件是色谱柱，色谱柱的作用是
（　）
   A. 分离混合物组分　　　　　　　　B. 感应混合物各组分的浓度或质量
   C. 与样品发生化学反应　　　　　　D. 将其混合物的量信号转变成电信号

16. 气相色谱分析的仪器中，检测器的作用是　　　　　　　　　　　　（　）
   A. 感应到达检测器的各组分的含量（浓度或质量），将其物质的量信号转变成电信号，并传递给信号放大记录系统
   B. 分离混合物组分
   C. 将其混合物的量信号转变成电信号
   D. 感应混合物各组分的浓度或质量

17. 气相色谱分析仪器中，载气的作用是　　　　　　　　　　　　　　（　）
   A. 携带样品，流经汽化室、色谱柱、检测器，以便完成对样品的分离和分析
   B. 与样品发生化学反应，流经汽化室、色谱柱、检测器，以便完成对样品的分离和分析
   C. 溶解样品，流经汽化室、色谱柱、检测器，以便完成对样品的分离和分析
   D. 吸附样品，流经汽化室、色谱柱、检测器，以便完成对样品的分离和分析

18. 色谱柱老化的目的是　　　　　　　　　　　　　　　　　　　　　（　）
   A. 除去表面吸附的水分
   B. 除去固定相中的粉状物质
   C. 除去固定相中残余的溶剂及其他挥发性物质
   D. 提高分离效能

19. 衡量色谱总效能的指标是　　　　　　　　　　　　　　　　　　　（　）
   A. 塔板数　　　　B. 分离度　　　　C. 分配系数　　　　D. 相对保留值

20. 对于氢火焰离子化检测器不能检测的无机气体和水的分析，常常选用下列哪种检测器　　　　　　　　　　　　　　　　　　　　　　　　　　　　（　）
   A. TCD　　　　B. ECD　　　　C. PFD　　　　D. UVD

二、判断题

1. 色谱分析是把保留时间作为气相色谱定性分析的依据。　　　　　　（　）
2. 色谱柱的分离效能主要是由柱中填充的固定相决定的。　　　　　　（　）
3. 提高柱温能提高柱子的选择性，但会延长分析时间，降低柱效率。（　）
4. 色谱操作中，在能使最难分离的物质对能很好分离的前提下，应尽可能采用较低的柱温。　　　　　　　　　　　　　　　　　　　　　　　　　　　（　）
5. 测量煤气中的 CO、CO_2 和 CH_4 含量可以用氢火焰离子化检测器。　　（　）
6. 气相色谱分析中，混合物能否完全分离主要取决于色谱柱，分离后的组分能否准

确检测出来主要取决于检测器。　　　　　　　　　　　　　　（　　）

7. 气相色谱分析中，分离温度提高，保留时间缩短，峰面积不变。（　　）

8. 某试样的色谱图上出现 3 个色谱峰，该试样中最多有 3 个组分。（　　）

9. 色谱柱的固定液的选择原则是相似相溶原理。　　　　　　　（　　）

10. 柱长的选择原则是在能满足分离目的的前提下，尽可能地选择较长的色谱柱。
　　　　　　　　　　　　　　　　　　　　　　　　　　　　（　　）

11. 氢火焰离子化检测器可以检测气体中的硫化氢等。　　　　　（　　）

12. 在载气前应加装吸附管，一般采用分子筛除去载气中的水分。（　　）

13. 气相色谱检测器的灵敏度是指某物质通过检测器时浓度或质量的变化率引起检测的半峰宽的变化率。　　　　　　　　　　　　　　　　　　（　　）

14. 样品在载气中的含量（浓度或质量流速）发生阶跃变化时，检测器输出由零开始增大到最大值时所需时间的 50% 定义为响应时间。　　　　　（　　）

15. 氢火焰离子化检测器可以检测所有化合物。　　　　　　　　（　　）

16. 基线噪声的大小可以反映仪器系统的性能好坏。　　　　　　（　　）

17. 色谱内标法对进样量和进样重复性没有要求，但要求选择合适的内标物和准确配制试样。　　　　　　　　　　　　　　　　　　　　　　　（　　）

18. 电子捕获检测器对含有硫、磷元素的化合物具有很高的灵敏度。（　　）

19. 毛细管气相色谱仪分离复杂试样时，通常采用程序升温的方法来改善分离效果。
　　　　　　　　　　　　　　　　　　　　　　　　　　　　（　　）

20. 气相色谱仪常用的载气有氮气、氢气和氧气。　　　　　　　（　　）

21. 色谱峰高或峰面积的大小与样品中对应组分的含量成正比。　（　　）

22. 气相色谱仪的色谱柱一般可分为填充柱、毛细管柱和 C_{18} 柱。（　　）

23. 当温度、压力一定时，分配系数与组分性质、固定相和流动相性质有关。（　　）

24. 色谱柱柱温一般选择在接近或略高于组分平均沸点的温度。　（　　）

25. 气相色谱仪一般要求检测器温度比柱温高 20～50 ℃。　　　（　　）

26. 微量注射器使用前要先用碱性溶剂洗净，使用后立即清洗处理。（　　）

27. 温控系统仅对色谱柱进行温度控制。　　　　　　　　　　　（　　）

28. 气相色谱法不能测定固体样品。　　　　　　　　　　　　　（　　）

29. 气相色谱填充柱的固定相有活性炭、硅胶和分子筛等。　　　（　　）

30. 顶空进样是气相色谱分析的一种特殊的进样方式。　　　　　（　　）

10

项目十二　水质多环芳烃的测定（高效液相色谱法）

▶▶【知识目标】

1. 了解高效液相色谱法的概念及分类。
2. 熟悉高效液相色谱法的基本原理。
3. 熟悉高效液相色谱仪的各组成部分及工作原理。
4. 掌握高效液相色谱的分离条件。
5. 掌握水质多环芳烃的测定方法。

▶▶【能力目标】

1. 能够正确选择紫外检测器的操作条件。
2. 能够利用高效液相色谱法进行定性和定量分析。
3. 能够熟练应用高效液相色谱法进行样品分析和数据处理。
4. 能够利用高效液相色谱法对水质多环芳烃进行准确测定。
5. 能够对高效液相色谱仪器进行日常维护和保养。
6. 能够准确、简明地记录实验原始数据。

▶▶【素质目标】

1. 培养学生的生态文明意识和环保意识。
2. 培养学生创新精神和开拓进取的科学精神。

▶▶【企业案例】

　　多环芳烃是一类非常重要的化学"三致"（致癌、致畸、致突变）物，因其具有生物难降解性和累积性，所以广泛存在于水体、大气、土壤、生物体等环境中。多环芳烃主要是在煤、石油等矿物质燃料不完全燃烧时产生的，主要的污染源是焦化、石油炼制、冶炼、塑胶、制革、造纸等工业排放的"三废"物质，以及船舶油污、机动车尾气、香烟烟雾等等，尤其是苯并［a］芘和荧蒽是强致癌物质，严重影响人体健康。所以多环芳烃的监测日益受到人们的关注。

环境检测部门对一造纸企业排放的废水样进行多环芳烃的测定，检测该水样中的多环芳烃含量。检测方法采用水质多环芳烃的测定（液液萃取和固相萃取高效液相色谱法）。分析检验人员根据检测要求完成水质多环芳烃的分析检验任务。

任务一 ▶ 高效液相色谱法

一、高效液相色谱法概述

1. 高效液相色谱法

高效液相色谱法（HPLC）是20世纪60年代末70年代初发展起来的一种新型分离分析技术，它能够将各种样品中各个不同的组分迅速分离，然后逐一加以定性和定量分析。随着科学技术的不断改进与发展，液相色谱法也得到了长足的发展，目前已成为应用极为广泛的化学分离分析的重要手段之一，广泛应用于石油化工、有机合成、生理生化、医药卫生等几乎所有应用科学领域，也渗入多种有关的基础理论研究方面，成为人们认识客观世界必不可少的工具。

高效液相色谱法是以液体为流动相，采用高压输液系统，将具有不同极性的单一溶剂或不同比例的混合溶剂、缓冲液等流动相泵入装有固定相的色谱柱，在柱内，各成分被分离后进入检测器进行检测。从分析原理上讲，现代液相色谱和经典液相色谱没有本质的区别。不同点仅仅是现代液相色谱比经典液相色谱有较高的效率和实现了自动化操作。经典的液相色谱法，流动相在常压下输送，所用的固定相柱效低，分析周期长。而现代液相色谱法引用了气相色谱的理论，流动相改为高压输送（最高输送压力可达4.9×10^7 Pa）；色谱柱是以特殊的方法用小粒径的填料填充而成，从而使柱效大大高于经典液相色谱；同时柱后连有高灵敏度的检测器，可对流出物进行连续检测。因此，高效液相色谱具有分析速度快、分离效能高、自动化程度高等特点。所以人们称它为高压、高速、高效的现代液相色谱法。

2. 高效液相色谱法的优点

高效液相色谱法比起经典液相色谱法的最大优点在于高速、高效、高灵敏度、高自动化。高速是指在分析速度上比经典液相色谱法快数百倍。由于经典色谱是重力加料，流出速度极慢；而高效液相色谱配备了高压输液设备，流速最高可达10^3 mL·min^{-1}。完成一个梯度分析仅需几分钟至几十分钟。对于氨基酸分离，用经典色谱法，柱长约170 cm，柱径0.9 cm，流动相速度为0.5 mL·min^{-1}，需用20多小时才能分离出20种氨基酸；而用高效液相色谱法，1小时之内即可完成。气相色谱法分析对象只限于分析气体和沸点较低的化合物，它们仅占有机物总数的20%。对于占有机物总数近80%的那些沸点高、热稳定性差、摩尔质量大的物质，目前主要采用高效液相色谱法进行分离和分析。

3. 高效液相色谱法的应用

气相色谱法采用的流动相是惰性气体，它对组分没有亲和力，即不产生相互作用力，仅起运载作用。而高效液相色谱法中流动相可选用不同极性的液体，选择余地大，它对组分可产生一定亲和力，并参与固定相对组分作用的激烈竞争。因此，流动相对分离起很大作用，相当于增加了一个控制和改进分离条件的参数，这为选择最佳分离条件提供了极大方便。气相色谱法一般都在较高温度下进行，而高效液相色谱法则经常可在室温条件下工作。

高效液相色谱法综合了气相色谱与经典液相色谱的优点，并用现代化手段加以改进，因此得到迅猛的发展。目前，高效液相色谱法已被广泛应用于生物学和医药上有重大意义的大分子物质，例如蛋白质、核酸、氨基酸、多糖类、植物色素、高聚物、染料及药物等物质的分离和分析。

二、高效液相色谱法分类

高效液相色谱法包括多种分离模式，从不同的角度出发，可以得到不同的分类结果。按色谱过程的分离机制可将液相色谱法分为吸附色谱法、分配色谱法、空间排阻色谱法、离子交换色谱法及亲和色谱法等类别。根据流动相与固定相极性的差别，也可分为正相色谱和反相色谱。流动相极性大于固定相极性时，称为反相色谱；反之，称为正相色谱。

1. 吸附色谱法

吸附色谱法的固定相为吸附剂，靠组分在吸附剂上的吸附系数（吸附能力）的差别而达到分离的目的。

2. 分配色谱法

分配色谱法是高效液相色谱法中最常采用的模式。固定相为液态，利用样品组分因在固定相与流动相中的溶解度不同而产生的分配系数差别达到分离的目的。

3. 空间排阻色谱法

空间排阻色谱法采用凝胶作为固定相，依样品组分的分子尺寸与凝胶孔径间的关系即渗透系数的差别而分离。

4. 离子交换色谱法

离子交换色谱法采用离子交换树脂作为固定相，依样品离子与固定相表面离子交换团的交换能力（交换系数）的差别而分离。

5. 亲和色谱法

亲和色谱法将具有生物活性的配基（如酶、辅酶、抗体等）键合到载体或基质表面上形成固定相，利用蛋白质或生物大分子与固定相表面上配基的专属性亲和力进行分离。这种方法多用于分离和纯化蛋白质等生化样品。

6. 化学键合成色谱法

化学键合成色谱法将固定相的官能团键合在载体表面，所形成的固定相称为化学键合相。采用化学键合相的色谱方法称为化学键合相色谱法，简称键合色谱。化学键合相可以分为液-液分配色谱、离子交换色谱、手性拆分色谱及亲和色谱等的固定相。

三、高效液相色谱仪

高效液相色谱仪借鉴了气相色谱仪的研制经验，并引入了微处理技术，极大地提高了仪器的自动化水平和分析精度。高效液相色谱仪工作流程如图 12-1 所示。高压输液泵将储液瓶中的溶剂吸入色谱系统，然后输出，经流速与压力测量之后，导入进样器。被测物由进样器注入，并随流动相通过色谱柱，在柱上进行分离后进入检测器，检测信号由数据处理设备采集与处理，并记录色谱图。废液流入废液瓶。遇到复杂的混合物分离（极性范围比较宽）还可用梯度控制器作梯度洗脱。这和气相色谱的程序升温类似，不同的是气相色谱改变温度，而高效液相色谱改变的是流动相极性，使样品各组分在最佳条件下得以分离。

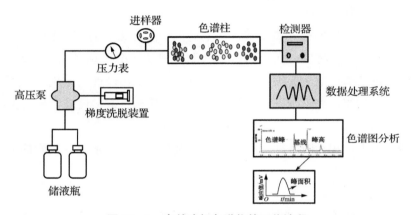

图 12-1　高效液相色谱仪的工作流程

不同企业生产的高效液相色谱仪尽管用途和自动化程度不同，但它们的基本结构和工作流程都相似。高效液相色谱仪系统一般由高压输液系统、进样系统、分离系统、检测器和数据处理系统组成，其中输液泵、色谱柱、检测器是关键部件。此外，还可根据需要配置辅助装置，如自动进样器、在线脱气机、梯度洗脱装置、保护柱、柱温控制器等。

1. 输液系统

输液系统主要包括贮液器、脱气装置、高压输液泵、溶剂混合器及梯度洗脱装置。

（1）贮液器

贮液器用来存贮足够数量、符合高效液相色谱级别要求的流动相，一般备有 2~4 个，至少 1 个（单元泵，仅做等度洗脱），提供足够数量的符合要求的流动相以完成分析工作。贮液器的材料应耐腐蚀，一般为不锈钢、玻璃、聚四氟乙烯或特种塑料聚醚醚酮（PEEK），容积一般以 0.5~2 L 为宜，如图 12-2 所示。贮液器应配有耐腐蚀的溶剂过滤器，以防止流动相中的颗粒进入泵内。过滤器一般由不锈钢烧结材料制成，表面微孔直径为 10 μm 左右。该过滤器用久后表面会吸附少量沉淀物并易产生小气泡进入导管和泵内，引起泵压不稳定。此时应将过滤头拔下，分别用 6 mol·L⁻¹ 盐酸、纯水、甲醇于超声波中振荡清洗干净。

所有溶剂在放入贮液器之前必须经过 0.45 μm 或 0.22 μm 的滤膜过滤，除去溶剂中的机械杂质，以防输液管或进样阀产生阻塞现象，减压过滤系统如图 12 - 3 所示。滤膜材料一般有两种：① 硝酸纤维素类，适合过滤纯水或不含有机溶剂的缓冲液及加酸水溶液；② 聚四氟乙烯或其他含氟高聚物或尼龙膜，用于过滤纯有机溶剂或含有机溶剂的流动相，用少量甲醇湿润后，也可用于过滤水溶液。

（2）脱气装置

溶剂在使用前必须脱气，脱气是为了防止流动相从高压柱流出时，释放出的气泡（溶解在溶剂中的 N₂、O₂ 等）进入检测器而使噪声增大，甚至影响检测，这在梯度洗脱时尤其突出。溶剂脱气的方式有氦气或氮气脱气、超声波脱气（如图 12 - 4 所示）、真空脱气和在线脱气等。应用最广泛的是超声脱气和在线脱气。

超声振荡脱气效率一般为 30%，而且脱气是不连续的，一般脱气后过一段时间又会有一部分气体溶入流动相内。在线脱气是连续的，脱气效率一般在 70% 以上，在微量及低压脱气时，在线脱气是最佳的脱气方式。

图 12 - 2　贮液器　　　图 12 - 3　减压过滤系统　　　图 12 - 4　超声波脱气系统

（3）高压输液泵

高压输液泵是高效液相色谱仪最主要的单元仪器，为保证分析结果的准确性和稳定性等基本要求，高效液相色谱输液泵应该具有以下主要性能：

① 耐高压。对于正常平均粒径 3～5 μm 的填料、3～5 mm 内径的色谱柱，流动相流速在 1～3 mL·min⁻¹ 范围时，要求输液泵最高工作压力达到 34.47～41.36 MPa 左右。目前商品化的高效液相色谱仪泵的最高设定工作压力为 41.36 MPa 左右。随着现在粒径在 1～2.5 μm 范围的小粒径无孔色谱填料的应用推广，流动相通过色谱柱时受到的流动阻力更大，出现了近几年应用广泛的超高效液相色谱仪（如图 12 - 5 所示），其要求输液泵能够耐受更高的压力，目前市场上超高效液相色谱仪可以耐受的最高压力为 103.41 MPa。

图 12-5 超高效液相色谱仪

② 输液平稳，脉动小。高效液相色谱泵应该平稳连续输液，输液脉动比较小，才能够保证分离的重复性。随着检测器灵敏度越来越高，输液脉动的增加会影响基线噪声，降低检测灵敏度。输液平稳对于示差折光检测器、电化学检测器以及要求低分散系统的细内径色谱柱等尤为重要。

③ 流速范围宽，连续可调。目前作为常规分析应用的输液泵的流速范围一般是 $0.001\sim 10\ \mathrm{mL}\cdot\mathrm{min}^{-1}$，能够同时满足微柱或细内径色谱分析的要求。制备分离要求流速范围从每分钟几毫升到每分钟几千毫升，近年来，随着 LC-MS 联用技术的成熟与发展，对在每分钟微升范围内有良好重复性和稳定性的输液泵的要求很强烈。作为液相色谱输液泵，宽流速范围的流速准确性和稳定性对于梯度分离来说至关重要。

④ 流速重复性好。由于大部分液相色谱分析是基于保留时间进行定性分析，因此重复性是高效液相色谱中泵的非常重要的指标，也是衡量液相色谱输液泵最重要的指标。

⑤ 流速准确度高。对于单台色谱仪器，流速准确度在一定意义上对分析结果的影响并不大，但只有设定流速与实际值的误差小，才能够保证试验方法的互换性与可移植性；许多型号的泵具有准确性调整和流动相压缩系数校正功能以保证流速的准确性。

⑥ 具有梯度洗脱功能。溶剂置换容易，系统死体积小，有利于溶剂的更换。

⑦ 压力检测与保护功能。由于液相色谱分析中不可避免地会出现流动相泄漏、断流、系统堵塞、压力升高等问题，故液相输液泵应具有压力检测与显示、过压和低压泄漏保护功能，保证系统正常运行和仪器使用的安全性，也有许多泵具有恒压功能。

⑧ 时间流速程序控制。针对液相色谱分析的特点，能够自动设定时间流速程序，定时开机关机。

⑨ 联用功能与系统的可扩展性。易于实现外部计算机或色谱工作站系统控制，实现

流速、压力、温度及梯度程序等的外部设定，方便与低压梯度、自动进样器等联用。

⑩ 耐用。对低沸点的溶剂如卤代烷烃或醚，对胶束液相色谱使用的离子对试剂、十二烷基磺酸钠等表面活性剂耐用性好，不容易受微粒、杂质、微生物等的影响。

⑪ 维护方便。更换柱塞杆和密封圈方便容易；具有柱塞杆清洗功能，避免盐缓冲溶液等在柱塞杆上沉积引起的磨损。

⑫ 惰性接触液相表面：避免流动相中铁等导致蛋白质吸附或变性；耐腐蚀性好，在分析生物样品时流动相常用腐蚀性较大的缓冲液，这对泵材料的耐腐蚀性要求很高。目前常用输液泵接触液体的材料包括316L不锈钢、钛、聚醚醚酮和聚四氟乙烯等。

虽然液相色谱泵可能不满足上述所有功能与性能要求，但目前市场上主要仪器大部分输液泵基本满足上述要求，符合液相色谱分析的需要。

高压泵按输液性能可分为恒压和恒流两种泵。按机械结构又可分为液压隔膜泵、气动放大泵、螺旋注射泵和往复柱塞泵四种，前两种为恒压泵，后两种为恒流泵。恒压泵可以输出稳定不变的压力，在正常的系统中，由于系统阻力不变，恒压亦可达到恒流的效果。但在色谱分析实际操作中，柱系统的阻力由于某些原因可能有所变化（例如色谱柱填料装填不均匀、流动相黏度变化、温度变化等），输入压力虽然不变，流速却可随阻力变化而变化。因此，相对而言，作为液相色谱输液泵，恒流比恒压更优越。

往复柱塞泵是目前HPLC市场采用最多的一种输液泵。它是由电机带动凸轮（或偏心轮）转动，驱动柱塞在液缸内做往复运动，从而定期地将贮存在液缸里的液体以高压排出。液缸容积恒定，故柱塞往复一次排出的流动相体积恒定，因而称为恒流泵。输出流速的调节是通过改变柱塞的冲程或通过改变电机的转速从而改变柱塞往复运动的频率来实现的。这种泵调速方便，液缸容积较小，通常只有几微升到几百微升，清洗和更换溶剂方便。其缺点是在吸入冲程时泵没有输出，故输出流动相的压力和流速随柱塞的往复运动而产生周期性脉动。因此，目前通常采用双泵头和加脉动阻尼器的方法以减少或消除其脉动。所谓双头泵是用两个往复式柱塞泵并联或串联成一台泵使用。

（4）洗脱装置

洗脱过程主要用于控制分离过程中流动相的组分，一般采用等度洗脱和梯度洗脱两种方式。等度洗脱是在整个分离过程中，流动相的组成不变，这种方式柱效率相对较低，分析时间较长，适用于被分析样品组分较少、性质差别不大的样品中各组分的分离和检测。

对于被分析样品中组分数目较多、性质差别较大的复杂混合物，所选择的溶剂强度对于一些组分不是很强就是很弱，其结果是弱保留组分很快流出，而且色谱峰尖重叠在一起，强保留组分流出慢，峰宽且矮平，甚至无法测量。为了使复杂混合物中的各组分均得到满意的分离，必须采用梯度洗脱技术。梯度洗脱是指在一个分析周期中，程序控制流动相的组成（如溶剂的极性、离子强度、pH等）改变，使每个组分都在适宜的条件下获得分离的洗脱方式。梯度洗脱在液相色谱中所起的作用相当于气相色谱中的程序升温。采用梯度洗脱技术能缩短总分析时间，提高分离度，改善峰形。此外，由于它使峰变锐，使微量组分容易检出，因而提高了检测灵敏度。但梯度洗脱常常会引起基线漂移，且重现性较差。梯度洗脱程序一般是以等度洗脱的结果为基础，通过实验加以修正后再确定。梯度洗脱主要有低压梯度洗脱和高压梯度洗脱两种，可根据分离目的进行选择。梯度洗脱的溶剂系统可以是二元梯度、三元梯度和四元梯度。

低压梯度又称外梯度，是在常压下将不同组分的溶剂混合后再用高压输液泵输入进样阀和色谱柱的方法，原理如图 12－6 所示。利用可编程控制器操作电磁比例阀控制不同溶剂的流速变化，溶剂按不同比例输送到混合器混合，最后由一台高压输液泵将混合好的流动相输送到系统。此法优点是只需要一个泵，成本低，使用方便。常用的四元泵通常采用这种洗脱方式。

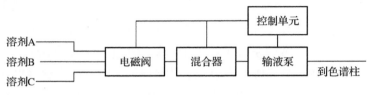

图 12－6 低压梯度洗脱装置

高压梯度又称内梯度，是采用两个泵或多个泵将不同溶剂分别增压后输送到同一个梯度混合器进行混合，混合后的流动相再进入进样阀和色谱柱的方法，原理如图 12－7 所示。流动相中需要变化几种组分即需要几台高压输液泵，即所谓的几元梯度，如二元梯度洗脱需两台高压输液泵，而三元梯度洗脱需三台高压输液泵。

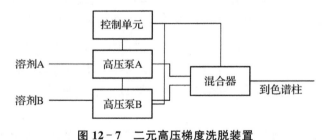

图 12－7 二元高压梯度洗脱装置

2. 进样系统

进样系统主要是进样器，进样器是将样品溶解后准确输入色谱柱的装置，要求密封性好，死体积小，重复性好，进样引起色谱分离系统的压力和流速波动很小。常用的进样器有以下两种：

（1）六通阀进样

现在的液相色谱仪所采用的手动进样器几乎都是耐高压、重复性好和操作方便的阀进样器。六通阀进样器是最常用的，进样体积由定量管确定，常规高效液相色谱仪中通常使用的是 10 μL、20 μL 体积的定量管。常见六通阀进样器如图 12－8 所示。操作时先将阀柄置于图 12-8（a）所示的采样位置（load）。这时进样口只与定量管接通，处于常压状态。用平头微量注射器（体积应为定量管体积的 4～5 倍）注入样品溶液，样品停留在定量管中，多余的样品从出口处溢出。将进样阀柄顺时针转动至图 12-8（b）所示进样位置（inject）时，流动相与定量管接通，样品被流动相带到色谱柱中进行分离分析。

（a）手动进样阀（load 状态）　　　　　　　（b）手动进样阀（inject 状态）

图 12-8　六通阀进样器

（2）自动进样器

自动进样器是由计算机自动控制定量阀，按预先编制的注射样品操作程序进行工作。取样、进样、复位、样品管路清洗和样品盘转动，全部按预定程序自动进行，一次可进行几十个或上百个样品分析。自动进样器的进样量可连续调节，进样重复性高，适合于大量样品的分析，节省人力，可实现自动化操作。尤其适合同样色谱条件下分析大量同类样品。

3. **分离系统**

（1）色谱柱

色谱柱是一种分离分析手段，起分离作用的色谱柱是色谱仪的心脏，它的质量直接影响分离效果。色谱柱的一般要求是柱效高、选择性好、分析速度快，液相色谱柱实物如图 12-9 所示。色谱柱的两端分别连接进样器和检测器，色谱柱的管外都以箭头显著地标示了该柱的使用方向（而不像气相色谱柱那样在色谱柱两头标明检测器或进样器）。安装和更换色谱柱时一定要使流动相能按箭头所指方向流动。

高效液相色谱柱比气相色谱柱短得多，所以柱外展宽（又称柱外效应）较突出。柱外展宽是指色谱柱外的因素引起的峰展宽，主要包括进样系统、连接管道及检测器中存在的死体积。柱外展宽可分柱前展宽和柱后展宽。色谱柱包括柱管与固定相两部分。柱管材料有玻璃、不锈钢、铝、铜及内衬光滑的聚合材料的其他金属。玻璃管耐压有限，故金属管使用较多。一般色谱柱长 5～30 cm，内径为 4～5 mm，凝胶色谱柱内径为 3～12 mm，制

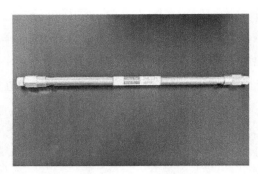

图 12 - 9　液相色谱柱

备柱内径较大，可达 25 mm 以上。

（2）固定相

高效液相色谱固定相按承受高压能力来分类，可分为刚性固体和硬胶两大类。刚性固体以二氧化硅为基质，可承受 $7.0\times10^8\sim1.0\times10^9$ Pa 的高压，可制成直径、形状、孔隙度不同的颗粒。如果在二氧化硅表面键合各种官能团，就是键合固定相，可扩大应用范围，它是目前使用最广泛的一种固定相。硬胶主要用于离子交换和尺寸排阻色谱法，它由聚苯乙烯与二乙烯苯基交联而成，可承受压力上限为 3.5×10^8 Pa。固定相按孔隙深度分类，可分为表面多孔型固定相和全多孔型固定相两类。

（3）色谱柱的类型

高效液相色谱按照分离模式大致可分为正相柱、反相柱、离子交换柱、疏水作用柱、体积排除柱、亲和柱、手性柱等类型。按照分离规模及色谱柱的几何参数，高效液相色谱柱可以分为制备柱、分析柱、微型柱等类型。按照色谱柱中流动相的流向不同，也可将色谱柱分成纵向柱、径向柱和锥形柱等，通常无特殊说明情况下色谱柱皆指纵向柱，径向柱和锥形柱一般在制备色谱中应用。

（4）色谱柱的性能指标

通常色谱柱的主要性能指标包括理论塔板数、峰不对称因子、两种不同溶质的选择性、色谱柱的反压、保留值的重现性、键合相浓度、色谱柱的稳定性等。许多生产企业为每支色谱柱提供测试色谱图和理论塔板数、峰不对称因子、两种不同溶质的选择性和色谱柱的反压等相关数据。有的还提供同一批次或不同批次保留值重现性的数据、键合相浓度与柱稳定性数据。

（5）色谱柱常见问题

色谱柱在使用过程中会出现许多问题，总结起来大致可分为三种类型：色谱柱的寿命，保留值与分离度的重现性和色谱峰的拖尾。色谱柱在使用过程中，会由于各种原因导致分离失败或色谱柱失效，表现为谱峰拖尾、选择性下降、保留值减小等。

（6）色谱柱的再生

在所有情况下（除非特殊说明），再生色谱柱所用溶剂的体积应该是色谱柱体积的40～60倍，应在清洗过程开始和结束时各测一次柱效和容量因子等，比较色谱柱性能的改善，以确定清洗的效果。确保色谱柱中没有样品和缓冲溶液，清洗前所用的溶剂应与最初清洗时所用的溶剂相溶。应确保实验测试时所用的流动相与色谱柱中最后的溶剂相溶。

① 正相填料。

正相填料柱的再生按以下步骤进行：四氢呋喃冲洗→甲醇冲洗→四氢呋喃冲洗→二氯甲烷冲洗→无苯正己烷冲洗。

② 反相填料。

反相填料色谱柱的再生操作按以下步骤进行：用 HPLC 级水冲洗（4 等份的 200 μL 二甲亚砜）→甲醇冲洗→氯仿冲洗→甲醇冲洗。

（7）保护柱

所谓保护柱也叫预柱，即在分析柱的入口端装有与分析柱相同固定相的短柱（5～30 mm 长），可以经常且方便地更换。因此，起到保护延长分析柱寿命的作用。

（8）流动相

在液相色谱中，流动相又称洗脱液或冲洗剂。它的作用一是作为载液输送样品前进，二是给样品提供一个分配相，进而调节选择性，以使混合物中各组分得到分离。高效液相色谱柱填料颗粒较小，通过柱子的流动相受到的流动阻力较大，因此需用高压泵向色谱柱提供流速稳定、重现性好的流动相。由于高效液相色谱分析中流动相是液体，它对组分有亲和力，并参与固定相对组分的竞争，因此，正确选择流动相直接影响组分的分离度。

① 流动相溶剂的基本要求。

a. 溶剂对于待测样品，必须具有合适的极性和良好的选择性。

b. 溶剂要与检测器匹配。对于紫外吸收检测器，选用检测器波长应比溶剂的紫外截止波长要长。所谓溶剂的紫外截止波长指当小于截止波长的辐射通过溶剂时，溶剂对此辐射产生强烈吸收，此时溶剂被看作是光学不透明的，它严重干扰组分的吸收测量。对于折光率检测器，要求选择与组分折光率有较大差别的溶剂作流动相，以达最高灵敏度。

c. 高纯度。由于高效液相色谱灵敏度高，对流动相溶剂的纯度要求也高，不纯的溶剂会引起基线不稳，或产生"伪峰"。痕量杂质的存在，将使截止波长值增加 50～100 nm。液相色谱仪使用试剂为色谱纯试剂。

d. 化学稳定性好。不能选用可与样品发生反应或聚合的溶剂。

e. 低黏度。若使用高黏度溶剂，势必增高压力，不利于分离。常用的低黏度溶剂有丙酮、乙醇、乙腈等。但黏度过低的溶剂也不宜采用，例如戊烷、乙醚等，它们易在色谱柱或检测器内形成气泡，影响分离。

② 流动相的选择。

a. 溶剂的极性。正相色谱中，溶剂的极性越大，其洗脱能力就越强；反相色谱中，溶剂的极性越大，其洗脱能力越弱。

b. 流动相选择的原则。正相色谱中，可选用中等极性的溶剂作为流动相。如果组分的保留时间太短，说明溶剂的极性太大，可改用极性较弱的溶剂；如果组分的保留时间太长，可再选用极性在上述两种溶剂之间的溶剂。通过多次实验便可选出最适合的流动相系统。常采用乙烷、庚烷、异辛烷、苯、二氯甲烷等有机溶剂作为流动相，往往还加入一定量的四氢呋喃等极性溶剂，即采用多元流动相的洗脱分离模式。反相色谱中，流动相一般以极性最大的水作主体，然后再按比例加入适量的有机溶剂。常用洗脱剂包括水、乙腈、甲醇、四氢呋喃等。洗脱剂洗脱能力的强弱顺序为水（最弱）＜甲醇＜乙腈＜四氢呋喃＜二氯甲烷（最强）。二氯甲烷不溶于水，常用来清洗被强保留样品污染的反相色谱柱。为得到低的柱压，首选乙腈，其次是甲醇，再次是四氢呋喃。

（9）色谱柱恒温装置

高效液相色谱法虽然可以在常温下实现分离，但很多新的分析方法对色谱柱温度控制的要求越来越高。稳定控制柱温有利于提高柱效，改善色谱峰的分离度，使峰形变窄，缩短保留时间，保证结果的准确性和重复性，对于需要高精度测定保留时间的样品分析而言，尤为重要。

4. 检测器

检测器的作用是将柱流出物中样品组成和含量的变化转化为可供检测的信号。在液相色谱中，有两种基本类型的检测器。一类是选择型检测器，它仅对被分离组分的物理或化学特性有响应，属于这类检测器的有紫外检测器、二极管阵列检测器、荧光检测器等。另一类是通用型检测器，它对试样和洗脱液的物理或化学性质有响应，属于这类检测器的有电导检测器、示差折光检测器等。

（1）紫外检测器

紫外检测器（UVD）是高效液相色谱仪中应用最广泛的检测器之一，几乎所有的液相色谱仪都配有这种检测器。其特点是灵敏度较高，线性范围宽，噪声低，适用于梯度洗脱，对强吸收物质检测限可达 1 ng，检测后不破坏样品，并能与任何检测器串联使用。紫外检测器的工作原理和结构与一般分光光度计相似，实际上就是装有流动池的紫外可见光度计。

紫外检测器常用氘灯作光源，氘灯则发射出紫外-可见区范围连续波长的光，并安装一个光栅型单色器，其波长选择范围宽（190～800 nm）。它有两个流通池，一个作参比，一个作测量用，光源发出的紫外光照射到流通池上，若两流通池都装有纯的均匀溶剂，则它们几乎无吸收，光电管上接收到的辐射强度相等，无信号输出。当组分进入测量池时，吸收一定的光，使两光电管接收到的辐射强度不等，这时有信号输出，输出信号大小与组分浓度有关。

局限性：流动相的选择受到一定限制，即具有一定紫外吸收的溶剂不能做流动相，每种溶剂都有截止波长，当小于该截止波长的紫外光通过溶剂时，溶剂的透光率降至10％以下。因此，紫外吸收检测器的工作波长不能小于溶剂的截止波长。

（2）光电二极管阵列检测器

光电二极管阵列检测器（PDAD）也称快速扫描紫外可见分光检测器，是一种新型的光吸收式检测器。它采用光电二极管阵列作为检测元件，构成多通道并进行工作。同时检测由光栅分光再入射到阵列式接收器上的全部波长的光信号，然后对二极管阵列快速扫描采集数据，得到吸收值（A）是保留时间（t_R）和波长函数的三维色谱光谱图。由此可及时观察与每一组分的色谱图相应的光谱数据，从而迅速决定具有最佳选择性和灵敏度的波长。

单光束二极管阵列检测器的光源发出的光先通过检测池，透射光由全息光栅色散成多色光，射到阵列元件上，使所有波长的光在接收器上同时被检测。

（3）荧光检测器

荧光检测器（FLD）是一种高灵敏度、有选择性的检测器，可检测能产生荧光的化合物。某些不发荧光的物质可通过化学衍生化生成荧光衍生物，再进行荧光检测。其最小检测浓度可达 $0.1\ \mathrm{ng \cdot mL^{-1}}$，适用于痕量分析。一般情况下，荧光检测器的灵敏度比紫外检测器约高2个数量级，但其线性范围不如紫外检测器宽。近年来，采用激光作为荧光检测器的光源而产生的激光诱导荧光检测器极大地增强了荧光检测的信噪比，因而具有很高的灵敏度，在痕量和超痕量分析中得到广泛应用。

荧光检测器一般包括激发光源、选择激发波长的单色器、检测池、选择发射波长的单色器及检测发光强度的光电转换系统等基本组件。由光源发出的光，经过激发光单色器后，得到所需波长的激发光。通过检测池的激发光部分被样品吸收，并使其被激发后发射出荧光。在选择发射波长的单色器分光后，单一波长的发射光被送至光电检测器进行检测。

（4）蒸发光散射检测器

蒸发光散射检测器（ELSD）能检测不含发色团的化合物，如碳水化合物、脂类、聚合物、未衍生的脂肪酸和氨基酸、表面活性剂、药物（人参皂苷、黄芪甲苷），并在没有标准品和化合物结构参数未知的情况下检测未知化合物。

蒸发光散射检测器的独特检测原理为：首先将柱洗脱液雾化形成气溶胶，然后在加热的漂移管中将溶剂蒸发，最后余下的不挥发性溶质颗粒在光散射检测池中得到检测。

不同于紫外和荧光检测器，蒸发光散射检测器的响应不依赖于样品的光学特性，任何挥发性低于流动相的样品均能被检测，不受其官能团的影响。灵敏度比示差折光检测器高，对温度变化不敏感，基线稳定，适合与梯度洗脱液相色谱仪联用。

（5）电导检测器

电导检测器（CED）是离子色谱中使用最广泛的检测器之一，原理是根据溶液电导率的变化来检测组分的含量。电导检测器是一种通用型电化学检测器，由于溶液的电导是溶液中各种离子电导的加和，因此，该检测器属于通用型检测器。

（6）示差折光检测器

示差折光检测器（RID）是一种通用检测器，对所有溶质都有响应，某些不能用选择性检测器检测的组分，如高分子化合物、糖类、脂肪烷烃等，可用示差折光检测器检测。示差折光检测器是基于连续测定样品流路和参比流路之间折射率的变化来测定样品含量的。

光从一种介质进入另一种介质时，由于两种物质的折射率不同，就会产生折射。只要样品组分与流动相的折光指数不同，就可被检测。二者相差愈大，灵敏度愈高，在一定浓度范围内，检测器的输出与溶质浓度成正比。

5. 数据处理和计算机控制系统

早期的液相色谱仪信号由记录仪记录，手工绘制色谱峰，后来出现了色谱数据处理机，现在各个液相色谱仪的企业都使用计算机来进行数据的采集和处理。

四、分离操作条件的选择

在液相色谱中，如何选择最佳的色谱条件以实现最理想的分离，是色谱工作者的重要工作，也是计算机实现建立和优化高效液相色谱仪分析方法的任务之一。高效液相色谱仪操作条件的控制包括以下几个方面：

1. 流动相的制备

流动相应选用色谱纯试剂、高纯水或双蒸水，酸碱液及缓冲液需经过滤后使用，过滤时注意区分水系滤膜和油系滤膜的使用范围。流动相过滤后要用超声波脱气，放置至室温后才能用。水相流动相需经常更换（一般不超过 2 天），防止长菌变质。

2. 样品的处理

液相色谱测试的很多样品中常含有大量的蛋白质、脂肪及糖类等物质。它们的存在将影响组分的分离测定，同时容易堵塞和污染色谱柱，使柱效降低。样品前处理技术不仅涉及液相色谱分析检测的效率问题，同时也关系到分析检测结果的准确性和稳定性问题。

目前在液相色谱分析中，常用的样品前处理技术包括液固萃取、液液萃取、固相萃取、快速溶剂萃取等。在复杂的样品分析中，使用单一的前处理技术往往很难达到液相色谱分析检测的要求，需要多种前处理技术联合使用。

（1）液固萃取

液固萃取包括三个过程，即目标化合物从样品基质中脱落的过程、目标化合物在萃取溶剂中溶解的过程和目标化合物在萃取溶剂中扩散的过程。这几个过程实际上是同时进行的。目前在液相色谱分析中，常见的液固萃取有直接萃取、超声萃取等。

（2）液液萃取

液液萃取基本原理是利用样品中不同化合物在互不相溶的溶剂中的溶解度差异来实现目标化合物的分离、纯化或富集。目标化合物在溶剂中的溶解度取决于目标化合物与溶剂间、目标化合物分子间以及溶剂分子间的作用力。虽然我们知道目标化合物与溶剂间的作用力变化会影响其溶解度，但目标化合物与溶剂间的作用力无法测量。常常使用目标化合物及溶剂的极性与结构来评估、推断和解释目标化合物与溶剂间的作用力大小。根据"相似相溶原理"，目标化合物极性与溶剂的极性越接近，二者间的作用力越大，则目标化合物在该溶剂中溶解度越大。通常来讲，极性化合物趋向于更易溶于水溶液，而低极性化合物和非极性化合物趋向于更易溶于有机溶剂。

（3）固相萃取

作为一种样品分析的前处理技术，固相萃取（SPE）在食品安全检测、环境检测、药物检测等方面已经得到了广泛的应用。固相萃取是基于色谱吸附分离的样品前处理技术。固相萃取包括固相（具有一定吸附能力的固体填料及装置）和液相（样品及溶剂），其处理对象必须为液体样品。液体样品在一定压力或重力的作用下通过具有一定选择性吸附能力的固相萃取填料，使得特定化合物能够被吸附并保留在吸附剂上，从而实现不同化合物的分离，达到净化富集等目的。

3. 色谱柱的使用

使用前注意适用范围，如 pH 范围、流动相类型等，使用符合要求的流动相，使用保护柱。如果所用的流动相为含盐流动相，反向色谱柱使用后，先用水或低浓度甲醇水（5%）冲洗，再用甲醇冲洗。色谱柱不用时，应用甲醇冲洗，取下后紧密封闭两端保存。冲洗柱子时不能压力太高。

4. pH 范围

一般反相烷基键和固定相要求在 pH＝2～8 之间使用，pH＞8.5 会引起基体硅胶溶解。

5. 缓冲溶液

缓冲溶液在 pH＝2～8 之间要有大的缓冲容量，背景小，与有机溶剂互溶，这样可提高平衡速度，掩蔽吸附剂表面上的硅醇基。分离极性和离子型化合物时选用具有一定 pH 的缓冲溶液是必要的，而且缓冲溶液中盐的浓度应适当，以避免出现不对称的峰和分叉峰。

6. 系统的压力

系统的压力应低于 15 MPa，一般高效液相色谱仪可承受 30～40 MPa 的压力。但实际工作中，最好是工作压力小于泵最大允许压力的 50%，因为长期在高压状态下工作，泵、进样阀、密封垫的寿命将缩短。随着色谱柱的使用，微粒物质会逐步堵塞柱头使柱压升高。

7. 最大样品量和最小检测量

样品量对峰宽度和保留值有一定的影响。对于 25 cm 的柱子，在一般操作条件下最大允许样品量约为 100 μg，此时不会明显地改变分离情况。对检测条件不理想的情况，最小检测量一般为 20 μg，在最佳条件下最小检测量可达 5 ng。

五、定性与定量分析

1. 定性分析

定性分析主要用于识别样品中的目标化合物，液相色谱的定性分析基于两种分析模式，一种是保留时间定性，一种是联机技术定性。

（1）保留时间定性

保留时间是从样品进样到目标峰出现峰顶之间的时间段。

保留时间定性的基础是所有的液相色谱条件保持不变，包括流动相组成、柱温、压力、流速、色谱柱等，那么目标物的相对保留时间也应该保持不变。当然，保持绝对一致的实验条件并不太可能，因此不同仪器、不同时间、不同试剂等造成的影响应该被考虑，所以标准品的保留时间应设置为一个范围。当样品中的目标物在这个保留时间范围内，则考虑样品中的目标物和标准物质是同一类化合物。但是色谱法的保留时间定性并不完全可靠，当一个化合物与另外一个化合物在同一种方法上具有相同保留时间时，使用保留时间定性就会出现假阳性的结果。另外，基质不同也会影响目标物的保留时间。为了避免这种结果，我们在建立分析方法的时候需要重点考察目标物与可能存在的干扰物（相同保留时间）的分离度。如果基质比较复杂，应采用空白基质去作标准曲线。另外，为了排除可能存在的干扰物，可以在样品中加入与目标物相同的标准物质和样品一起进行测定，观察峰形是否变化，若峰明显变宽、变形或者直接出现两个峰，那么就可以认定其为干扰物。

因此，通过保留时间定性一个化合物是不够准确的，保留时间定性必须和其他辅助定性分析工具相结合，定性结果才可能准确。

（2）联机技术定性

联机技术定性是把保留时间和检测器相应的其他信息结合起来。目前，常用的联机技术有液相色谱-二极管阵列检测器联用（LC-DAD）、液相色谱-质谱联用（LC-MS）和液相色谱-傅立叶变换红外光谱联用（LC-FTIR）。质谱与液相色谱联用不仅可以作为有效的定性分析手段，在定量分析方面也有许多优势。近年来新的发展趋势是多级质谱与液相联用（如 LC-MS/MS），其定性功能更加强大，定量检测限更低，被广泛应用于食品中危害残留物的确证分析。

2. 定量分析

基于气相色谱在定量分析方面取得的成就，高效液相色谱的定量分析基本效仿气相色谱法。其峰面积的测量、积分处理方法、定量校正因子的定义和计算均和气相色谱相同。被测量物质的含量测定和计算方法主要有外标法、内标法和标准加入法。由于液相色谱所用检测器多为选择性检测器，对很多组分没有响应，因此液相色谱较少使用归一化法。

（1）外标法

外标法需要一系列不同浓度的标准物质制作标准曲线，标准曲线应覆盖日常分析样品组分浓度。当然，如果样品中目标物的浓度与其响应信号成正比，并且浓度值在一个很小的区间内，还可以使用单点校正法。

外标法定量分析适合的处理对象是前处理过程中目标物未发生损失的样品，比如只进行称重、溶解、稀释、过滤处理的固体或者液体样品。使用外标法进行定量分析时尽量保持相同的进样量，在处理校准曲线时一般不强制过零点。但在测定低浓度样品的时候，因为基质及标准曲线截距和其他的影响，会出现浓度值为负值的情况。

（2）内标法

内标法和外标法的区别是采用内标法进行分析时，在样品制备之前，内标物就加入样品和标准品中，分析物的浓度是根据分析物和内标物的峰面积的比例计算的。所以当分析物在样品制备的过程中发生损失时，内标法比外标法就更有优势。

选择内标物的时候需要注意以下几点：内标物不能出现在样品中，内标物属性、结构等应与分析物相近，另外内标物需稳定、纯度高、与目标物的峰完全分离，且符合液相色谱检测器里的响应要求。

（3）标准加入法

标准加入法定量适用于样品基质对于目标物的响应有影响且无法获得空白样品的情况。标准加入法在制作曲线时将样品本身作为基体来配制不同浓度的标准溶液，其曲线与内标法、外标法有明显的不同。

六、高效液相色谱仪的操作

1. 实验前准备工作

（1）实验室用水

高效液相色谱仪用水应符合分析检验用水规格和实验的要求。

（2）流动相

流动相应选择色谱纯试剂，还应满足以下分析要求：选用的溶剂应当与固定相互不相溶，并能保持色谱柱的稳定性。溶剂性能应与所使用的检测器相匹配。如使用紫外检测器时，不能选用在检测波长下有紫外吸收的溶剂；使用示差折光检测器，不选用梯度洗脱。选用的溶剂应对样品有足够的溶解能力，以提高测定的灵敏度。选用的溶剂应具有低的黏度和适当低的沸点。低黏度溶剂可以减少溶质的传质阻力，有利于提高柱效，降低泵的压力。应尽量避免使用具有显著毒性的溶剂，以保证工作人员的安全。

（3）流动相的配比

一般采用检测方法给定的有机溶剂和水（或缓冲溶液）的配比。

（4）流动相的过滤

减压过滤器的漏斗中首先放好 0.45 μm 以下微孔滤膜的有机溶剂专用滤纸，用少量的超纯水湿润，使滤纸紧贴玻璃漏斗的微孔，把配好的流动相倒入玻璃漏斗，开动无油真空泵的电机开关，溶液通过玻璃漏斗过滤流下。

（5）流动相的脱气

超声波振荡脱气的方法是将配制好的流动相连同容器一起放入超声水槽中，脱气 15～20 min 即可。该法操作简便，又基本能满足日常分析要求，因此被广泛采用。

2. 基本操作

（1）操作流程

本节内容以 Waters 2695/2487 液相色谱仪（带自动进样器、紫外和荧光检测器、empower 工作站）为例介绍高效液相色谱仪的操作流程。其他仪器厂家的操作可以参考其仪器和工作站说明书。

① 开机前，准备好已过滤并脱气的适合流动相，将滤头放入该流动相中。

② 连接好泵、检测器、工作站等的电源。

③ 接通电源，打开开关，待机器自检结束后，按"menu/status"键，进入设置界面。

④ 按"▲""▼"等键，先设置所需流动相比例、柱温箱温度，打开在线脱气后，再设置流动相流速为 0.3 mL·min^{-1}。

⑤ 待机器平稳后，缓慢增加流速，直至调为 1.0 mL·min^{-1}，观察到压力平稳后进行下一步操作。

⑥ 打开检测器开关，待出现的一系列自检结束，调节所需要的波长。

⑦ 打开电脑，点击桌面"empower"，输入用户名及密码，进入工作站。

⑧ 选择"运行样品"，选择项目、色谱系统，点击确认，进入色谱系统。

⑨ 点击仪器方法下的"编辑"，出现"仪器方法编辑"窗口，先设置系统（流动相比例、流速、所用通道），再设置检测器（通道、波长），保存方法。

⑩ 打开监视器，监视基线。

⑪ 将准备好的标准系列放入仪器的自动进样盘中。

⑫ 点击"文件"下的"加载样品"，选择相应的样品盘，进行样品加载，选用上面设置的仪器方法，保存样品组并命名。

⑬ 待基线平稳以后，中断监视，点击"运行"，确认样品组以后，机器自动运行，进行样品检测。

⑭ 待样品进样完毕，根据所设方法和所设校正曲线，打印图谱，整理报告。

⑮ 进样完毕，关掉检测器的开关，用甲醇水溶液冲洗柱子约 30 min，关闭泵开关，

拔掉电源。

（2）注意事项

① 各实验室的仪器设备不可能完全一样，操作时一定要参照仪器的操作规程。

② 色谱柱的个体差异很大，即使是同一企业的同种型号的色谱柱，性能也会有差异。因此，色谱条件（主要指流动相的配比）应根据所用色谱柱的实际情况作适当的调整。

③ 用平头微量注射器吸液时，防止吸入气泡的方法是将擦干净并用样品清洗过的注射器插入液面以下，反复提拉数次，驱除气泡，然后缓慢提升针芯到刻度。

④ 如果仪器长期停用，完成实验后还应卸下色谱柱，将色谱柱两头的螺帽套紧，先用水再用甲醇冲洗泵，确保泵头内灌满甲醇；从系统中拆下泵的输出管，套上套管；从溶剂贮液器中取出溶剂过滤器，放入干净的袋中；妥善保存好泵。

任务二　水质多环芳烃的测定

多环芳烃是在自然界中广泛存在的一类有机污染物，是一类非常重要的化学"三致"（致癌、致畸、致突变）物，能损伤生殖系统，易导致皮肤癌症、肺癌、动脉硬化、不育症等。由于其具有生物难降解性和累积性，因此广泛存在于水体、大气、土壤和生物体中。多环芳烃在水体中的溶解度小，在地表水中浓度很低，但易从水体中分配到生物体内或沉积物中。因此，测定地表水中痕量的多环芳烃具有重要的意义。

一、主要内容与适用范围

适用于饮用水、地下水、地表水、海水、工业废水及生活污水中 16 种多环芳烃的测定。16 种芳烃包括萘、苊、二氢苊、芴、菲、蒽、荧蒽、芘、苯并［a］蒽、䓛、苯并［b］荧蒽、苯并［k］荧蒽、苯并［a］芘、茚并［1，2，3-c，d］芘、二苯并［a，h］蒽、苯并［g，h，i］芘。

液液萃取法适用于饮用水、地下水、地表水、工业废水及生活污水中多环芳烃的测定。当萃取样品体积为 1 L 时，该方法的检出限为 $0.002 \sim 0.016\ \mu g \cdot L^{-1}$，测定下限为 $0.008 \sim 0.064\ \mu g \cdot L^{-1}$。当萃取样品体积为 2 L 时，浓缩样品至 0.1 mL，苯并［a］芘的检出限为 $0.000\ 4\ \mu g \cdot L^{-1}$，测定下限为 $0.001\ 6\ \mu g \cdot L^{-1}$。

固相萃取法适用于清洁水样中多环芳烃的测定。当富集样品的体积为 10 L 时，该方法的检出限为 $0.000\ 4 \sim 0.001\ 6\ \mu g \cdot L^{-1}$，测定下限为 $0.001\ 6 \sim 0.006\ 4\ \mu g \cdot L^{-1}$。

二、测定原理

1. 液液萃取法

用正己烷或二氯甲烷萃取水中多环芳烃（PAHs），萃取液经硅胶或弗罗里硅土柱净化，用二氯甲烷和正己烷的混合溶剂洗脱，洗脱液浓缩后，用具有荧光/紫外检测器的高效液相色谱仪分离检测。

2. 固相萃取法

采用固相萃取技术富集水中多环芳烃，用二氯甲烷洗脱，洗脱液浓缩后，用具有荧光/紫外检测器的高效液相色谱仪分离检测。

三、测定试剂与仪器

1. 试剂

色谱纯乙腈（CH_3CN）、色谱纯甲醇（CH_3OH）、色谱纯二氯甲烷（CH_2Cl_2）、色谱纯正己烷（C_6H_{14}）、硫代硫酸钠（$Na_2S_2O_3 \cdot 5H_2O$）、无水硫酸钠（Na_2SO_4）、氯化钠（NaCl）、多环芳烃标准贮备液（浓度为 $200.0\ mg \cdot L^{-1}$）、多环芳烃标准使用液（浓度为 $20.0\ mg \cdot L^{-1}$）、十氟联苯标准贮备液（浓度为 $1\ 000.0\ \mu g \cdot L^{-1}$）、十氟联苯标准使用液（浓度为 $40.0\ \mu g \cdot L^{-1}$）等。

2. 仪器

高效液相色谱仪（具有可调波长紫外检测器或荧光检测器和梯度洗脱功能）、C_{18} 反相色谱柱（粒度 $5\ \mu m$，规格 $250\ mm \times 4.6\ mm$）、液液萃取净化装置和固相萃取装置、分液漏斗、抽滤泵和抽滤瓶。

四、采样与样品

1. 样品的采集

样品必须采集在预先洗净烘干的采样瓶中，采样前不能用水样预洗采样瓶，以防止样品的沾染或吸附。采样瓶要完全注满，不留气泡。若水中有残余氯存在，要在每升水中加入 80 mg 硫代硫酸钠除氯。

2. 样品的保存

样品采集后应避光于 4 ℃以下冷藏，在 7 天内萃取，萃取后的样品应避光于 4 ℃以下冷藏，在 40 天内分析完毕。

3. 样品的制备

(1) 液液萃取

① 萃取：摇匀水样，量取 1 000 mL 水样（萃取所用水样体积根据水质情况可适当增减），倒入 2 000 mL 的分液漏斗中，加入 50 μL 十氟联苯，加入 30 g 氯化钠，再加入 50 mL 二氯甲烷或正己烷，振摇 5 min，静置分层，收集有机相，放入 250 mL 接收瓶中，重复萃取两遍，合并有机相，加入无水硫酸钠至有流动的无水硫酸钠存在。放置 30 min，脱水干燥。

② 浓缩：用浓缩装置浓缩至 1 mL，待净化。如萃取液为二氯甲烷，浓缩至 1 mL，加入适量正己烷至 5 mL，重复此浓缩过程 3 次，最后浓缩至 1 mL，待净化。

③ 净化：饮用水和地下水的萃取液可不经过柱净化，转换溶剂至 0.5 mL 直接进行分

析。地表水和其他萃取液的净化可用 1 g 硅胶柱或弗罗里硅土柱作为净化柱，将其固定在液液萃取净化装置上。先用 4 mL 淋洗液冲洗净化柱，再用 10 mL 正己烷平衡净化柱（在 2 mL 正己烷流过净化柱后关闭活塞，使正己烷在柱中停留 5 min）。将浓缩后的样品溶液加到柱上，再用约 3 mL 正己烷分 3 次洗涤装样品的容器，将洗涤液一并加到柱上，弃去流出的溶剂。被测定的样品吸附于柱上，用 10 mL 二氯甲烷/正己烷（1+1）洗涤吸附有样品的净化柱，收集洗脱液于浓缩瓶中（在 2 mL 洗脱液流过净化柱后关闭活塞，让洗脱液在柱中停留 5 min）。浓缩至 0.5～1.0 mL，加入 3 mL 乙腈，再浓缩至 0.5 mL 以下，最后准确定容到 0.5 mL 待测。

（2）固相萃取

① 安装色谱柱：将固相萃取 C_{18} 柱安装在自动固相萃取仪上，连接好固相萃取装置。

② 活化柱子：先用 10 mL 二氯甲烷预洗 C_{18} 柱，使溶剂流净。接着用 10 mL 甲醇分两次活化 C_{18} 柱，再用 10 mL 水分两次活化 C_{18} 柱，在活化过程中，不要让柱子流干。

③ 样品的富集：在 1 000 mL 水样（富集所用水样体积根据水质情况可适当增减）中加入 5 g 氯化钠和 10 mL 甲醇，加入 50 μL 十氟联苯，混合均匀后以 5 mL·min^{-1} 的流速流过已活化好的 C_{18} 柱。

④ 干燥：用 10 mL 水冲洗 C_{18} 柱后，真空抽滤 10 min 或用高纯氮气吹 C_{18} 柱 10 min，使柱干燥。

⑤ 洗脱：用 5 mL 二氯甲烷洗脱浸泡 C_{18} 柱，停留 5 min 后，再用 5 mL 二氯甲烷以 2 mL·min^{-1} 的速度洗脱样品，收集洗脱液。用 2 mL 二氯甲烷洗样品瓶，并入洗脱液。

⑥ 脱水：先用 10 mL 二氯甲烷预洗干燥柱，加入洗脱液后，再加 2 mL 二氯甲烷洗柱，用浓缩瓶收集流出液。浓缩至 0.5～1.0 mL，加入 3 mL 乙腈，再浓缩至 0.5 mL 以下，最后准确定容到 0.5 mL 待测。

五、测定

1. 色谱条件

梯度洗脱程序Ⅰ：65％乙腈＋35％水，保持 27 min；以每分钟 2.5％乙腈的增量至 100％乙腈，保持至出峰完毕。流动相流速：1.2 mL·min^{-1}。

梯度洗脱程序Ⅱ：80％甲醇＋20％水，保持 20 min；以每分钟 1.2％甲醇的增量至 95％甲醇＋5％水，保持至出峰完毕。流动相流速：1.0 mL·min^{-1}。

2. 检测器

紫外检测器的波长：254 nm、220 nm 和 295 nm。

荧光检测器的波长：激发波长 λ_{ex} 为 280 nm，发射波长 λ_{em} 为 340 nm，20 min 后 λ_{ex} 为 300 nm，λ_{em} 为 400 nm、430 nm 和 500 nm。

3. 标准曲线的绘制

（1）标准系列的制备

取一定量多环芳烃标准使用液和十氟联苯标准使用液于乙腈中，制备至少 5 个浓度点的标准系列，多环芳烃质量浓度分别为 0.1 $\mu g \cdot mL^{-1}$、0.5 $\mu g \cdot mL^{-1}$、1.0 $\mu g \cdot mL^{-1}$、5.0 $\mu g \cdot mL^{-1}$、10.0 $\mu g \cdot mL^{-1}$，贮存在棕色小瓶中，于冷暗处存放。

（2）初始标准曲线

通过自动进样器或样品定量环分别移取 5 种浓度的标准使用液 10 μL，注入液相色谱仪中，得到不同浓度的多环芳烃的色谱图。以峰高或峰面积为纵坐标，浓度为横坐标，绘制标准曲线。标准曲线的相关系数应大于 0.999，否则重新绘制标准曲线。

4. 样品的测定

取 10 μL 待测样品注入高效液相色谱仪中，记录色谱峰的保留时间和峰高（或峰面积）。

5. 空白实验

在分析样品的同时，应做空白实验，即用蒸馏水代替水样，按与样品测定相同的步骤分析，检查分析过程中是否有污染。

六、结果计算与表示

1. 定性分析

根据样品中目标物与标准系列中目标物的保留时间进行定性分析。样品分析前，建立保留时间窗 $t \pm 3S$。t 为校准时各浓度级别目标化合物的保留时间均值，S 为初次校准时各浓度级别目标化合物保留时间的标准偏差。样品分析时，目标物应在保留时间窗内出峰。在准规定的测定条件下，多环芳烃类的标准参考色谱图如图 12-10 所示。

2. 结果计算

样品中目标化合物的质量浓度（$\mu g \cdot L^{-1}$）按照下面公式进行计算：

$$\rho_i = \frac{\rho_{xi} \times V_1}{V}$$

式中：ρ_i——样品中组分 i 的质量浓度，$\mu g \cdot L^{-1}$；

ρ_{xi}——从标准曲线中查得的组分 i 的质量浓度，$mg \cdot L^{-1}$；

V_1——萃取液浓缩后的体积，μL；

V——水样体积，mL。

七、注意事项

① 在萃取过程中出现乳化现象时，可采用搅动、离心、用玻璃棉过滤等方法破乳，也可采用冷冻的方法破乳。

② 在样品分析时，若预处理过程中溶剂转换不完全（即有残存正己烷或二氯甲烷），会出现保留时间漂移、峰变宽或双峰的现象。

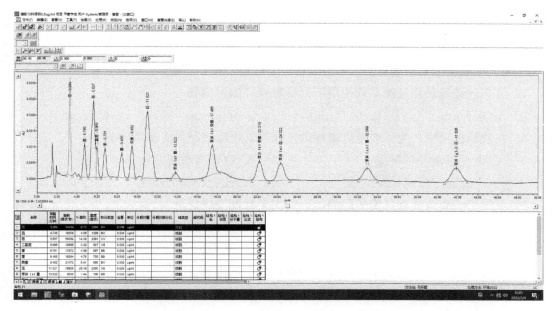

1—萘；2—苊；3—芴；4—二氢苊；5—菲；6—蒽；7—荧蒽；8—芘；9—苯并［a］蒽；10—苯并［b］
荧蒽；11—苯并［k］荧蒽；12—苯并［a］芘；13—二苯并［a，h］蒽；14—苯并［g，h，i］芘

图 12 - 10   14 种多环芳烃的标准色谱图（10 μg·mL^{-1}）

【拓展阅读】   离子色谱法

离子色谱法是在离子交换色谱法基础上发展起来的液相色谱法，利用离子交换剂作为固定相，电解质作为流动相。通常以电导检测器为检测器，利用抑制柱除去流动相中的高效电解质，以抑制背景电导。离子色谱的分离方式仍属于离子交换。如对于阴离子分析，试样通过分离柱（内装特制的低容量阴离子交换树脂）时，流动相（碱性溶液）中待测阴离子与树脂上的 OH^- 的交换、洗脱反应则为交换反应的逆过程。而抑制柱中填充高交换容量的阳离子交换树脂（氢型），当淋洗液经过时，溶液中的 OH^- 与树脂上的 H^+ 发生反应生成水，淋洗液中待测离子的电导突出出来，可以采用电导检测器方便、灵敏地检测。但随着抑制反应的不断进行，抑制柱中树脂由氢（或碱）型逐步变为相应的盐型，抑制柱中的树脂将被完全作用而失去抑制效果。在分离过程中，组分的保留时间发生变化，影响重现型，因此抑制柱需要不断再生。长期以来，离子色谱型化合物的阴离子分析缺乏快速灵敏的分析方法，离子色谱法是目前唯一一种快速、灵敏和准确的多组分分析方法，因而得到广泛重视和快速发展。

【同步测试】

一、选择题

1. 分析氨基酸时，可以选用下列哪种分析方法   （   ）

　　A. 气相色谱法   B. 液相色谱法   C. 离子色谱法   D. 分光光度法

2. 下列哪种物质不适用于一般液相色谱法分析　　　　　　　　　　（　　）

 A. 气体　　　　　　　　　　　　B. 低沸点的化合物

 C. 摩尔质量大的物质　　　　　　D. 核酸、多糖类

3. 液相色谱流动相过滤必须使用下列哪种粒径的过滤膜　　　　　　（　　）

 A. 0.5 μm　　　　B. 0.45 μm　　　　C. 0.6 μm　　　　D. 0.55 μm

4. 在液相色谱中，为了改变色谱柱的选择性，可以进行如下哪项操作　（　　）

 A. 改变流动相的种类　　　　　　B. 改变流动相的比例

 C. 改变固定相的长度　　　　　　D. 改变填料的粒度

5. 下列用于高效液相色谱的检测器不能用于梯度洗脱的是　　　　　（　　）

 A. 紫外检测器　　　　　　　　　B. 荧光检测器

 C. 二极管阵列检测器　　　　　　D. 示差折光检测器

6. 在高效液相色谱流程中，试样混合物在哪个部位被分离　　　　　（　　）

 A. 检测器　　　　B. 记录器　　　　C. 色谱柱　　　　D. 进样器

7. 在高效液相色谱中，色谱柱的长度一般在（　　　）范围内。

 A. 20～50 cm　　　B. 10～30 cm　　　C. 1～2 m　　　D. 2～5 m

8. 下列哪个是液相色谱中通用型的检测器　　　　　　　　　　　　（　　）

 A. 紫外检测器　　　　　　　　　B. 荧光检测器

 C. 二极管阵列检测器　　　　　　D. 示差折光检测器

9. 液相色谱分类中，下列哪种不是按色谱过程的分离机制分类的　　（　　）

 A. 吸附色谱　　　B. 分配色谱　　　C. 离子交换色谱　　D. 反相色谱

10. 在液相色谱法中，下列哪个是提高柱效最有效的途径　　　　　　（　　）

 A. 提高柱温　　　　　　　　　　B. 降低流动相流速

 C. 提高流动相流速　　　　　　　D. 减少填料粒度

11. 在液相色谱中，下列哪个不会显著影响分离效果　　　　　　　　（　　）

 A. 改变固定相种类　　　　　　　B. 改变流动相流速

 C. 改变流动相配比　　　　　　　D. 改变流动相种类

12. 高效液相色谱仪与气相色谱仪相比较，增加了　　　　　　　　　（　　）

 A. 恒温箱　　　　B. 进样装置　　　　C. 程序升温　　　D. 梯度淋洗装置

13. 在高效液相色谱仪中，保证流动相以稳定的流速过色谱柱的装置是　（　　）

 A. 贮液器　　　　B. 输液泵　　　　C. 检测器　　　　D. 温控装置

14. 下列哪个是液相色谱仪的主要部件　　　　　　　　　　　　　　（　　）

 A. 载气系统、分光系统、色谱柱、检测器

 B. 载液系统、进样系统、色谱柱、检测器、数据处理系统

 C. 载液系统、原子化装置、色谱柱、检测器

 D. 载液系统、光源、色谱柱、检测器

15. 下列哪个是高效液相色谱分析用水 （ ）

    A. 国家标准规定的一级、二级去离子水　B. 国家标准规定的三级水

    C. 不含有机物的蒸馏水　　　　　　　　D. 无铅（无重金属）水

16. 下列哪个是高效液相色谱仪与普通紫外-可见分光光度计完全不同的部件 （ ）

    A. 流通池　　　　　B. 光源　　　　　C. 分光系统　　　　D. 过滤器

17. 下列哪个是液相色谱柱中一般反相烷基键和固定相要求的 pH 范围 （ ）

    A. 1～4　　　　　B. 2～8　　　　　C. 5～9　　　　　D. 4～12

18. 下列哪个是液相色谱流动相最佳的脱气方式 （ ）

    A. 氮气脱气　　　　B. 真空脱气　　　　C. 超声波脱气　　　D. 在线脱气机脱气

19. 下列哪个不是通常色谱柱要求的主要性能指标 （ ）

    A. 理论塔板数　　　B. 峰不对称因子　　C. 保留值的重现性　D. 峰面积大小

20. 通常，下列哪个不是反相色谱所用的洗脱剂 （ ）

    A. 水　　　　　　　B. 甲醇　　　　　　C. 乙腈　　　　　　D. 乙烷

二、判断题

1. 液相色谱分析是把峰面积作为定性分析的依据。 （ ）

2. 液相色谱柱的分离效能主要是由流动相的比例决定的。 （ ）

3. 在液相色谱中，流动相的流速变化对柱效影响不大。 （ ）

4. 在液相色谱操作中，在能使最难分离的物质很好分离的前提下，应尽可能用较低的柱温。 （ ）

5. 紫外吸收检测器是离子交换色谱法通用型检测器。 （ ）

6. 高效液相色谱法适用于大分子、热不稳定及生物试样的分析。 （ ）

7. 高效液相色谱法通常采用调节分离温度和流动相流速的方式来改善分离效果。 （ ）

8. 在液相色谱中，所有溶剂作为流动相在使用前必须脱气。 （ ）

9. 在液相色谱中，为避免固定相的流失，流动相与固定相的极性差别越大越好。 （ ）

10. 柱长的选择原则是在能满足分离目的的前提下，尽可能地选择内径小的色谱柱，可以提高色谱柱的柱效。 （ ）

11. 高效液相色谱法采用梯度洗脱，是为了改变被测组分的保留值，改变分离度。 （ ）

12. 液相色谱柱一般采用不锈钢柱、玻璃填充柱。 （ ）

13. 液相色谱柱比气相色谱柱短，但柱效却相差不多。 （ ）

14. 两个单元泵的高效液相泵为低压梯度洗脱装置。 （ ）

15. 液相色谱中，通常紫外-可见检测器比荧光检测器检出限要低很多。 （ ）

16. 液相色谱中，流动相的流速变化对柱效影响不大。（　　）

17. 液相色谱是流动相和固定相均为液体的色谱。（　　）

18. 液相色谱的流动相又称为淋洗液或洗脱液，改变流动相的组成、极性可显著改变组分的分离效果。（　　）

19. 高效液相色谱柱柱效高，能用高效液相色谱分析的样品不用气相色谱分析。（　　）

20. 液相色谱柱不用时，应用甲醇冲洗，取下后紧密封闭两端保存。（　　）

21. 液相色谱流动相用试剂级别应为光谱纯或色谱纯。（　　）

22. 液相色谱定性时用的是保留值或保留时间。（　　）

23. 液相色谱定量分析时一般采用色谱峰的峰高或峰面积。（　　）

24. 液相色谱分析时校准曲线一般要求 5 个点以上，相关系数必须接近 1。（　　）

25. 液相色谱分析时，流动相脱气的目的是除去溶解在其中的气泡。（　　）

26. 液相色谱使用的微量注射器可以和气相色谱微量注射器通用。（　　）

27. 液相色谱仪可以和质谱仪器联用，更好地对未知物进行定性分析。（　　）

28. 液相色谱常用的定量方法有面积归一法、外标法和内标法。（　　）

29. 液液萃取和固相萃取可以作为液相色谱前处理的方法。（　　）

30. 液相色谱工作时，过高的压力对仪器损坏很大，一般设定泵的工作压力不超过泵的最大耐压的 80%。（　　）

同步测试参考答案

项目一

一、选择题

1. B 2. B 3. C 4. A 5. C 6. A 7. D 8. B 9. D 10. B 11. A 12. C
13. B 14. A 15. C 16. B 17. C 18. B 19. A 20. D

二、判断题

1. √ 2. √ 3. √ 4. × 5. × 6. √ 7. √ 8. √ 9. √ 10. × 11. √ 12. ×
13. √ 14. × 15. √ 16. √ 17. × 18. √ 19. × 20. √ 21. √ 22. √
23. × 24. × 25. √ 26. √ 27. ×

项目二

一、选择题

1. D 2. C 3. C 4. B 5. B 6. D 7. C 8. C 9. D 10. A 11. B 12. D
13. A 14. D

二、判断题

1. √ 2. √ 3. √ 4. √ 5. √ 6. √ 7. √ 8. √ 9. × 10. × 11. √ 12. √
13. √ 14. √ 15. √ 16. × 17. × 18. √ 19. √ 20. √ 21. √ 22. √
23. √ 24. × 25. √ 26. √ 27. × 28. × 29. √

项目三

一、选择题

1. D 2. C 3. D 4. D 5. C 6. B 7. D 8. D 9. C 10. B 11. D 12. C
13. B 14. B 15. B 16. C 17. C 18. D 19. C 20. D

二、判断题

1. √ 2. √ 3. √ 4. × 5. × 6. √ 7. √ 8. × 9. × 10. √ 11. × 12. ×
13. × 14. √ 15. √ 16. √ 17. × 18. √ 19. √ 20. √ 21. √ 22. √
23. × 24. √ 25. ×

项目四

一、选择题

1. A 2. D 3. D 4. C 5. D 6. B 7. A 8. A 9. B 10. A

二、判断题

1. √ 2. √ 3. × 4. √ 5. × 6. × 7. √ 8. √ 9. √ 10. × 11. ×

12. √

项目五

一、选择题

1. C 2. C 3. B 4. C 5. A 6. D 7. A 8. C 9. A 10. D

二、判断题

1. √ 2. × 3. × 4. √ 5. √ 6. × 7. √ 8. × 9. × 10. ×

项目六

一、选择题

1. D 2. D 3. A 4. B 5. D 6. B 7. C 8. C 9. C 10. B

二、判断题

1. √ 2. × 3. √ 4. × 5. √ 6. √ 7. √ 8. √ 9. √ 10. √

项目七

一、选择题

1. D 2. D 3. C 4. D 5. A 6. D 7. C 8. B 9. A 10. D 11. B 12. B

13. A 14. C 15. C 16. D 17. B 18. A 19. C 20. D 21. C

二、判断题

1. √ 2. × 3. × 4. × 5. √ 6. √ 7. √ 8. × 9. √ 10. × 11. √

项目八

一、选择题

1. B 2. C 3. D 4. B 5. A 6. C 7. C 8. C 9. C 10. C 11. D 12. D 13. B

14. B 15. A

二、判断题

1. × 2. √ 3. √ 4. √ 5. √ 6. √ 7. × 8. √ 9. × 10. √ 11. √ 12. ×

13. √ 14. × 15. √ 16. ×

项目九

一、选择题

1. A 2. B 3. A 4. B 5. B 6. B 7. C 8. C 9. A 10. A

二、判断题

1. × 2. × 3. √ 4. √ 5. √ 6. × 7. √ 8. × 9. × 10. ×

项目十

一、选择题

1．B 2．A 3．C 4．A 5．B 6．B 7．A 8．C 9．C 10．C

二、判断题

1．× 2．√ 3．√ 4．× 5．√ 6．× 7．√ 8．√ 9．√ 10．√

项目十一

一、选择题

1．A 2．C 3．D 4．D 5．A 6．C 7．B 8．D 9．A 10．C 11．D 12．D 13．D 14．B 15．A 16．A 17．A 18．C 19．B 20．A

二、判断题

1．√ 2．√ 3．× 4．√ 5．× 6．√ 7．√ 8．× 9．√ 10．× 11．× 12．√ 13．× 14．× 15．× 16．√ 17．√ 18．× 19．√ 20．× 21．√ 22．× 23．√ 24．× 25．√ 26．× 27．√ 28．× 29．√ 30．√

项目十二

一、选择题

1．B 2．A 3．B 4．A 5．D 6．C 7．B 8．D 9．D 10．D 11．B 12．D 13．B 14．B 15．A 16．A 17．B 18．D 19．D 20．D

二、判断题

1．× 2．× 3．√ 4．√ 5．× 6．√ 7．× 8．√ 9．√ 10．× 11．√ 12．× 13．× 14．× 15．× 16．√ 17．× 18．√ 19．× 20．√ 21．× 22．√ 23．√ 24．× 25．√ 26．× 27．√ 28．× 29．√ 30．×

参考文献

[1] 张新海，张守花. 分析化学［M］. 北京：化学工业出版社，2022.

[2] 高职高专化学教材编写组. 分析化学［M］. 5 版. 北京：高等教育出版社，2019.

[3] 黄一石，吴朝华. 仪器分析［M］. 4 版. 北京：化学工业出版社，2020.

[4] 黄一石，黄一波，乔子荣. 定量化学分析［M］. 4 版. 北京：化学工业出版社，2020.

[5] 孙怡. 分析化学［M］. 哈尔滨：哈尔滨工程大学出版社，2010.

[6] 王平. 分析化学实验［M］. 北京：化学工业出版社，2021.

[7] 王炳强，谢茹胜. 世界技能大赛化学实验室技术培训教材［M］. 北京：化学工业出版社，2020.

[8] 姜洪文. 分析化学［M］. 4 版. 北京：化学工业出版社，2017.

[9] 许红霞. 分析化学［M］. 北京：化学工业出版社，2013.

[10] 邵国成，许丽君. 化学分析技术［M］. 北京：化学工业出版社，2018.

[11] 李慎新. 分析化学实验［M］. 北京：化学工业出版社，2010.

[12] 张小康. 化学分析基本操作［M］. 2 版. 北京：化学工业出版社，2006.

[13] 邢梅霞. 光谱分析［M］. 北京：中国石化出版社，2018.

[14] 李田霞，燕来敏. 无机及分析化学［M］. 北京：化学工业出版社，2017.

[15] 赵艳霞，王大红. 仪器分析［M］. 北京：化学工业出版社，2017.

[16] 许兴友，杜江燕. 无机及分析化学［M］. 2 版. 南京：南京大学出版社，2017.

[17] 冯晓群，包志华. 食品仪器分析技术［M］. 重庆：重庆大学出版社，2013.

[18] 邹良明. 食品仪器分析［M］. 北京：科学出版社，2012.

[19] 赵美丽，徐晓安. 仪器分析技术［M］. 北京：化学工业出版社，2014.

[20] 武杰，庞增义. 气相色谱仪器系统［M］. 北京：化学工业出版社，2007.

[21] 李彤，张庆合，张维冰. 高效液相色谱仪器系统［M］. 北京：化学工业出版社，2005.